普通高等教育本科创新教材

U0649038

Cehui Guanli
yu Falü Fagui
测绘管理与法律法规

主　编　宋　雷

副主编　周保兴　曹向阳　余正昊
　　　　夏小裕　李　斌

主　审　王德保

人民交通出版社股份有限公司
北　京

内 容 提 要

本书根据 2017 年修订的《中华人民共和国测绘法》、2021 年修订的《测绘资质管理办法》《测绘资质分类分级标准》及国家注册测绘师资格考试大纲进行编写。编写过程中,同时参考了 2018 年至 2022 年自然资源部发布的有关测绘工作的法律法规文件和注册测绘师资格考试教材编审委员会审定的辅导教材的内容。全书共分 14 章,第 1~8 章为测绘法律法规部分,第 9~14 章为测绘项目管理部分。从历年注册测绘师资格考试真题中精选部分题目作为各章的课后习题,并根据新的法律法规体系进行解答,供读者检查学习效果使用。

本书可作为高等院校测绘工程、地理信息科学、遥感科学与技术等专业的教材,也可作为注册测绘师资格考试的辅导用书。

图书在版编目(CIP)数据

测绘管理与法律法规 / 宋雷主编. — 北京 : 人民
交通出版社股份有限公司, 2022.9(2025.7 重印)

ISBN 978-7-114-18211-2

Ⅰ.①测… Ⅱ.①宋… Ⅲ.①测绘—行政管理—中国
—资格考试—自学参考资料②测绘法令—中国—资格考试
—自学参考资料 Ⅳ.①P205②D922.17

中国版本图书馆 CIP 数据核字(2022)第 165207 号

书　　名:测绘管理与法律法规
著 作 者:宋　雷
责任编辑:李　坤
责任校对:赵媛媛
责任印制:张　凯
出版发行:人民交通出版社股份有限公司
地　　址:(100011)北京市朝阳区安定门外外馆斜街 3 号
网　　址:http://www.ccpcl.com.cn
销售电话:(010)85285911
总 经 销:人民交通出版社股份有限公司发行部
经　　销:各地新华书店
印　　刷:北京印匠彩色印刷有限公司
开　　本:787×1092　1/16
印　　张:15.5
字　　数:377 千
版　　次:2022 年 9 月　第 1 版
印　　次:2025 年 7 月　第 4 次印刷
书　　号:ISBN 978-7-114-18211-2
定　　价:44.00 元

(有印刷、装订质量问题的图书,由本公司负责调换)

前　言

教育部要求测绘工程专业毕业生除获得测量领域的基本理论和知识外,还应熟悉测绘领域的各种方针、政策和法规。全国注册测绘师资格考试也将"测绘管理与法律法规"作为考试科目之一。本书为适应新形势下注册测绘师资格考试制度,满足应用型人才培养的目标与要求,根据2017修订的《中华人民共和国测绘法》、2021年修订的《测绘资质管理办法》和《测绘资质分类分级标准》等有关测绘工作的法律法规文件,以及国家注册测绘师资格考试大纲的要求编写而成。编写力求做到结构严谨、概念清晰、叙述清楚。

全书共分14章。第1~8章为测绘法律法规部分,主要包括:测绘法律法规概述、测绘资质资格、测绘项目管理与测绘标准化、测绘基准与测绘系统、基础测绘管理、测绘成果管理、界线测绘与不动产测绘管理、地图管理;第9~14章为测绘项目管理部分,主要包括:测绘质量管理体系、测绘项目合同管理、测绘项目技术设计与组织实施、测绘项目安全生产、测绘成果质量检查与验收、测绘项目技术总结。精选部分注册测绘师资格考试真题作为每章的习题,并根据新的法律法规体系进行解答。本书有助于测绘工程、地理信息科学、遥感科学与技术等专业学生掌握测绘法律法规和测绘项目管理的基础知识,为其依法从事各项测绘活动奠定坚实的基础。

本书由山东交通学院测绘教研室宋雷教授担任主编并统稿,山东交通学院周保兴、曹向阳、余正昊、夏小裕和李斌等老师参与编写,王德保教授对全书进行了审核。本书出版得到山东交通学院交通土建工程学院领导和人民交通出版社股份有限公司李坤编辑的大力支持,在此对参与本书编写和支持本书出版的人员致以诚挚的谢意。

本书于2022年9月出版之后,中华人民共和国自然资源部陆续发布了3个文件:《公开地图内容表示规范》(自然资规〔2023〕2号)、《涉密基础测绘成果提供使用管理办法》(自然资规〔2023〕3号)、《建立相对独立的平面坐标系统管理办法》(自然资规〔2023〕5号)。为与以上3个文件保持一致,在本书1版3次重印时,编者对相关章节的内容进行了调整和修改。特此说明。

限于作者水平,书中难免存在缺点和错误,敬请同行及读者批评指正。

作者邮箱:songlei98@163.com。

编辑邮箱:247305326@qq.com。

编　者

2024年7月

目　　录

第1章 测绘法律法规概述

1.1 我国测绘法律法规现状

目前我国已建立了由法律、行政法规、地方性法规、部门规章、政府规章、重要规范文件等共同组成的测绘法律法规体系,为测绘管理提供依据,为从事测绘活动提供基本准则。本节从宏观层面对测绘法律法规进行简要介绍,具体内容将在其他章节分别阐述。

1.1.1 测绘法

在我国,法律由全国人民代表大会及其常务委员会制定。现行测绘法律是《中华人民共和国测绘法》(简称《测绘法》)。《测绘法》于 1992 年 12 月 28 日经第七届全国人民代表大会常务委员会第 29 次会议审议通过,自 1993 年 7 月 1 日起施行。2002 年 8 月 29 日第九届全国人民代表大会常务委员会第 29 次会议对《测绘法》进行第一次修订,自 2002 年 12 月 1 日起施行。2017 年 4 月 27 日第十二届全国人民代表大会常务委员会第二十七次会议对《测绘法》进行第二次修订,自 2017 年 7 月 1 日起施行。2017 年新修订的《测绘法》共十章六十八条,是今后一段时期内,相关单位从事测绘活动和政府有关部门进行测绘管理的基本准则和依据,是我国测绘工作的基本法律。

1.1.2 行政法规

行政法规由国务院根据宪法和法律,并且按照行政法规制定的程序制定。行政法规的地位和效力仅次于法律,服从于宪法和法律。目前,测绘行政法规主要有《地图管理条例》《基础测绘条例》《中华人民共和国测绘成果管理条例》和《中华人民共和国测量标志保护条例》。

1)《地图管理条例》

《地图管理条例》于 2015 年 11 月 11 日经国务院第 111 次常务会议通过,2015 年 11 月 26 日中华人民共和国国务院令第 664 号公布,自 2016 年 1 月 1 日起施行。该条例是一部专门规范地图编制出版活动的行政法规,也是现行地图管理的主要依据。该条例对地图编制、地图审核、地图出版、互联网地图服务、监督检查和法律责任等方面都作出了具体的规定,并明确了法律责任。《地图管理条例》共有八章五十八条。

2)《基础测绘条例》

《基础测绘条例》于 2009 年 5 月 12 日由国务院令第 556 号公布,自 2009 年 8 月 1 日起施行。该条例对基础测绘规划、基础测绘项目的组织实施和基础测绘成果的更新与利用等作出了规定,并明确了法律责任。《基础测绘条例》共有六章三十五条。

3)《中华人民共和国测绘成果管理条例》

《中华人民共和国测绘成果管理条例》(简称《测绘成果管理条例》)于 2006 年 5 月 27 日由国务院令第 469 号公布,自 2006 年 9 月 1 日起施行。该条例对测绘成果的汇交与保管、测绘成果的利用、重要地理信息数据的审核与公布以及法律责任等作出了规定。《测绘成果管理条例》共有六章三十二条。

4)《中华人民共和国测量标志保护条例》

《中华人民共和国测量标志保护条例》(简称《测量标志保护条例》)于 1996 年 9 月 4 日由中华人民共和国国务院令第 203 号发布,自 1997 年 1 月 1 日起施行,2011 年 1 月进行修订。该条例对测量标志管理的职责分工,测量标志建设的要求、占地范围、设置标记、义务保管、检查维修、有偿使用、拆迁审批、标志保护、打击破坏测量标志的违法行为等作出了规定。《测量标志保护条例》共有二十六条。

1.1.3 部门规章和重要规范性文件

1)部门规章

部门规章由国务院各部、各委员会、中国人民银行、审计署和具有行政管理职能的直属机构,根据法律和国务院的行政法规、决定、命令,在本部门的权限范围内制定。部门规章经部务会议或者委员会会议决定,由部门首长签署命令予以公布。与测绘工作相关的现行部门规章如下:

(1)《测绘地理信息行政执法证管理办法》

《测绘地理信息行政执法证管理办法》于 2014 年 4 月 10 日经国土资源部第 2 次部务会议通过,自 2014 年 7 月 1 日起施行。该办法是为了加强测绘地理信息行政执法证管理,规范测绘地理信息行政执法行为,促进测绘地理信息行政执法队伍建设,根据《中华人民共和国行政处罚法》《中华人民共和国测绘法》等有关法律法规制定的。

(2)《测绘行政处罚程序规定》

《测绘行政处罚程序规定》于 2000 年 1 月 4 日由国家测绘局令第 6 号发布,根据 2010 年 11 月 30 日《国土资源部关于修改〈测绘行政处罚程序规定〉的决定》修正。该规定是为规范和保证各级测绘主管部门依法行使职权,正确实施行政处罚,维护测绘行政执法相对人的合法权益,依照《中华人民共和国行政处罚法》《中华人民共和国测绘法》及有关行政法规的规定制定的。《测绘行政处罚程序规定》对测绘行政处罚的管辖、简易程序、一般程序、听证程序和送达方式等作出了具体规定。

(3)《外国的组织或者个人来华测绘管理暂行办法》

该办法是为实施《测绘法》的有关外国组织或者个人来华测绘制度而制定的部门规章,于 2007 年 1 月 19 日由中华人民共和国国土资源部令第 38 号公布,自 2007 年 3 月 1 日起施行。根据 2019 年 7 月 16 日自然资源部第 2 次部务会议《自然资源部关于第一批废止和修改的部门规章的决定》进行修正,于 2019 年 7 月 24 日重新公布施行。办法中针对外国组织或者个人来华测绘必须遵循的原则、组织形式、审批和监督管理、禁止从事的活动、资质条件和资质的申请审批、一次性测绘的申请审批、罚则等作出了具体规定。

（4）《地图审核管理规定》

该规定是为加强地图审核管理，保证地图质量，根据《测绘法》等有关法律、法规制定的部门规章，于2006年6月公布，2019年7月进行修正。该规定对地图审核主体、地图审核的申请与受理、地图内容审查、审批与备案、罚则等作出了规定。

（5）《重要地理信息数据审核公布管理规定》

该规定是为实施《测绘法》的有关条款而制定的部门规章，于2003年3月25日由国土资源部令第19号发布，自2003年5月1日起施行。该规定对重要地理信息数据的含义、审核公布的主体、建议人提出审核公布建议的办法、审核的主要内容、公布的办法、罚则等作出了规定。

（6）《房产测绘管理办法》

该办法为加强房产测绘管理，规范房产测绘行为，保护房屋权利人的合法权益，根据《测绘法》和《中华人民共和国城市房地产管理法》制定，于2000年12月28日由建设部、国家测绘局令第83号发布，自2001年5月1日起施行。该办法对房产测绘的委托、资格管理、成果管理、法律责任等作出了具体规定。

2）规范性文件

规范性文件是指各级党政机关、团体、组织制发的各类文件中最重要的一类，因其内容具有约束和规范人们行为的性质，故而称为规范性文件，如自然资源部发布的《测绘资质管理办法》《涉密基础测绘成果提供使用管理办法》和《关于规范卫星导航定位基准站数据密级划分和管理的通知》等，都属于规范性文件。目前，我国法律法规对规范性文件的含义、制发主体、程序等尚无全面、统一的规定，但在实际工作中应用较多，各级人民政府及其各工作部门经常发一些规范性文件。测绘工作中经常涉及的重要规范性文件如下：

（1）《涉密基础测绘成果提供使用管理办法》

该规定自2023年5月1日起施行。其对使用涉密测绘成果的申请、受理、审批程序以及保密责任书等作出了规定。

（2）《测绘资质管理办法》

为促进地理信息产业发展，维护国家地理信息安全，根据《测绘法》和《中华人民共和国行政许可法》，自然资源部于2021年6月对《测绘资质管理办法》进行修订，自2021年7月1日起施行。《测绘资质管理办法》对测绘资质申请与受理、审查与决定、变更与延续、监督管理、罚则等作出了规定。

（3）《测绘资质分类分级标准》

该标准与《测绘资质管理办法》相衔接。现执行的《测绘资质分类分级标准》于2021年6月由自然资源部修订，自2021年7月1日起施行。《测绘资质分类分级标准》对各个测绘专业不同等级测绘资质应当具备的最低条件的标准作出规定，包括主体资格、专业技术人员、仪器设备、办公场所、质量管理、档案和保密管理、测绘业绩和测绘监理等方面的标准。

（4）《注册测绘师制度暂行规定》

该规定是为实施《测绘法》规定的测绘执业资格制度的有关条款制定的，于2007年1月24日由中华人民共和国人力资源和社会保障部、国家测绘局共同发布，自2007年3月1日起施行。其对注册测绘师的管理、考试科目、申请考试条件、考试办法、注册测绘师资格证书的取得、注册、执业范围、执业能力、权利、义务等作出了规定。

(5)《注册测绘师执业管理办法(试行)》

为加强注册测绘师管理,规范注册测绘师执业行为,国家测绘地理信息局制定了《注册测绘师执业管理办法(试行)》,自 2015 年 1 月 1 日起施行。

(6)《测绘作业证管理规定》

该规定是为实施《测绘法》中有关测绘作业证件的条款而制定的,于 2004 年 3 月 19 日由国家测绘局发布,于 2004 年 6 月 1 日起施行。其对测绘作业证的管理、申请、受理、审核、发放、注册、使用、当事人的权利义务等作出规定。

(7)《建立相对独立的平面坐标系统管理办法》

为规范相对独立的平面坐标系统管理,避免重复投入,促进测绘成果共享与时空数据的互联互通,根据《测绘法》等法律法规,2023 年 6 月 15 日由自然资源部发布实施。其对相对独立的平面坐标系统的含义、审批主体、申请、受理、审批程序等作出规定。

(8)《测绘标准化工作管理办法》

该办法由国家测绘局根据《中华人民共和国标准化法》(简称《标准化法》)和《测绘法》制定,于 2008 年 3 月 10 日由国家测绘局发布,自发布之日起施行。其对测绘标准化工作的组织机构和职责分工、国家标准和行业标准的制定、标准项目的立项程序、测绘标准制定和修订的程序及要求、审批、发布、实施、监督、复审等作出了规定。

(9)《地理信息标准化工作管理规定》

该规定由国家标准化管理委员会、国家测绘局依据《标准化法》和《测绘法》制定,于 2009 年 4 月 1 日发布,自发布之日起施行。其对地理信息标准化工作的职责、地理信息标准的立项、制修订、实施与监督等作出了规定。

(10)《测绘计量管理暂行办法》

该办法根据《计量法》制定,于 1996 年 5 月 22 日由国家测绘局发布,自发布之日起施行。其对计量标准的考核认证、测绘计量器具的检定机构的授权、计量检定人员的考核认证、测绘计量器具的鉴定办法和要求等作出了规定。

(11)《测绘质量监督管理办法》

该办法根据《测绘法》和《中华人民共和国产品质量法》(简称《产品质量法》)制定,于 1997 年 8 月 6 日由国家测绘局、国家技术监督局发布,自发布之日起施行。其对测绘产品质量遵循的原则、测绘单位的责任和义务、测绘标准化、计量检定、产品验收、测绘产品质量监督、罚则等作出规定。

(12)《关于规范重要地理信息数据审核公布管理工作的通知》

为贯彻落实《中华人民共和国测绘法》《中华人民共和国测绘成果管理条例》等法律法规,进一步规范重要地理信息数据审核公布管理工作制定,于 2020 年 3 月 12 日发布。

(13)《测绘地理信息业务档案管理规定》

为加强测绘地理信息业务档案管理工作,国家测绘地理信息局会同国家档案局于 2015 年 3 月制定了《测绘地理信息业务档案管理规定》,其对测绘地理信息业务档案管理工作的机构与职责、建档与归档、保管与销毁、服务与利用以及监督管理等作出了规定。

(14)《公开地图内容表示规范》

为加强地图管理,规范公开地图内容表示,维护国家主权、安全和发展利益,促进地理信息产业健康发展,服务社会公众,依据《中华人民共和国测绘法》《地图管理条例》等法律法规制定,于2023年2月14日由自然资源部发布。

1.1.4 地方性法规与政府规章

1)地方性法规

省、自治区、直辖市的人民代表大会及其常务委员会根据本行政区域的具体情况和实际要求,在与宪法、法律、行政法规不相抵触的前提下,可以制定地方性法规。

较大的市的人民代表大会及其常务委员会根据本市的具体情况和实际需要,在与宪法、法律、行政法规和本省、自治区、直辖市的地方性法规不相抵触的前提下,可以制定地方性法规,报省、自治区、直辖市的人民代表大会常务委员会批准后施行。

目前,绝大多数省、自治区、直辖市都制定了测绘地方性法规,多见于各地的测绘管理条例或者实施测绘法办法。如《天津市测绘管理条例》《吉林省测绘条例》《四川省测绘成果管理办法》和《山东省测绘管理条例》等,都属于地方性法规。

2)政府规章

省、自治区、直辖市和较大的市的人民政府,可以根据法律、行政法规和本省、自治区、直辖市的地方性法规,制定政府规章。地方政府规章应当经政府常务会议或者全体会议决定。地方政府规章由省长或者自治区主席或者市长签署命令予以公布。

目前,有一些地方政府制定了测绘方面的政府规章。地方性法规和政府规章仅在特定的行政区域内有效。

1.2 我国测绘基本法律制度

《测绘法》是从事测绘活动和进行测绘管理的基本法律,是制定测绘行政法规、部门规章和规范性文件的主要依据。《测绘法》所确定的基本制度可以划分为测绘管理体制、测绘活动主体资质资格与权利保障制度、测绘项目发包与承包制度、测绘基准制度、基础测绘制度、维护国家安全和权益的制度、维护不动产权益的测绘管理制度、测绘标准化和质量管理制度、测绘成果管理制度和测绘公共设施保护制度等。

1.2.1 测绘管理体制

1)各级人民政府加强测绘工作领导

《测绘法》第三条规定:测绘事业是经济建设、国防建设、社会发展的基础性事业。各级人民政府应当加强对测绘工作的领导。

根据该条规定,国务院、省(自治区、直辖市)人民政府、市人民政府、县人民政府以及乡镇人民政府应当加强对测绘工作的领导。

2)自然资源主管部门❶对测绘工作实行统一监督管理

《测绘法》第四条规定:国务院测绘地理信息主管部门负责全国测绘工作的统一监督管理。国务院其他有关部门按照国务院规定的职责分工,负责本部门有关的测绘工作。

根据该条规定,县级以上地方人民政府自然资源主管部门负责本行政区域测绘工作的统一监督管理。

3)县级以上人民政府其他有关部门的责任

《测绘法》第四条规定:县级以上地方人民政府其他有关部门按照本级人民政府规定的职责分工,负责本部门有关的测绘工作。

4)军事测绘部门的责任

《测绘法》第四条规定:军队测绘部门负责管理军事部门的测绘工作,并按照国务院、中央军事委员会规定的职责分工负责管理海洋基础测绘工作。

1.2.2 测绘活动主体资质资格与权利保障制度

1)测绘资质管理制度

《测绘法》第二十七条规定:国家对从事测绘活动的单位实行测绘资质管理制度。从事测绘活动的单位应当具备下列条件,并依法取得相应等级的测绘资质证书,方可从事测绘活动:

(1)有法人资格。

(2)有与从事的测绘活动相适应的专业技术人员。

(3)有与从事的测绘活动相适应的技术装备和设施。

(4)有健全的技术和质量保证体系、安全保障措施、信息安全保密管理制度以及测绘成果和资料档案管理制度。

《测绘法》第二十八条规定:国务院测绘地理信息主管部门和省、自治区、直辖市人民政府测绘地理信息主管部门按照各自的职责负责测绘资质审查、发放测绘资质证书。具体办法由国务院测绘地理信息主管部门商国务院其他有关部门规定。军队测绘部门负责军事测绘单位的测绘资质审查。

《测绘法》第二十九条规定:测绘单位不得超越资质等级许可的范围从事测绘活动,不得以其他测绘单位的名义从事测绘活动,不得允许其他单位以本单位的名义从事测绘活动。

《测绘法》第五十五条规定:违反本法规定,未取得测绘资质证书,擅自从事测绘活动的,责令停止违法行为,没收违法所得和测绘成果,并处测绘约定报酬一倍以上二倍以下的罚款;情节严重的,没收测绘工具。以欺骗手段取得测绘资质证书从事测绘活动的,吊销测绘资质证书,没收违法所得和测绘成果,并处测绘约定报酬一倍以上二倍以下的罚款;情节严

---

❶ 2018 年,国家测绘地理信息局与其他几个机构合并组建自然资源部。测绘地理信息主管部门的职责归属自然资源主管部门。因《测绘法》等法律法规于 2018 年之前修订,故条文中仍保留"测绘地理信息主管部门"名称。正文中,除了引用法律法规条文和注册测绘师资格考试原题,其他地方均使用"自然资源主管部门"或类似名称。

重的,没收测绘工具。

《测绘法》第五十六条规定:违反本法规定,测绘单位有下列行为之一的,责令停止违法行为,没收违法所得和测绘成果,处测绘约定报酬一倍以上二倍以下的罚款,并可以责令停业整顿或者降低测绘资质等级;情节严重的,吊销测绘资质证书:

(1)超越资质等级许可的范围从事测绘活动。

(2)以其他测绘单位的名义从事测绘活动。

(3)允许其他单位以本单位的名义从事测绘活动。

根据上述规定,测绘单位应当申请领取测绘资质证书,自然资源主管部门应当对测绘单位进行测绘资质审查和发放测绘资质证书,对未取得测绘资质证书从事测绘活动的应当予以处罚。

2)测绘执业资格制度

《测绘法》第三十条规定:从事测绘活动的专业技术人员应当具备相应的执业资格条件。具体办法由国务院测绘地理信息主管部门会同国务院人力资源社会保障主管部门规定。

《测绘法》第三十二条规定:测绘单位的测绘资质证书、测绘专业技术人员的执业证书和测绘人员的测绘作业证件的式样,由国务院测绘地理信息主管部门统一规定。

《测绘法》第五十九条规定:违反本法规定,未取得测绘执业资格,擅自从事测绘活动的,责令停止违法行为,没收违法所得和测绘成果,对其所在单位可以处违法所得二倍以下的罚款;情节严重的,没收测绘工具;造成损失的,依法承担赔偿责任。

根据上述规定,测绘专业技术人员应当申请取得测绘执业资格,未取得测绘执业资格从事测绘活动的应当受到处罚,国务院自然资源主管部门应当会同国务院人事行政主管部门制定执业资格的具体规定,国务院自然资源主管部门应当规定测绘专业技术人员的执业证书的式样。

3)测绘权利保障制度

《测绘法》第三十一规定:测绘人员进行测绘活动时,应当持有测绘作业证件。任何单位和个人不得阻碍测绘人员依法进行测绘活动。

根据该规定,对于持有测绘作业证件的测绘人员从事合法的测绘活动的权利受《测绘法》的保护,任何单位和个人不得阻碍测绘人员依法进行测绘活动。

1.2.3 测绘项目发包与承包制度

《测绘法》第二十九条规定:测绘项目实行招投标的,测绘项目的招标单位应当依法在招标公告或者投标邀请书中对测绘单位资质等级作出要求,不得让不具有相应测绘资质等级的单位中标,不得让测绘单位低于测绘成本中标。中标的测绘单位不得向他人转让测绘项目。

《测绘法》第五十七条规定:违反本法规定,测绘项目的招标单位让不具有相应资质等级的测绘单位中标,或者让测绘单位低于测绘成本中标的,责令改正,可以处测绘约定报酬二倍以下的罚款。招标单位的工作人员利用职务上的便利,索取他人财物,或者非法收受他人财物为他人谋取利益的,依法给予处分;构成犯罪的,依法追究刑事责任。

《测绘法》第五十八条规定:违反本法规定,中标的测绘单位向他人转让测绘项目的,责令改正,没收违法所得,处测绘约定报酬一倍以上二倍以下的罚款,并可以责令停业整顿或者降低测绘资质等级;情节严重的,吊销测绘资质证书。

根据上述规定,测绘项目发包和承包的当事人应当依法进行发包和承包活动;自然资源主管部门应当对测绘项目发包和承包活动进行监督,依法查处违法行为。

除《测绘法》外,《中华人民共和国投标招标法》也赋予了自然资源主管部门在测绘项目招标投标活动中的监督管理责任,包括监督检查招标投标活动,审查招标投标情况的书面报告,查处招标投标过程中的违法行为等。

1.2.4　测绘基准制度

1)测绘基准

《测绘法》第九条规定:国家设立和采用全国统一的大地基准、高程基准、深度基准和重力基准,其数据由国务院测绘地理信息主管部门审核,并与国务院其他有关部门、军队测绘部门会商后,报国务院批准。

该规定包括几层含义:一是国家设立全国统一的测绘基准;二是设立测绘基准要有严格的审核审批程序,测绘基准数据由国务院自然资源主管部门审核,并与国务院其他有关部门、军队测绘部门会商后,报国务院批准;三是从事测绘活动,应当采用国家规定的测绘基准。

2)测绘系统

《测绘法》第十条规定:国家建立全国统一的大地坐标系统、平面坐标系统、高程系统、地心坐标系统和重力测量系统,确定国家大地测量等级和精度以及国家基本比例尺地图的系列和精度等级。

该规定包括两层含义:一是国家设立统一的测绘系统;二是在测绘活动中,应当采用国家统一的坐标系统。

3)建立相对独立的平面坐标系统制度

《测绘法》第十一条规定:因建设、城市规划和科学研究的需要,国家重大工程项目和国务院确定的大城市确需建立相对独立的平面坐标系统的,由国务院测绘地理信息主管部门批准;其他确需建立相对独立的平面坐标系统的,由省、自治区、直辖市人民政府测绘地理信息主管部门批准。建立相对独立的平面坐标系统,应当与国家坐标系统相联系。

《测绘法》第五十二条规定:违反本法规定,未经批准擅自建立相对独立的平面坐标系统,或者采用不符合国家标准的基础地理信息数据建立地理信息系统的,给予警告,责令改正,可以并处五十万元以下的罚款;对直接负责的主管人员和其他直接责任人员,依法给予处分。

根据上述规定,建立和使用相对独立的平面坐标系统,必须经过自然资源主管部门的批准,否则将受到处罚。

4)卫星导航定位基准站建设

《测绘法》第十二条规定:国务院测绘地理信息主管部门和省、自治区、直辖市人民政府测绘地理信息主管部门应当会同本级人民政府其他有关部门,按照统筹建设、资源共享的原则,建立统一的卫星导航定位基准服务系统,提供导航定位基准信息公共服务。

《测绘法》第十三条规定：建设卫星导航定位基准站的，建设单位应当按照国家有关规定报国务院测绘地理信息主管部门或者省、自治区、直辖市人民政府测绘地理信息主管部门备案。国务院测绘地理信息主管部门应当汇总全国卫星导航定位基准站建设备案情况，并定期向军队测绘部门通报。

卫星导航定位基准站，是指对卫星导航信号进行长期连续观测，并通过通信设施将观测数据实时或者定时传送至数据中心的地面固定观测站。

《测绘法》第十四条规定：卫星导航定位基准站的建设和运行维护应当符合国家标准和要求，不得危害国家安全。卫星导航定位基准站的建设和运行维护单位应当建立数据安全保障制度，并遵守保密法律、行政法规的规定。县级以上人民政府测绘地理信息主管部门应当会同本级人民政府其他有关部门，加强对卫星导航定位基准站建设和运行维护的规范和指导。

1.2.5　基础测绘制度

1）基础测绘分级管理

《测绘法》第十五条规定：基础测绘是公益性事业。国家对基础测绘实行分级管理。

根据该条规定，国家的基础测绘应当是一个完整的体系，采用县级以上人民政府分级管理的办法。

2）基础测绘规划编制

《测绘法》第十六条规定：国务院测绘地理信息主管部门会同国务院其他有关部门、军队测绘部门组织编制全国基础测绘规划，报国务院批准后组织实施。县级以上地方人民政府测绘地理信息主管部门会同本级人民政府其他有关部门，根据国家和上一级人民政府的基础测绘规划及本行政区域的实际情况，组织编制本行政区域的基础测绘规划，报本级人民政府批准后组织实施。

根据该条规定，基础测绘应当制定规划，国家的基础测绘规划应当报国务院批准后实施。省（自治区、直辖市）、市、县的自然资源主管部门组织编制本行政区域的基础测绘规划，报本级人民政府批准后组织实施。

3）基础测绘列入国民经济和社会发展年度计划及财政预算

《测绘法》第十八条规定：县级以上人民政府应当将基础测绘纳入本级国民经济和社会发展年度计划，将基础测绘工作所需经费列入本级政府预算。

根据该条规定，国务院、省（自治区、直辖市）、市、县人民政府将基础测绘列入本级政府预算。

4）基础测绘年度计划编制

《测绘法》第十八条规定：国务院发展改革部门会同国务院测绘地理信息主管部门，根据全国基础测绘规划编制全国基础测绘年度计划。县级以上地方人民政府发展改革部门会同本级人民政府测绘地理信息主管部门，根据本行政区域的基础测绘规划编制本行政区域的基础测绘年度计划，并分别报上一级部门备案。

根据该条规定，应当编制基础测绘年度计划，编制年度计划要符合基础测绘规划的要求，下级基础测绘年度计划要报上一级部门备案。

5）基础测绘成果更新

《测绘法》第十九条规定：基础测绘成果应当定期更新,经济建设、国防建设、社会发展和生态保护急需的基础测绘成果应当及时更新。基础测绘成果的更新周期根据不同地区国民经济和社会发展的需要确定。

根据该条规定,应当按需制定基础测绘成果更新周期。

6）海洋基础测绘

《测绘法》第十七条规定：军队测绘部门按照国务院、中央军事委员会规定的职责分工负责编制海洋基础测绘规划,并组织实施。

1.2.6 维护国家安全和权益的制度

1）外国的组织或者个人来华测绘

《测绘法》第八条规定：外国的组织或者个人在中华人民共和国领域和中华人民共和国管辖的其他海域从事测绘活动,应当经国务院测绘地理信息主管部门会同军队测绘部门批准,并遵守中华人民共和国有关法律、行政法规的规定。外国的组织或者个人在中华人民共和国领域从事测绘活动,应当与中华人民共和国有关部门或者单位合作进行,并不得涉及国家秘密和危害国家安全。

《测绘法》第五十一条规定：违反本法规定,外国的组织或者个人未经批准,或者未与中华人民共和国有关部门、单位合作,擅自从事测绘活动的,责令停止违法行为,没收违法所得、测绘成果和测绘工具,并处十万元以上五十万元以下的罚款;情节严重的,并处五十万元以上一百万元以下的罚款,限期出境或者驱逐出境;构成犯罪的,依法追究刑事责任。

根据上述规定,外国的组织或者个人来华从事测绘活动,必须与我国有关部门或单位合作进行,并经过批准,否则将受到处罚。

2）测绘成果的保密

《测绘法》第三十四条规定：测绘成果保管单位应当采取措施保障测绘成果的完整和安全,并按照国家有关规定向社会公开和提供利用。测绘成果属于国家秘密的,适用保密法律、行政法规的规定;需要对外提供的,按照国务院和中央军事委员会规定的审批程序执行。

3）国界线测绘

《测绘法》第二十条规定：中华人民共和国国界线的测绘,按照中华人民共和国与相邻国家缔结的边界条约或者协定执行,由外交部组织实施。中华人民共和国地图的国界线标准样图,由外交部和国务院测绘地理信息主管部门拟定,报国务院批准后公布。

4）行政区域界线测绘

《测绘法》第二十一条规定：行政区域界线的测绘,按照国务院有关规定执行。省、自治区、直辖市和自治州、县、自治县、市行政区域界线的标准画法图,由国务院民政部门和国务院测绘地理信息主管部门拟定,报国务院批准后公布。

5）地图管理

《测绘法》第三十八条规定：地图的编制、出版、展示、登载及更新应当遵守国家有关地图编制标准、地图内容表示、地图审核的规定。

互联网地图服务提供者应当使用经依法审核批准的地图,建立地图数据安全管理制度,采取安全保障措施,加强对互联网地图新增内容的核校,提高服务质量。

县级以上人民政府和测绘地理信息主管部门、网信部门等有关部门应当加强对地图编制、出版、展示、登载和互联网地图服务的监督管理,保证地图质量,维护国家主权、安全和利益。

地图管理的具体办法由国务院规定。

《测绘法》第六十二条规定:违反本法规定,编制、出版、展示、登载、更新的地图或者互联网地图服务不符合国家有关地图管理规定的,依法给予行政处罚、处分;构成犯罪的,依法追究刑事责任。

6)军事测绘

《测绘法》第十七条规定:军队测绘部门负责编制军事测绘规划,并组织实施。

1.2.7　维护不动产权益的测绘管理制度

1)不动产权属测绘制度

《测绘法》第二十二条规定:县级以上人民政府测绘地理信息主管部门应当会同本级人民政府不动产登记主管部门,加强对不动产测绘的管理。测量土地、建筑物、构筑物和地面其他附着物的权属界址线,应当按照县级以上人民政府确定的权属界线的界址点、界址线或者提供的有关登记资料和附图进行。权属界址线发生变化的,有关当事人应当及时进行变更测绘。

2)地理国情监测

《测绘法》第二十六条规定:县级以上人民政府测绘地理信息主管部门应当会同本级人民政府其他有关部门依法开展地理国情监测,并按照国家有关规定严格管理、规范使用地理国情监测成果。各级人民政府应当采取有效措施,发挥地理国情监测成果在政府决策、经济社会发展和社会公众服务中的作用。

1.2.8　测绘标准化和质量管理制度

1)测绘标准化

对测绘标准化和规范化方面的行政管理活动,《标准化法》和《中华人民共和国计量法》(简称《计量法》)中规定自然资源主管部门在测绘标准化和规范化管理中应当承担必要的责任。同时,《测绘法》又作出了一些特别规定。

(1)国家统一确定大地测量等级和精度

《测绘法》第十条规定:国家建立全国统一的大地坐标系统、平面坐标系统、高程系统、地心坐标系统和重力测量系统,确定国家大地测量等级和精度以及国家基本比例尺地图的系列和基本精度。具体规范和要求由国务院测绘地理信息主管部门会同国务院其他有关部门、军队测绘部门制定。

(2)国家制定工程测量规范

《测绘法》第二十三条规定:水利、能源、交通、通信、资源开发和其他领域的工程测量活动,应当执行国家有关的工程测量技术规范。

(3)国家制定房产测量规范

《测绘法》第二十三条规定:城乡建设领域的工程测量活动,与房屋产权、产籍相关的房屋面积的测量,应当执行由国务院住房城乡建设主管部门、国务院测绘地理信息主管部门组织编制的测量技术规范。

2)测绘质量管理制度

《测绘法》第三十九条规定:测绘单位应当对完成的测绘成果质量负责。县级以上人民政府测绘地理信息主管部门应当加强对测绘成果质量的监督管理。

《测绘法》第六十三条规定:违反本法规定,测绘成果质量不合格的,责令测绘单位补测或者重测;情节严重的,责令停业整顿,并处降低测绘资质等级或者吊销测绘资质证书;造成损失的,依法承担赔偿责任。

1.2.9　测绘成果管理制度

1)测绘成果的汇交

《测绘法》第三十三条规定:国家实行测绘成果汇交制度。国家依法保护测绘成果的知识产权。测绘项目完成后,测绘项目出资人或者承担国家投资的测绘项目的单位,应当向国务院测绘地理信息主管部门或者省、自治区、直辖市人民政府测绘地理信息主管部门汇交测绘成果资料。属于基础测绘项目的,应当汇交测绘成果副本;属于非基础测绘项目的,应当汇交测绘成果目录。负责接收测绘成果副本和目录的测绘地理信息主管部门应当出具测绘成果汇交凭证,并及时将测绘成果副本和目录移交给保管单位。测绘成果汇交的具体办法由国务院规定。

《测绘法》第六十条规定:违反本法规定,不汇交测绘成果资料的,责令限期汇交;测绘项目出资人逾期不汇交的,处重测所需费用一倍以上二倍以下的罚款;承担国家投资的测绘项目的单位逾期不汇交的,处五万元以上二十万元以下的罚款,并处暂扣测绘资质证书,自暂扣测绘资质证书之日起六个月内仍不汇交的,吊销测绘资质证书;对直接负责的主管人员和其他直接责任人员,依法给予处分。

2)测绘成果目录公布

《测绘法》第三十三条规定:国务院测绘地理信息主管部门和省、自治区、直辖市人民政府测绘地理信息主管部门应当及时编制测绘成果目录,并向社会公布。

3)测绘成果提供使用

《测绘法》第三十四条规定:县级以上人民政府测绘地理信息主管部门应当积极推进公众版测绘成果的加工和编制工作,通过提供公众版测绘成果、保密技术处理等方式,促进测绘成果的社会化应用。测绘成果保管单位应当采取措施保障测绘成果的完整和安全,并按照国家有关规定向社会公开和提供利用。

《测绘法》第三十六条规定:基础测绘成果和国家投资完成的其他测绘成果,用于政府决策、国防建设和公共服务的,应当无偿提供。除前款规定情形外,测绘成果依法实行有偿使用制度。但是,各级人民政府及有关部门和军队因防灾减灾、应对突发事件、维护国家安全等公共利益的需要,可以无偿使用。测绘成果使用的具体办法由国务院规定。

4)重要地理信息数据的审核公布

《测绘法》第三十七条规定:中华人民共和国领域和中华人民共和国管辖的其他海域的位置、高程、深度、面积、长度等重要地理信息数据,由国务院测绘地理信息主管部门审核,并与国务院其他有关部门、军队测绘部门会商后,报国务院批准,由国务院或者国务院授权的部门公布。

《测绘法》第六十一条规定:违反本法规定,擅自发布中华人民共和国领域和中华人民共和国管辖的其他海域的重要地理信息数据的,给予警告,责令改正,可以并处五十万元以下的罚款;对直接负责的主管人员和其他直接责任人员,依法给予处分;构成犯罪的,依法追究刑事责任。

5) 地理信息系统的建立

《测绘法》第二十四条规定:建立地理信息系统,应当采用符合国家标准的基础地理信息数据。

《测绘法》第四十条规定:国家鼓励发展地理信息产业,推动地理信息产业结构调整和优化升级,支持开发各类地理信息产品,提高产品质量,推广使用安全可信的地理信息技术和设备。县级以上人民政府应当建立健全政府部门间地理信息资源共建共享机制,引导和支持企业提供地理信息社会化服务,促进地理信息广泛应用。县级以上人民政府测绘地理信息主管部门应当及时获取、处理、更新基础地理信息数据,通过地理信息公共服务平台向社会提供地理信息公共服务,实现地理信息数据开放共享。

《测绘法》第五十二条规定:违反本法规定,未经批准擅自建立相对独立的平面坐标系统,或者采用不符合国家标准的基础地理信息数据建立地理信息系统的,给予警告,责令改正,可以并处五十万元以下的罚款;对直接负责的主管人员和其他直接责任人员,依法给予处分。

1.2.10　测绘公共设施保护制度

测量标志是标定地面测量控制点位置的标石、觇标以及其他用于测量的标记物的通称。在《测绘法》中,重点规定了对测量标志的保护。

1) 建设测量标志,设立明显标记并委托保管

《测绘法》第四十二条规定:永久性测量标志的建设单位应当对永久性测量标志设立明显标记,并委托当地有关单位指派专人负责保管。

2) 使用测量标志必须出示作业证

《测绘法》第四十四条规定:测绘人员使用永久性测量标志,应当持有测绘作业证件,并保证测量标志的完好。保管测量标志的人员应当查验测量标志使用后的完好状况。

3) 严禁损毁或擅自移动测量标志

《测绘法》第四十一条规定:任何单位和个人不得损毁或者擅自移动永久性测量标志和正在使用中的临时性测量标志,不得侵占永久性测量标志用地,不得在永久性测量标志安全控制范围内从事危害测量标志安全和使用效能的活动。

4) 永久性测量标志的拆迁审批

《测绘法》第四十三条规定:进行工程建设,应当避开永久性测量标志;确实无法避开,需要拆迁永久性测量标志或者使永久性测量标志失去使用效能的,应当经省、自治区、直辖市人民政府测绘地理信息主管部门批准;涉及军用控制点的,应当征得军队测绘部门的同意。所需迁建费用由工程建设单位承担。

《测绘法》第六十四规定:违反本法规定,有下列行为之一的,给予警告,责令改正,可以

并处二十万元以下的罚款;对直接负责的主管人员和其他直接责任人员,依法给予处分;造成损失的,依法承担赔偿责任;构成犯罪的,依法追究刑事责任:

(1)损毁、擅自移动永久性测量标志或者正在使用中的临时性测量标志。

(2)侵占永久性测量标志用地。

(3)在永久性测量标志安全控制范围内从事危害测量标志安全和使用效能的活动。

(4)擅自拆迁永久性测量标志或者使永久性测量标志失去使用效能,或者拒绝支付迁建费用。

(5)违反操作规程使用永久性测量标志,造成永久性测量标志毁损。

5)保护与检查维护测量标志

《测绘法》第四十五条规定:县级以上人民政府应当采取有效措施加强测量标志的保护工作。县级以上人民政府测绘地理信息主管部门应当按照规定检查、维护永久性测量标志。乡级人民政府应当做好本行政区域内的测量标志保护工作。

1.3 与测绘相关的法律法规

测绘工作涉及行政许可、招标投标、合同签订、标准化、计量等,从事测绘工作还应遵守与测绘工作相关的系列法律法规。这些法律法规主要包括《中华人民共和国行政许可法》《中华人民共和国招标投标法》《中华人民共和国反不正当竞争法》《中华人民共和国民法典》《中华人民共和国标准化法》《中华人民共和国计量法》《中华人民共和国保守国家秘密法》《行政区域界线管理条例》《中华人民共和国土地管理法》和《中华人民共和国城市房地产管理法》等。

(1)《中华人民共和国行政许可法》(简称《行政许可法》)是一部规范行政许可的设定和实施的法律,对保护公民、法人和其他组织的合法权益,维护公共利益和社会秩序,保障和监督行政机关有效实施行政管理,都具有重要意义。该法对行政许可的原则、设定、实施机关、实施程序、监督检查等作出规定。在测绘活动和测绘管理中,也涉及一些行政许可事项,例如,资质审批、地图审核、建立相对独立平面坐标系统审批等。这些行政许可的设定和实施要符合《中华人民共和国行政许可法》的规定。

(2)《中华人民共和国招标投标法》(简称《招标投标法》)是国家用来规范招标投标活动、调整在招标投标过程中产生的各种关系的法律。其对招标投标活动遵循的原则、招标、投标、开标、评标、中标等作出法律规定。

(3)《中华人民共和国反不正当竞争法》(简称《反不正当竞争法》)是保障社会主义市场经济健康发展,鼓励和保护公平竞争,制止不正当竞争行为,保护经营者和消费者的合法权益的法律。其对经营者在市场交易活动中遵循的原则、不正当竞争行为的种类、对不正当竞争行为的监督检查、对不正当竞争行为的处罚等作出法律规定。

(4)《中华人民共和国民法典》(简称《民法典》)是对我国现行的民事法律进行系统整合、编纂修订而成的民事法典。其总则规定了民事活动必须遵循的基本原则和一般性规则;其余的物权编、合同编、婚姻家庭编、继承编、侵权责任编则是由原先的物权法、合同法、婚姻家庭法、继承法、侵权责任法编纂而成。

《民法典》对于规范各类合同的订立和履行、规范市场交易,对于及时解决经济纠纷,保护当事人的合法权益,维护社会主义市场经济秩序,具有十分重要的作用。《民法典》对合同订立和履行的基本原则、合同订立的形式和内容、合同订立的程序和方法、合同的效力、合同的履行、合同的变更和转让、合同的权利义务终止、违约责任等均作出法律规定。《民法典》也对物权的设立、变更、转让和消灭,物权保护,物权的种类和内容等作出规定。《民法典》中规定的不动产物权登记制度等是地籍测绘、房产测绘的根据。

(5)《中华人民共和国标准化法》确定了我国的标准体系和标准化管理体制,规定了制定标准的对象与原则以及实施标准的要求,明确了违法行为的法律责任和处罚办法。《中华人民共和国标准化法》是国家推行标准化,实施标准化管理和监督的重要依据。

(6)《中华人民共和国计量法》(简称《计量法》)对计量工作的管理、计量基准器具、计量标准器具和计量检定、计量器具的制造和修理、计量监督、法律责任作出规定。

(7)《中华人民共和国保守国家秘密法》(简称《保守国家秘密法》)对保密工作管理体制、单位和个人的保密义务、国家秘密范围和密级、保密制度、法律责任等作出规定。

(8)《行政区域界线管理条例》是行政法规,对行政区域界线的确定、管理、勘定、测绘、公布、检查、归档、行政区域界线标准详图的绘制和使用等作出规定。

(9)《中华人民共和国土地管理法》(简称《土地管理法》)是为了加强土地管理,维护土地的社会主义公有制,保护、开发土地资源,合理利用土地,切实保护耕地,促进社会经济的可持续发展而制定的法律。

(10)《中华人民共和国城市房地产管理法》(简称《房地产管理法》)是为了加强对城市房地产的管理,维护房地产市场秩序,保障房地产权利人的合法权益,促进房地产业的健康发展而制定的法律。

<h1 style="text-align:center">习 题❶</h1>

一、单项选择题

1.《测绘法》于 2017 年 4 月 27 日经第十二届全国人民代表大会常务委员会第二十七次会议第二次修订通过,自( )起实施。

　　A. 2017 年 5 月 1 日　　　　　　　　B. 2017 年 4 月 27 日

　　C. 2017 年 7 月 1 日　　　　　　　　D. 2017 年 8 月 1 日

2. ( )是在我国从事测绘活动和进行测绘管理的基本准则和依据,是我国测绘工作的基本法律,是从事测绘活动的基本准则。

　　A.《测绘法》　　　　　　　　　　　B. 测绘行政法规

---

❶ 本书中的习题,大部分为历年注册测绘师资格考试原题。2018 年之前,国家测绘地理信息主管部门为国家测绘地理信息局,2018 年之后,国家测绘地理信息局并入自然资源部,测绘地理信息主管部门即为自然资源主管部门,故大部分考试真题仍使用"测绘地理信息主管部门"的说法。

    C. 部门规章和重要规范性文件   D. 地方性法规与政府规章

3. 从事测绘活动的单位应当取得(　　)。
    A. 测绘许可证   B. 测绘资质证书
    C. 测绘资格证书   D. 测绘作业证

4. 某测绘单位的测绘资质证书载明的业务范围为工程测量。对于大地测量项目招标邀请,该单位正确的做法是(　　)。
    A. 使用本单位测绘资质证书投标   B. 借用其他单位的测绘资质证书投标
    C. 不参与投标   D. 从中标单位分包部分大地测量业务

5. 关于测绘作业证的说法,错误的是(　　)。
    A. 由国家测绘局统一规定样式
    B. 由省、自治区、直辖市测绘地理信息主管部门审核发放
    C. 在本省、自治区、直辖市区域内使用
    D. 测绘人员从事测绘活动应当持有测绘作业证件

6. 《测绘法》规定,批准全国统一的大地基准、高程基准、深度基准和重力基准数据的机构是(　　)。
    A. 国务院   B. 国务院测绘地理信息主管部门
    C. 军队测绘部门   D. 国务院发展改革主管部门

7. 根据《测绘法》,全国统一的大地基准、高程基准、深度基准和重力基准,其数据由(　　)审核。
    A. 国务院
    B. 国务院测绘地理信息主管部门会同有关部门
    C. 军队测绘部门
    D. 国务院测绘地理信息主管部门

8. 根据《测绘法》规定,卫星导航定位基准站的建设和运行维护单位应当建立数据安全保障制度,并遵守保密法律、行政法规的规定。(　　)应当会同本级人民政府其他有关部门,加强对卫星导航定位基准站建设和运行维护的规范和指导。
    A. 县级以上人民政府测绘地理信息主管部门
    B. 国务院测绘地理信息主管部门
    C. 省、自治区、直辖市测绘地理信息主管部门
    D. 军队测绘部门

二、多项选择题

1. 目前,我国测绘行政法规主要有(　　)。
    A.《地图管理条例》   B.《基础测绘条例》
    C.《中华人民共和国测绘成果管理条例》 D.《中华人民共和国测量标志保护条例》
    E.《测绘资质分类分级标准》

2. 下列属于测绘法律法规组成部分的是(　　)。
    A.《测绘法》   B.《基础测绘条例》

C.《房产测绘管理办法》　　　　　　D.《测绘技术方案设计书》

E. 地方政府制定的测绘方面的政府规章

三、简答题

简述我国测绘法律法规体系的组成。

四、论述题

《测绘法》是从事测绘活动和进行测绘管理的基本法律,论述《测绘法》所确定的基本制度。

第2章　测绘资质资格

2.1　测绘资质管理制度

测绘资质管理是对测绘地理信息企事业单位(简称"测绘单位")的主体资格、专业技术力量、技术装备状况、技术质量管理体系、资料档案管理制度、测绘生产和成果的保密管理制度、办公设施等情况进行审查,确保测绘单位能够达到法定条件,并许可其从事特定测绘活动的行政行为。

2.1.1　测绘资质等级和专业划分

测绘资质是指测绘单位从事测绘活动的素质和能力,包括人员素质、仪器设备、管理制度等物质条件及生产能力、测绘业绩等。为加强对测绘资质的监督管理,《测绘法》规定国家对从事测绘活动的单位实行测绘资质管理制度,从事测绘活动的单位应当依法取得相应等级的测绘资质证书并在资质等级许可的业务范围内从事测绘活动。

目前,我国的测绘资质证书等级分为甲、乙两级。测绘资质的专业范围划分为:大地测量、测绘航空摄影、摄影测量与遥感、地理信息系统工程、工程测量、界线与不动产测绘、海洋测绘、地图编制、导航电子地图制作、互联网地图服务共10个专业。

《测绘资质分类分级标准》根据不同专业特点,将上述10个专业又划分了若干专业子项。如大地测量专业划分为卫星定位测量、卫星导航定位基准站网位置数据服务、水准测量、三角测量、天文测量、重力测量、基线测量和大地测量数据处理8个专业子项;界线与不动产测绘专业划分为行政区域界线测绘、地籍测绘、房产测绘、不动产测绘监理、海域权属测绘等不动产测绘5个专业子项。

测绘资质专业、专业子项及资质设置情况列于表2-1。

测绘资质专业、专业子项及资质设置情况 　　　　　　　　　　　　　　　表2-1

测绘资质专业	专业子项	资质设置
大地测量	(1)卫星定位测量; (2)卫星导航定位基准站网位置数据服务; (3)水准测量; (4)三角测量; (5)天文测量; (6)重力测量; (7)基线测量; (8)大地测量数据处理	设甲、乙级
测绘航空摄影	(1)一般航摄; (2)无人飞行器航摄; (3)倾斜航摄	设甲、乙级

续上表

测绘资质专业	专业子项	资质设置
摄影测量与遥感	(1)摄影测量与遥感外业； (2)摄影测量与遥感内业； (3)摄影测量与遥感监理	设甲、乙级
地理信息系统工程	(1)地理信息数据采集； (2)地理信息数据处理； (3)地理信息系统及数据库建设； (4)地面移动测量； (5)地理信息软件开发； (6)地理信息系统工程监理	设甲、乙级
工程测量	(1)控制测量； (2)地形测量； (3)规划测量； (4)建筑工程测量； (5)变形形变与精密测量； (6)市政工程测量； (7)水利工程测量； (8)线路与桥隧测量； (9)地下管线测量； (10)矿山测量； (11)工程测量监理	设甲、乙级
界线与不动产测绘	(1)行政区域界线测绘； (2)地籍测绘； (3)房产测绘； (4)海域权属测绘等不动产测绘； (5)不动产测绘监理	设甲、乙级
海洋测绘	(1)海岸地形测量； (2)水深测量； (3)水文观测； (4)海洋工程测量； (5)扫海测量； (6)深度基准测量； (7)海图编制； (8)海洋测绘监理	设甲、乙级
地图编制	(1)地形图； (2)教学地图； (3)世界政区地图； (4)全国及地方政区地图； (5)电子地图； (6)真三维地图； (7)其他专用地图	设甲、乙级
导航电子地图制作	导航电子地图制作	设甲、乙级
互联网地图服务	(1)地理位置定位； (2)地理信息上传标注； (3)地图数据库开发	设甲、乙级

2.1.2 测绘资质管理规定

《测绘法》第二十八条规定:国务院测绘地理信息主管部门和省、自治区、直辖市人民政府测绘地理信息主管部门按照各自的职责负责测绘资质审查、发放资质证书。

现行《测绘资质管理办法》和《测绘资质分类分级标准》明确规定了各级测绘地理信息主管部门的测绘资质管理职责。

根据《测绘资质管理办法》,自然资源部负责导航电子地图制作甲级测绘资质的审批和管理;其他测绘资质的审批和管理,由省、自治区、直辖市人民政府自然资源主管部门负责。省、自治区、直辖市人民政府自然资源主管部门可以根据本地实际,适当提高测绘资质分类分级标准中的专业技术人员、技术装备的数量要求,并于发布之日起三十日内报送自然资源部备案。

测绘单位需要延续依法取得的测绘资质证书有效期的,应当在测绘资质证书有效期届满三十日前,向审批机关提出延续申请。审批机关应当根据测绘单位的申请,在测绘资质证书有效期届满前作出是否准予延续的决定;逾期未作出决定的,视为准予延续。

测绘单位变更测绘资质等级或者专业类别的,应当按照该办法规定的审批权限和程序重新申请办理测绘资质审批。测绘单位名称、注册地址、法定代表人发生变更的,应当向审批机关提交有关部门的核准材料,申请换发新的测绘资质证书。测绘单位申请注销测绘资质证书的,审批机关应当及时办理测绘资质证书注销手续。

测绘单位合并的,可以承继合并前的测绘资质等级和专业类别。测绘单位转制或者分立的,应当向相应的审批机关重新申请测绘资质。测绘单位可以监理同一专业类别的同等级或者低等级测绘单位实施的该专业类别的测绘项目。测绘单位取得测绘资质后,变更专业技术人员或者技术装备的,应当在三十日内通过全国测绘资质管理信息系统申请更新有关信息。

2.1.3 测绘地理信息安全保障措施和管理制度基本要求

1)基本要求

根据《测绘资质分类分级标准》(通用标准),测绘地理信息安全保障措施和管理制度基本要求如下:

(1)设立测绘地理信息安全保密工作机构。

(2)从事涉密测绘业务的人员应当具有中华人民共和国国籍,签订保密责任书,接受保密教育。

(3)建立健全测绘地理信息安全保密管理制度。明确涉密人员管理、保密要害部门部位管理、涉密设备与存储介质管理、涉密测绘成果全流程保密、保密自查等要求。

(4)明确涉密测绘成果使用审批流程和责任人,未经批准,涉密测绘成果不得带离保密要害部门部位。

(5)涉密存储介质专人管理,建立台账;涉密设备与存储介质应粘贴密级标识;涉密计算机、涉密存储介质不得接入互联网或其他公共信息网络;涉密网络与互联网或其他公共信息网络之间实行物理隔离;涉密计算机外接端口封闭管理。

（6）建立健全涉密测绘外业安全保密管理制度，落实监管人员和保密责任，外业所用涉密计算机纳入涉密单机进行管理。

（7）对属于国家秘密的地理信息的获取、持有、提供、利用情况进行登记并长期保存，实行可追溯管理。

（8）从事测绘活动，应当遵守保密法律法规规章等有关规定。

2）导航电子地图制作要求

《测绘资质分类分级标准》（通用标准）对导航电子地图制作给出补充要求，具体如下：

（1）涉密网络应配备系统管理员、安全保密管理员和安全审计员。

（2）保密要害部门部位应当确定安全控制区域，采取电子监控、防盗报警等必要的安全防范措施。

（3）配置符合要求的安全保密专用产品，包括身份鉴别、访问控制、安全审计、保密技术防护（三合一）、漏洞扫描、计算机病毒查杀、边界安全防护和数据库安全等产品。

（4）软件开发不得在保密要害部门部位内进行。

（5）未经单位安全保密工作机构批准，单位内部涉密测绘成果不得采用移动存储介质进行交换，应基于涉密网络操作，并进行审计。

（6）涉密测绘成果对外提供应配置专人专机。专机需安装安全审计软件，进行实时审计。

（7）配置红黑电源。红黑电源隔离插座应用了全新的电磁相关技术，除了具有普通的转换器的功能（电源扩张，灵活方便地为多部设备供电）以外，由于采用了滤波屏蔽技术，可以使输出更为稳定，更可以起到抑制所连信息设备电源线传导信息泄露的作用。

3）互联网地图服务要求

《测绘资质分类分级标准》（通用标准）对互联网地图服务给出补充要求，要求存放地图数据的服务器设在中华人民共和国境内。

4）技术质量保证体系要求

根据《测绘资质分类分级标准》（通用标准），技术和质量保证体系要求如下：

（1）设立技术和质量管理机构。

（2）明确技术和质量管理工作的主管领导、技术和质量管理机构的负责人。技术和质量管理机构负责人应当具备中级及以上测绘专业技术职称。

（3）配备与业务相适应的质检人员。质检人员应当是测绘专业技术人员。

（4）建立健全技术管理制度，明确技术设计、技术处理和技术总结等要求。其中简单、日常性的测绘项目可以制定作业指导书。

（5）建立健全质量检查管理制度，明确过程检查、最终检查、质量评定、检查记录和检查报告等要求。

（6）建立健全人员培训与岗位管理制度，明确岗位职责、岗前培训考核、继续教育等要求。

（7）建立健全测绘仪器设备检定、校准管理制度，明确测绘仪器设备的检定、校准、日常管理等要求。

（8）测绘技术和质量保证体系应当遵守法律法规规章等有关规定。

5）测绘成果和资料档案管理要求

根据《测绘资质分类分级标准》（通用标准），测绘成果和资料档案管理制度要求如下：

（1）设立测绘成果和资料档案管理机构。

（2）明确测绘成果和资料档案管理工作的主管领导、工作人员及岗位职责。

（3）建立健全测绘成果和资料档案管理制度，明确测绘成果接收、整理、保管、使用、销毁以及建立台账等管理要求。

（4）建立健全测绘成果和资料档案信息化管理的安全保护制度。

（5）有专门的测绘成果和资料档案库房，具备防盗、防火、防潮、防光、防尘、防磁、防有害生物和污染等安全措施。

（6）配有与业务相适应的测绘成果和资料档案专用柜架、专用数据存储设备。

（7）测绘成果和资料档案管理应当遵守法律、法规、规章等有关规定。

2.1.4　申请测绘资质的条件

《测绘资质分类分级标准》划分为通用标准、专业标准两部分。通用标准是指对各专业范围统一适用的标准。专业标准包括测绘资质的专业范围划分的10个专业和每个专业的若干专业子项所应达到的标准。凡申请测绘资质的单位，应当同时达到通用标准和相应的专业标准要求。

申请测绘资质应具备以下条件：

（1）具有企业或者事业单位法人资格。

（2）有与从事的测绘活动相适应的测绘专业技术人员和测绘相关专业技术人员。

（3）有与从事的测绘活动相适应的技术装备和设施。

（4）有健全的技术和质量保证体系、安全保障措施、信息安全保密管理制度以及测绘成果和资料档案管理制度。

根据《测绘资质管理办法》，测绘资质各专业范围的等级划分及其考核条件由《测绘资质分类分级标准》规定。《测绘资质分类分级标准》对每个专业的专业技术人员做了具体要求。《测绘资质分类分级标准》（通用标准）中所指的专业技术人员，包括测绘专业技术人员和测绘相关专业技术人员。专业技术人员应当具有中华人民共和国国籍，不得兼职；测绘专业技术人员具有测绘专业职称，测绘相关专业技术人员具有测绘相关专业学历或职称。用于申请甲、乙级测绘资质的专业技术人员中，退休的专业技术人员分别不得超过2人、1人。高级别测绘专业技术人员可以冲抵低级别测绘专业技术人员，测绘专业技术人员可以冲抵测绘相关专业技术人员。

测绘专业是指大地测量、工程测量、摄影测量、遥感、地图制图、地理信息、地籍测绘、测绘工程、矿山测量、海洋测绘、导航工程、土地管理、地理国情监测等专业。

测绘相关专业是指地理、地质、工程勘察、资源勘查、土木、建筑、规划、市政、水利、电力、道桥、海洋、计算机、软件、电子、信息、通信、物联网、统计、生态、印刷、人工智能、大数据、云计算、保密、档案等专业。

增加甲级测绘资质专业类别的，应当符合专业标准规定的甲级测绘业绩要求。测绘单位转制或分立的，申请原资质等级和专业类别不受本标准规定的甲级测绘业绩要求限制。

申请两个及以上专业类别的,应当符合所有申请专业类别的条件,对专业技术人员、技术装备的数量要求不累加计算。

2.1.5 申请测绘资质应当提交的材料

申请测绘资质,申请单位应当提交下列材料的原件扫描件,并对申请材料实质内容的真实性负责:

(1)法人资格证书。

(2)符合专业标准规定的专业技术人员身份证及依法缴纳社会保险的材料,退休的专业技术人员的退休材料和劳务合同;测绘专业技术人员的学历证书和职称证书,测绘相关专业技术人员的学历证书或职称证书。

(3)符合专业标准规定的技术装备的所有权材料。

(4)符合通用标准规定的材料。

(5)申请甲级测绘资质的,应当提供符合专业标准规定的测绘业绩材料。

测绘单位变更测绘资质等级或者专业类别的,应当按照规定的审批权限和程序重新申请办理测绘资质审批。测绘单位名称、注册地址、法定代表人发生变更的,应当向审批机关提交有关部门的核准材料,申请换发新的测绘资质证书。

2.1.6 测绘资质审批程序

1)测绘资质申请与受理

审批机关对申请单位提出的测绘资质申请,应当根据下列情形分别作出处理:

(1)申请材料齐全并符合法定形式的,应当决定受理并出具受理通知书。

(2)申请材料不齐全或者不符合法定形式的,应当当场或者在五个工作日内一次告知申请单位需要补正的全部内容,逾期不告知的,自收到申请材料之日起即为受理。

(3)申请事项依法不属于本审批机关职责范围的,应当即时作出不予受理的决定,并告知申请单位向有关审批机关申请。

对导航电子地图制作甲级测绘资质的审批,自然资源部通过网上受理,并采用以下方式对申请材料进行审查:

(1)将申请单位的基本信息、所申请测绘资质类别、等级及除涉及国家秘密、商业秘密和个人隐私外的申请信息等通过自然资源部网站公开。

(2)引入第三方机构作技术性审查。

(3)必要时,进行实地核查或专家评议。

(4)自然资源部机关内部会审。

2)审查与决定

审批机关自受理之日起十五个工作日内作出是否批准测绘资质的书面决定。因特殊情况在十五个工作日内不能作出决定的,经本审批机关负责人批准,可以延长十个工作日,并将延长期限的理由告知申请单位。

审批机关作出不予批准测绘资质决定的,应当说明理由,并告知申请单位享有依法申请行政复议或者提起行政诉讼的权利。

3) 颁发测绘资质证书

审批机关作出批准测绘资质决定的,应当自作出决定之日起十个工作日内,向申请单位颁发测绘资质证书;测绘资质证书有效期五年。测绘资质证书包括纸质证书和电子证书,纸质证书和电子证书具有同等法律效力。测绘资质证书样式由自然资源部统一规定。

2.1.7 测绘资质监督管理

根据《测绘资质管理办法》,测绘单位应当按照规定,定期在全国测绘资质管理信息系统中报送测绘项目清单。县级以上人民政府自然资源主管部门应当建立健全随机抽查机制,依法对测绘单位的安全保障措施、信息安全保密管理制度、测绘成果和资料档案管理制度、技术和质量保证体系、专业技术人员、技术装备等测绘资质情况进行检查,并将抽查结果向社会公布。县级以上人民政府自然资源主管部门应当合理确定随机抽查比例;对于投诉举报多、有相关不良信用记录的测绘单位,可以加大抽查比例和频次。县级以上人民政府自然资源主管部门应当加强测绘单位信用体系建设,及时将随机抽查结果纳入测绘单位信用记录,依法将测绘单位信用信息予以公示。测绘单位在测绘行业信用惩戒期内不得申请晋升测绘资质等级和增加专业类别。

申请测绘资质的单位违反本办法规定,隐瞒有关情况或者提供虚假材料申请测绘资质的,审批机关应当依照《行政许可法》第七十八条的规定,作出不予受理的决定或者不予批准的决定,并给予警告,纳入测绘单位信用记录予以公示。该单位在一年内再次申请测绘资质的,审批机关不予受理。

测绘单位依法取得测绘资质后,出现不符合其测绘资质等级或者专业类别条件的,由县级以上人民政府自然资源主管部门责令限期改正;逾期未改正至符合条件的,纳入测绘单位信用记录予以公示,并停止相应测绘资质所涉及的测绘活动。

违反本办法规定,未取得测绘资质证书,擅自从事测绘活动的,以欺骗手段取得测绘资质证书从事测绘活动的,依法予以处罚。测绘单位以欺骗、贿赂等不正当手段取得测绘资质证书的,该单位在三年内再次申请测绘资质,审批机关不予受理。

2.1.8 测绘资质管理的法律责任

《测绘法》第五十五条规定:未取得测绘资质证书,擅自从事测绘活动的,责令停止违法行为,没收违法所得和测绘成果,并处测绘约定报酬一倍以上二倍以下的罚款;情节严重的,没收测绘工具。以欺骗手段取得测绘资质证书从事测绘活动的,吊销测绘资质证书,没收违法所得和测绘成果,并处测绘约定报酬一倍以上二倍以下的罚款;情节严重的,没收测绘工具。

违反《测绘法》及有关法律、法规的规定,依情节严重程度,处罚的方式主要包括予以通报批评、依法予以办理注销手续、依法视情节责令停业整顿或者降低资质等级,以及依法吊销测绘资质证书等。

2.1.9 行政许可

行政许可指行政机关根据公民、法人或者其他组织的申请,经依法审查,准予其从事特定活动的行为,设定和实施行政许可,应当遵循公开、公平、公正的原则。目前,国家自然资源主管部门依法公布保留的测绘地理信息行政许可事项包括:甲级测绘资质审批、测绘专业技术人员执业资格审批、外国的组织或者个人来华测绘审批、采用国际坐标系统审批、建立相对独立的平面坐标系统审批、永久性测量标志拆迁审批、地图审核、属于国家秘密的基础测绘成果资料提供使用审批、对外提供属于国家秘密的测绘成果资料审批共9项。

根据《行政许可法》,法律可以设定行政许可。尚未制定法律的,行政法规可以设定行政许可。必要时,国务院可以采用发布决定的方式设定行政许可。尚未制定法律、行政法规的,地方性法规可以设定行政许可;尚未制定法律、行政法规和地方性法规的,因行政管理的需要,确需立即实施行政许可的,省、自治区、直辖市人民政府规章可以设定临时性的行政许可。临时性的行政许可实施满一年需要继续实施的,应当提请本级人民代表大会及其常务委员会制定地方性法规。

行政法规可以在法律设定的行政许可事项范围内,对实施该行政许可作出具体规定。地方性法规可以在法律、行政法规设定的行政许可事项范围内,对实施该行政许可作出具体规定。规章可以在上位法(效力较高的法律)设定的行政许可事项范围内,对实施该行政许可作出具体规定。法规、规章对实施上位法设定的行政许可作出的具体规定,不得增设行政许可;对行政许可条件作出的具体规定,不得增设违反上位法的其他条件。

2.2　测绘执业资格与注册测绘师制度

2.2.1　测绘执业资格的概念特征

1)测绘执业资格的概念

测绘执业资格指从事测绘专业技术活动的自然人应当具备的知识、技术水平和能力等。实行测绘执业资格制度,对于规范专业技术人员的执业行为,提高其社会地位,维护测绘地理信息市场的正常秩序具有重要意义,也是我国测绘地理信息行业参与国际测绘地理信息市场竞争的重要条件。

《测绘法》第三十条规定:从事测绘活动的专业技术人员应当具备相应的执业资格条件。具体办法由国务院测绘地理信息主管部门会同国务院人力资源社会保障主管部门规定。

2)测绘执业资格的特征

(1)测绘执业资格的主体是个人,而单位从事测绘活动应当具备的基本素质和能力称为测绘资质。

(2)测绘执业资格隶属国家职业资格体系。目前,国家将从业人员的职业资格分为从业资格和执业资格两种。从业资格指规定从事某种专业技术性工作应具备的学识、技术和能力的起点标准。执业资格指从事责任较大、社会通用性强、关系公共利益的专业技术性工作应具备的学识、技术和能力的准入标准。测绘成果质量关系国家安全和公共利益,基础地理信息属国家战略性资源,为经济社会发展和政府部门提供服务,测绘专业技术人员责任重大,因此测绘实行执业资格制度。

(3)测绘执业资格的对象是测绘专业技术人员。从事测绘活动的人员可分为专业技术人员、技术工作人员和辅助人员等,这些人员有着明确的分工和责任。而其中责任最大的是专业技术人员,对专业技术人员在学识、技术和能力的要求远高于其他人员,因此,测绘执业资格的对象是测绘专业技术人员。

2.2.2 注册测绘师资格考试

凡中华人民共和国公民,遵守国家法律、法规,恪守职业道德,并具备一定条件的测绘专业技术人员,均可申请参加注册测绘师资格考试。

1)申请注册测绘师资格考试的条件

(1)取得测绘类专业大学专科学历,从事测绘业务工作满6年。

(2)取得测绘类专业大学本科学历,从事测绘业务工作满4年。

(3)取得含测绘类专业在内的双学士学位或者测绘类专业研究生班毕业,从事测绘业务工作满3年。

(4)取得测绘类专业硕士学位,从事测绘业务工作满2年。

(5)取得测绘类专业博士学位,从事测绘业务工作满1年。

(6)取得其他理学类或者工学类专业学历或者学位的人员,其从事测绘业务工作年限相应增加2年。

2)注册测绘师资格考试的组织

(1)注册测绘师资格考试由人力资源和社会保障部、国家自然资源主管部门共同负责。国家自然资源主管部门成立注册测绘师资格考试专家委员会,负责拟定考试科目、考试大纲、考试试题,研究建立并管理考试题库,提出考试合格标准建议。人力资源和社会保障部组织专家审定考试科目、考试大纲和考试试题,并会同国家自然资源主管部门确定考试合格标准和对考试工作进行指导、监督和检查。

(2)注册测绘师资格实行全国统一大纲、统一命题的考试制度,原则上每年举行一次。考试的科目按照国家自然资源主管部门与人力资源和社会保障部联合制定的《注册测绘师资格考试实施办法》规定,设"测绘管理与法律法规""测绘综合能力"和"测绘案例分析"三个科目。注册测绘师资格考试的具体内容和要求,由国家自然资源主管部门与人力资源和社会保障部联合制定的《注册测绘师资格考试大纲》具体规定。

(3)注册测绘师资格考试合格,颁发由人力资源和社会保障部统一印制,人力资源和社会保障部、国家自然资源主管部门共同用印的"中华人民共和国注册测绘师资格证书"(简称"资格证书")。

2.2.3 注册测绘师注册

国家对注册测绘师资格实行注册执业管理,取得"中华人民共和国注册测绘师资格证书"的人员,经过注册后方可以注册测绘师的名义执业。国家自然资源主管部门为注册测绘师资格的注册审批机构。各省、自治区、直辖市自然资源主管部门负责注册测绘师资格的注册审查工作。为规范注册测绘师注册、执业和继续教育行为,国家自然资源主管部门制定了《注册测绘师执业管理办法(试行)》(国测人发〔2014〕8号),自2015年1月1日起施行。

1）注册申请

依法取得资格证书的人员,通过一个且只能是一个具有测绘资质的单位(简称"注册单位")办理注册手续,并取得中华人民共和国注册测绘师资格证书(简称注册证)和执业印章后,方可以注册测绘师名义开展执业活动。申请注册测绘师资格注册的人员,应向省级自然资源主管部门提出注册申请。具体注册程序如下:

(1)申请人填写注册申请表。

(2)注册单位审核后,报省级自然资源主管部门。

(3)省级自然资源主管部门审查并提出意见后报国家自然资源主管部门。

(4)国家自然资源主管部门审批。

(5)国家自然资源主管部门作出批准注册决定后在国家自然资源主管部门网站公布。

2）初始注册

初始注册者,可自取得资格证书之日起1年内提出注册申请。初始注册需要提交下列材料:

(1)中华人民共和国注册测绘师初始注册申请表。

(2)中华人民共和国注册测绘师资格证书。

(3)与注册单位签订的聘用(劳动)合同或相关证明。

(4)申请人的身份证明材料。

除提交上述材料外,申请延续注册或逾期初始注册的,必须同时提交注册测绘师继续教育证书。根据《注册测绘师执业管理办法(试行)》,取得资格证书超过1年不满3年提出申请初始注册的,须提供不少于30学时继续教育必修内容培训的证明。取得资格证书3年以上提出申请初始注册的,须提供相当于一个注册有效期要求的继续教育证明。

3）延续注册

注册证和执业印章每一注册有效期为3年,期满需要继续执业的,应在期满30个工作日前提出延续注册申请。变更注册单位须及时办理变更注册手续,距离原注册有效期满半年以内申请变更注册的,可同时申请延续注册。准予延续注册的,注册有效期重新计算。延续注册需要提交下列材料:

(1)中华人民共和国注册测绘师延续注册申请表。

(2)与注册单位签订的聘用(劳动)合同或相关证明。

(3)注册测绘师继续教育证书。

准予延续注册的,注册有效期重新计算。

4）变更注册

根据《注册测绘师执业管理办法(试行)》,申请变更注册,应提交下列材料:

(1)中华人民共和国注册测绘师变更注册申请表。

(2)与注册单位签订的聘用(劳动)合同或相关证明。

(3)与原注册单位解除聘用(劳动)或合作关系的证明材料。

5）注销注册

注册申请人或者聘用单位有下列行为之一申请注销的,应当向当地省级自然资源主管部门提出申请,由国家自然资源主管部门审核批准后,办理注销手续,收回注册证和执业印章。

（1）不具有完全民事行为能力的。

（2）申请注销注册的。

（3）注册有效期满且未延续注册的。

（4）被依法撤销注册的。

（5）受到刑事处罚的。

（6）与聘用单位解除劳动或者聘用关系的。

（7）聘用单位被依法取消测绘资质证书的。

（8）聘用单位被吊销营业执照的。

（9）因本人过失造成利害关系人重大经济损失的。

（10）应当注销注册的其他情形。

6）不予注册

注册测绘师有下列情形之一的，不予注册：

（1）不具有完全民事行为能力的。

（2）刑事处罚尚未执行完毕的。

（3）因在测绘活动中受到刑事处罚，自刑事处罚执行完毕之日起至申请注册之日止不满3年的。

（4）法律、法规规定不予注册的其他情形。

7）其他规定

（1）注册测绘师注册通过注册系统进行在线申请。有关材料原件需进行扫描报送电子文件。申请人和注册单位对相关材料的真实性负责并承担相应法律责任。

（2）注册测绘师注册证或执业印章遗失或污损，需要补办的，应当持省级以上公众媒体上刊登的遗失声明或污损的原注册证或执业印章，经注册地省级自然资源主管部门审核后，向国家自然资源主管部门申请补办。

2.2.4　注册测绘师的权利与义务

注册测绘师是指经考试取得"中华人民共和国注册测绘师资格证书"，并依法注册后，从事测绘活动的专业技术人员。

1）注册测绘师的权利

注册测绘师的权利包括以下几个方面：

（1）使用"注册测绘师"称谓。

（2）保管和使用本人的注册证和执业印章。

（3）在规定的范围内从事测绘执业活动。

（4）接受继续教育。

（5）对违反法律法规和有关技术规范的行为提出劝告，并向上级自然资源主管部门报告。

（6）获得与执业责任相应的劳动报酬。

（7）对侵犯本人执业权利的行为进行申诉。

2）注册测绘师的义务

注册测绘师的义务包括以下几个方面：

（1）遵守法律、行政法规和有关管理规定，恪守职业道德。

（2）执行测绘技术标准和规范。

（3）履行岗位职责，保证执业活动成果质量，并承担相应责任。

（4）保守知悉的国家秘密和委托单位的商业、技术秘密。

（5）只受聘于一个有测绘资质的单位执业。

（6）不准他人以本人名义执业。

（7）更新专业知识，提高专业技术水平。

（8）完成注册管理机构交办的相关工作。

2.2.5　注册测绘师执业

根据《注册测绘师执业管理办法（试行）》，注册测绘师开展执业活动，必须依托注册单位并与注册单位的测绘资质等级和业务许可范围相适应。

1）注册测绘师执业范围

（1）测绘项目技术设计。

（2）测绘项目技术咨询和技术评估。

（3）测绘项目技术管理、指导与监督。

（4）测绘成果质量检验、审查和鉴定。

（5）国务院有关部门规定的其他测绘业务。

2）注册测绘师的执业能力

（1）熟悉并掌握国家测绘及相关法律、法规和规章。

（2）了解国际、国内测绘技术发展状况，具有较丰富的专业知识和技术工作经验，能够处理较复杂的技术问题。

（3）熟练运用测绘相关标准、规范和技术手段，完成测绘项目技术设计、咨询、评估及测绘成果质量检验管理。

（4）具有组织实施测绘项目的能力。

3）注册测绘师岗位及数量规定

《注册测绘师执业管理办法（试行）》对注册测绘师岗位充任及数量进行了规定：

（1）测绘地理信息项目的技术和质检负责人等关键岗位须由注册测绘师充任。

（2）测绘单位须配备一定数量的注册测绘师，具体要求根据单位资质等级、业务性质和范围、人员规模等，由国家自然资源主管部门在《测绘资质分类分级标准》中规定。

（3）根据《测绘资质分类分级标准》，甲、乙级测绘单位的注册测绘师数量应当达到考核要求。

《测绘资质分类分级标准》对甲、乙级测绘单位注册测绘师数量的要求，主要分三个层次：一是不作要求，涉及互联网地图服务专业；二是要求甲级至少 2 名注册测绘师、乙级至少1 名注册测绘师，主要涉及测绘航空摄影、摄影测量与遥感、地理信息系统工程、地图编制 4

个专业;三是要求甲级至少5名注册测绘师、乙级至少2名注册测绘师,主要涉及大地测量、工程测量、界线与不动产测绘、海洋测绘和导航电子地图制作5个专业。

4)注册测绘师的执业规定

(1)注册单位与注册测绘师人事关系所在单位或聘用单位可以不一致。

(2)测绘地理信息项目的设计文件、成果质量检查报告、最终成果文件以及产品测试报告、项目监理报告等,须由注册测绘师签字并加盖执业印章后方可生效。

(3)修改经注册测绘师签字盖章的测绘文件,应由注册测绘师本人进行;因特殊情况,该注册测绘师不能进行修改的,应由其他注册测绘师修改并签字、加盖印章,同时对修改部分承担责任。

(4)注册测绘师从事执业活动,应由其所在单位接受委托并统一收费。因测绘成果质量问题造成的经济损失,接受委托的单位应承担赔偿责任。接受委托的单位可以依法向承担测绘业务的注册测绘师追偿。

2.2.6　继续教育

1)继续教育要求

注册测绘师延续注册、重新申请注册和逾期初始注册,应当完成本专业的继续教育。注册测绘师继续教育分为必修教育和选修教育,在一个注册有效期内,必修内容和选修内容均不得少于60学时。

2)继续教育方式

(1)注册测绘师继续教育必修内容通过培训的形式进行,由国家自然资源主管部门推荐的机构承担。必修内容培训每次30学时,注册测绘师须在一个注册有效期内参加2次不同内容的培训。

(2)注册测绘师继续教育选修内容通过参加指定的网络学习获得40学时,另外20学时通过出版专业著作、承担科研课题、获得科技奖励、发表学术论文、参加学习等方式取得。

3)继续教育的组织管理

(1)国家自然资源主管部门在人力资源和社会保障部指导下,负责组织编写必修课培训大纲,审查培训教材,评估培训机构,下达年度继续教育培训计划。

(2)注册测绘师继续教育实行登记制度。

(3)注册单位应积极为注册测绘师提供继续教育学习经费和学习时间,以及参加继续教育的其他必要条件。

2.2.7　相关法律责任

《测绘法》第五十九条规定:违反本法规定,未取得测绘执业资格,擅自从事测绘活动的,责令停止违法行为,没收违法所得和测绘成果,对其所在单位可以处违法所得二倍以下的罚款;情节严重的,没收测绘工具;造成损失的,依法承担赔偿责任。

在实施注册测绘师制度过程中,相关行政部门和相关机构,因工作失误使专业技术人员合法权益受到损害的,应当依法给予相应赔偿,并可向有关责任人追偿。实施注册测绘师制度的相关行政部门和相关机构的工作人员,有不履行工作职责、监督不力或者谋取其他利益等违纪违规行为,并造成不良影响或者严重后果的,由其上级相关行政部门责令改正,对直接负责的主管人员和其他直接责任人员依法给予行政处分;构成犯罪的,依法追究刑事责任。

2.3　测绘作业证管理

测绘作业证是由自然资源主管部门颁发的、用来表明野外测绘作业人员身份的一种凭证。根据《测绘法》,测绘人员进行测绘活动时,应当持有测绘作业证件。为规范测绘作业证使用,加强对测绘作业证的监督管理,国家自然资源主管部门修订发布《测绘作业证管理规定》,明确了测绘作业证的发放范围、管理权限和基本要求。测绘作业证由封皮、《测绘法》相关条款、内芯、用证规定四部分组成,按编号顺序组合。

2.3.1　测绘作业证申请

测绘单位申领测绘作业证,应当向单位所在地的省级自然资源主管部门或者其委托的市级人民政府自然资源主管部门提出办证申请。

申请测绘作业证的范围包括:

(1)取得测绘资质证书单位的人员。

(2)从事野外测绘作业的人员。

(3)需要领取测绘作业证的其他人员。

申请测绘作业证应当上交的材料包括:

(1)测绘作业证申请表。

(2)测绘作业证申请汇总表。

(3)申请人1英寸(2.54cm)彩色证件照片1张。

测绘单位所属的不具有独立法人资格的分支机构人员申领测绘作业证,应当以测绘单位名义办理,由测绘单位向其所在地的省级自然资源主管部门或其委托的市级自然资源主管部门提交办证申请材料。测绘单位所属的具有独立法人资格的分支机构人员申领测绘作业证,应当以该分支机构名义办理,由分支机构向其所在地的省级自然资源主管部门或其委托的市级自然资源主管部门提交办证申请材料。

测绘单位应当将申领测绘作业证的人员信息,完整准确录入测绘资质管理信息系统和测绘作业证管理信息系统,并对申领证件人员的信息真实性负责。相关自然资源主管部门应当对办证申请材料进行认真审查,确认申领证件人员符合发证条件的,予以核发测绘作业证。测绘单位申请办理测绘作业证遗失证件补证、旧证换新证以及测绘作业证的注册核准,由核发测绘作业证的自然资源主管部门负责办理。

2.3.2　测绘作业证件使用

1)测绘作业证件使用范围

测绘人员应当持有测绘作业证件进行作业的情况有以下几种:

(1)进入机关、企业、住宅小区、耕地或者其他地块进行测绘时。

(2)测绘人员使用测量标志时。

(3)测绘人员接受自然资源主管部门执法监督检查时。

（4）测绘人员办理与所从事的测绘活动相关的其他事项时。

2）测绘作业证件使用规定

（1）测绘人员进行测绘活动时，应当遵守国家法律法规，保守国家秘密，遵守职业道德，不得损毁国家、集体和他人的财产。测绘人员必须依法使用测绘作业证，不得利用测绘作业证从事与其测绘工作身份无关的活动。

（2）测绘人员应当妥善保存测绘作业证，防止遗失，不得损毁，不得涂改。测绘作业证只限持证人本人使用，不得转借他人。测绘人员遗失测绘作业证，应当立即向本单位报告并说明情况。所在单位应当及时向发证机关书面报告情况。

（3）测绘人员离（退）休或调离工作单位的，必须由原所在测绘单位收回测绘作业证，并及时上交发证机关。测绘人员调往其他测绘单位的，由新调入单位重新申领测绘作业证。

（4）测绘单位办理遗失证件的补证和旧证换新证的，省级自然资源主管部门或者其委托的市级人民政府自然资源主管部门，应当自收到补（换）证申请之日起 30 日内完成补（换）证工作。

3）测绘作业证件注册

（1）根据《测绘作业证管理规定》，测绘作业证由省级人民政府自然资源主管部门或者其委托的市级人民政府自然资源主管部门负责注册核准。测绘作业证注册指自然资源主管部门对测绘作业证的使用情况、持有、完整状况进行验证，并标示合格标志的行为。

（2）测绘作业证每次注册核准有效期为 3 年。注册核准有效期满前 30 日内，各测绘单位应当将测绘作业证送交单位所在地的省级人民政府自然资源主管部门或者其委托的市级人民政府自然资源主管部门进行注册核准。过期不注册核准的测绘作业证无效。

2.3.3　测绘作业证的监督管理

国家自然资源主管部门负责测绘作业证的统一监督管理工作；负责规定测绘作业证的式样；省、自治区、直辖市人民政府自然资源主管部门负责本行政区域内测绘作业证的审核、发放和监督管理工作；设区的市（地）、县（市）自然资源主管部门负责本行政区域内测绘作业证的受理、审核、发放和年度注册核准以及日常的监督管理工作。

根据《测绘作业证管理规定》，测绘人员违反测绘作业证管理的有关规定，由所在单位收回其测绘作业证并及时交回发证机关，对情节严重者依法给予行政处分；构成犯罪的，依法追究刑事责任。测绘人员违反测绘作业证管理规定的行为，主要包括以下内容：

（1）将测绘作业证转借他人的。

（2）擅自涂改测绘作业证的。

（3）利用测绘作业证严重违反工作纪律、职业道德或损害国家、集体或者他人利益的。

（4）利用测绘作业证进行欺诈及其他违法活动。

2.4　外国的组织或个人来华测绘管理

2.4.1　来华测绘的原则

外国的组织或者个人来华测绘管理（简称"来华测绘管理"）是指对外国的组织或者个

人来华从事非商业性测绘活动或者采取合作的方式来华从事商业性测绘活动以及一次性测绘活动的监督管理。为维护国家主权和安全,2006 年 11 月 20 日,国土资源部第 5 次部务会议通过《外国的组织或者个人来华测绘管理暂行办法》。自然资源部于 2019 年 7 月 24 日对该办法进行了修正并公布。

1)来华测绘应当遵循的原则

《外国的组织或者个人来华测绘管理暂行办法》明确规定了来华测绘应当遵循的基本原则,具体如下:

(1)必须遵守中华人民共和国的法律、法规和国家有关规定。

(2)不得涉及中华人民共和国的国家秘密。

(3)不得危害中华人民共和国的国家安全。

2)外国的组织或者个人来华测绘形式

外国的组织或者个人在中华人民共和国领域测绘,必须与中华人民共和国的有关部门或者单位依法采取合资、合作的形式。

经国务院及其有关部门或者省、自治区、直辖市人民政府批准,外国的组织或者个人来华开展科技、文化、体育等活动时,需要进行一次性测绘活动的(简称"一次性测绘"),可以不设立合资、合作企业,但是必须经国务院自然资源主管部门会同军队测绘主管部门批准,并与中华人民共和国的有关部门和单位的测绘人员共同进行。

3)合资、合作测绘禁止的领域

《外国的组织或者个人来华测绘管理暂行办法》规定,合资、合作测绘不得从事下列活动:

(1)大地测量。

(2)测绘航空摄影。

(3)行政区域界线测绘。

(4)海洋测绘。

(5)地形图、世界政区地图、全国政区地图、省级及以下政区地图、全国性教学地图、地方性教学地图和真三维地图的编制。

(6)导航电子地图编制。

(7)国务院自然资源主管部门规定的其他测绘活动。

2.4.2 外国的组织或个人来华测绘监督管理

《外国的组织或者个人来华测绘管理暂行办法》规定:国务院自然资源主管部门会同军队测绘部门负责来华测绘的审批。县级以上各级人民政府自然资源主管部门依照法律、行政法规和规章的规定,对来华测绘履行监督管理职责。

根据《外国的组织或者个人来华测绘管理暂行办法》,县级以上地方人民政府自然资源主管部门应当加强对本行政区域内来华测绘的监督管理,定期对下列内容进行检查:

(1)是否涉及国家安全和秘密。

(2)是否在测绘资质证书载明的业务范围内进行。

(3)是否按照国务院自然资源主管部门批准的内容进行。

（4）是否按照《测绘成果管理条例》的有关规定汇交测绘成果副本或者目录。

（5）是否保证了中方测绘人员全程参与具体测绘活动。

2.4.3　外国的组织或个人来华测绘资质申请

根据《外国的组织或者个人来华测绘管理暂行办法》，合资、合作测绘应当取得国务院自然资源主管部门颁发的测绘资质证书。

1）合资、合作企业申请测绘资质应当具备的条件

（1）符合《测绘法》以及外商投资的法律法规的有关规定。

（2）符合《测绘资质管理办法》的有关要求。

（3）已经依法进行企业登记，并取得中华人民共和国法人资格。

2）合资、合作企业申请测绘资质应当提供的材料

（1）《测绘资质管理办法》中要求提供的申请材料。

（2）企业法人营业执照。

（3）国务院自然资源主管部门规定应当提供的其他材料。

3）合资、合作企业测绘资质许可办理程序

（1）提交申请：合资、合作企业应当向国务院自然资源主管部门提交申请材料。

（2）受理：国务院自然资源主管部门在收到申请材料后依法作出是否受理的决定。

（3）审查：国务院自然资源主管部门决定受理后 10 个工作日内送军队测绘主管部门会同审查，并在接到会同审查意见后 10 个工作日内作出审查决定。

（4）发放证书：审查合格的，由国务院自然资源主管部门颁发相应等级的测绘资质证书；审查不合格的，由国务院自然资源主管部门作出不予许可的决定。

2.4.4　一次性测绘管理

1）一次性测绘的概念

一次性测绘指外国的组织或者个人在不设立合资、合作企业的前提下，经国务院及其有关部门或者省、自治区、直辖市人民政府批准，来华开展科技、文化、体育、旅游等活动时，需要进行的一次性测绘活动。一次性测绘活动应当取得国务院自然资源主管部门的批准文件，并保证中方测绘人员全程参与具体测绘活动。

2）一次性测绘申请程序

（1）提交申请：经国务院及其有关部门或者省、自治区、直辖市人民政府批准，外国的组织或个人来华开展科技、文化、体育等活动时，需要进行一次性测绘活动的，应当向国务院自然资源主管部门提交申请材料。

（2）受理：国务院自然资源主管部门在收到申请材料后依法作出是否受理的决定。

（3）审查：国务院自然资源主管部门决定受理后 10 个工作日内送军队测绘主管部门会同审查，并在接到会同审查意见后 10 个工作日内作出审查决定；依法需要听证、检验、检测、鉴定和专家评审的，所需时间不计算在规定的期限内，但是应当将所需时间书面告知申请人。

（4）批准：准予一次性测绘的，由国务院自然资源主管部门依法向申请人送达批准文件，并抄送测绘活动所在地的省、自治区、直辖市人民政府自然资源主管部门；不准予一次性测

绘的,应当作出书面决定。

3)申请一次性测绘需要提交的材料

(1)一次性测绘申请表。

(2)国务院及其有关部门或者省、自治区、直辖市人民政府的批准文件。

(3)按照法律法规规定应当提交的有关部门的批准文件。

(4)外国组织或者个人的身份证明和有关资信证明。

(5)测绘活动的范围、路线、测绘精度及测绘成果形式的说明。

(6)测绘活动使用的测绘仪器、软件和设备的清单和情况说明。

(7)我国现有测绘成果不能满足项目需要的说明。

2.4.5　来华测绘成果管理

1)成果归属与汇交

根据《测绘成果管理条例》规定,外国的组织或者个人依法与中华人民共和国有关部门或者单位合资、合作,经批准在中华人民共和国领域内从事测绘活动的,测绘成果归中方部门或者单位所有,并由中方部门或者单位向国务院自然资源主管部门汇交测绘成果副本。外国的组织或者个人依法在中华人民共和国管辖的其他海域从事测绘活动的,由其按照国务院自然资源主管部门的规定汇交测绘成果副本或者目录。

2)成果保管与使用

《外国的组织或者个人来华测绘管理暂行办法》规定,来华测绘成果的管理依照有关测绘成果管理法律法规的规定执行。来华测绘成果归中方部门或者单位所有的,未经依法批准,不得以任何形式将测绘成果携带或者传输出境。

习　题

一、单项选择题

1.根据《测绘资质管理办法》,我国测绘资质的专业范围共分(　　)个专业。

    A.10　　　　　　　B.11　　　　　　　C.12　　　　　　　D.13

2.下列关于测绘资质的说法中,错误的是(　　)。

    A.导航电子地图制作甲级测绘资质的审批,由自然资源部负责

    B.取得乙级测绘资质满3年后自动升级

    C.测绘资质分为甲、乙两个等级

    D.申请升级之日前2年内有出租、出借测绘资质证书行为的,不予升级

3.下列关于测绘资质证书有效期的说法中,正确的是(　　)。

    A.测绘资质证书有效期最长不超过8年

    B.申请延续测绘资质证书有效期,应当在有效期满60日前提出

    C.测绘资质证书有效期满需延续的,应向国务院自然资源主管部门申请办理延续手续

D. 符合条件的,经批准,测绘资质证书有效期可以延续

4. 根据《测绘资质管理办法》,下列说法错误的是(　　)。

A. 涉密网络应配备系统管理员、安全保密管理员和安全审计员

B. 存放地图数据的服务器设在中华人民共和国境内

C. 软件开发可以在保密要害部门部位内进行

D. 质检人员应当是测绘专业技术人员

5. 下列关于房产测绘资质的说法中,错误的是(　　)。

A. 甲级房产测绘资质,应由国务院自然资源主管部门审批发证

B. 房产测绘资质的审批,应当征求房地产行政主管部门的意见

C. 申请房产测绘资质,应当向所在地省级自然资源主管部门提出

D. 乙级房产测绘单位可以承担规划总建筑面积 200 万 m² 以下的居住小区的房产测绘项目

6. 根据《测绘资质分类分级标准》,下列专业中,包含海域权属测绘等不动产测绘专业子项的是(　　)。

A. 界线与不动产测绘　　　　　　　B. 摄影测量与遥感

C. 海洋测绘　　　　　　　　　　　D. 地理信息系统工程

7. 根据《测绘资质管理办法》,下列专业范围中,由自然资源部负责审批和管理的是(　　)。

A. 大地测量　　　　　　　　　　　B. 导航电子地图制作

C. 地图编制　　　　　　　　　　　D. 互联网地图服务

8. 根据《测绘资质分类分级标准》,下列测绘专业中,不属于界线与不动产测绘专业子项的是(　　)。

A. 地籍测绘　　　　　　　　　　　B. 行政区域界线测绘

C. 房产测绘　　　　　　　　　　　D. 工程测量

9. 关于注册测绘师应当履行义务的说法,错误的是(　　)。

A. 应当履行岗位职责,保证执业活动成果质量,并承担相应责任

B. 可以同时受聘于两个测绘单位执业

C. 不准他人以本人名义执业

D. 应当更新专业知识,提高专业技术水平

10. 下列关于注册测绘师执业活动的说法中,正确的是(　　)。

A. 在测绘活动中形成的技术设计文件,必须由注册测绘师签字并加盖执业印章后方可生效

B. 修改经注册测绘师签字盖章的测绘文件,应由该注册测绘师所在单位法定代表人进行

C. 注册测绘师从事执业活动,由注册测绘师所在地自然资源主管部门统一接受委托并收费

D. 因特殊情况注册测绘师不能修改其本人签字盖章的测绘文件的,应当由所在单位法定代表人或总工程师修改,并签字、加盖印章

11.注册测绘师执业过程中,因测绘成果质量问题造成的经济损失,应当由(　　)承担赔偿责任。

    A.注册测绘师   B.接受委托的单位

    C.测绘成果质量负责人   D.测绘成果完成人

12.张三、李四是同一家测绘资质单位的注册测绘师。根据《注册测绘师制度暂行规定》,下列关于他们执业活动的说法中,错误的是(　　)。

    A.张三、李四可以开展与该单位测绘资质等级和业务范围相应的测绘执业活动

    B.修改经张三签字盖章的测绘文件,应当由张三本人进行

    C.因特殊情况,李四修改经张三签字盖章的测绘文件,应由李四对修改部分承担责任

    D.其所在单位可以统一保管张三、李四的注册测绘师注册证和执业印章

13.根据《测绘作业证管理规定》,下列人员中,应当领取测绘作业证的是(　　)。

    A.注册测绘师   B.测绘行业技师

    C.测绘外业作业人员   D.测绘内业作业人员

14.关于外国组织或者个人携带我国测绘成果出境的说法,正确的是(　　)。

    A.可以携带出境

    B.不可以携带出境

    C.经中方合作单位同意后可以携带出境

    D.未经依法批准,不得以任何形式携带出境

15.根据《外国的组织或者个人来华测绘管理暂行办法》,中外合作测绘不得从事的测绘活动是(　　)。

    A.地方性教学地图编制   B.互联网地图服务

    C.房产图测绘   D.地籍图测绘

16.根据《外国的组织或者个人来华测绘管理暂行办法》,经批准在我国境内从事一次性测绘的,向申请人送达批准文件的部门是(　　)。

    A.外交部   B.国务院测绘地理信息主管部门

    C.省级测绘地理信息主管部门   D.军队测绘部门

二、多项选择题

1.根据《测绘资质分类分级标准》,关于测绘专业技术人员,正确的是(　　)。

    A.应当具有中华人民共和国国籍,不得兼职

    B.用于申请甲级测绘资质的专业技术人员中,退休的专业技术人员不得超过2人

    C.测绘专业技术人员具有测绘专业职称,测绘相关专业技术人员具有测绘相关专业学历或职称

    D.高级别测绘专业技术人员可以冲抵低级别测绘专业技术人员

    E.测绘专业技术人员可以冲抵测绘相关专业技术人员

2.根据《测绘资质管理办法》,下列说法正确的是(　　)。

    A.测绘资质证书有效期五年

B. 测绘资质证书样式由自然资源部统一规定

C. 测绘资质证书包括纸质证书和电子证书,纸质证书和电子证书具有同等法律效力

D. 测绘单位取得测绘资质后,变更专业技术人员或者技术装备的,应当在三十日内通过全国测绘资质管理信息系统申请更新有关信息

E. 测绘单位合并的,可以承继合并前的测绘资质等级和专业类别

3. 根据《注册测绘师制度暂行规定》,下列关于注册测绘师执业的说法中,正确的是( )。

A. 注册测绘师应当在一个测绘资质单位开展相应的执业活动

B. 测绘活动中形成的测绘成果质量文件,由注册测绘师签字盖章后生效

C. 注册测绘师可以以个人名义接受委托从事执业活动

D. 因测绘成果质量问题造成的经济损失,注册测绘师所在单位应承担赔偿责任

E. 注册测绘师所在单位承担赔偿责任后,可依法向相关的注册测绘师追偿

4. 下列关于测绘作业证说法中,正确的是( )。

A. 过期不注册核准的测绘作业证无效

B. 测绘作业证只限本人使用,不得转借他人

C. 遗失测绘作业证的,测绘人员应当立即向发证机关书面报告情况

D. 测绘人员调往其他测绘单位的,原测绘作业证可变更使用

E. 进入军事禁区从事测绘活动,不能单纯持有测绘作业证件

5. 下列关于外国的组织或者个人来华进行一次性测绘活动的说法中,正确的是( )。

A. 可以不设立合资、合作企业,但须经国务院测绘地理信息主管部门会同军队测绘部门批准

B. 必须与中华人民共和国的有关部门和单位共同进行

C. 保证中方测绘人员全程参与具体测绘活动

D. 经批准可以从事涉密的测绘活动

E. 可以不执行测绘成果汇交的相关规定

三、简答题

1. 简述我国测绘资质证书等级和测绘资质划分的专业范围。

2. 简述申请测绘资质应具备的条件。

3. 简述测绘执业资格的特征。

4. 简述外国的组织或者个人来华测绘应当遵循的原则。

四、论述题

论述注册测绘师所享有的权利和需要履行的义务。

第3章　测绘项目管理与测绘标准化

3.1　测绘项目发包与承包

3.1.1　测绘项目发包与承包的概念

1）测绘项目发包

测绘项目发包指项目建设单位遵循公开、公正、公平的原则,采用公告或邀请书等方式提出测绘项目内容及其条件和要求,邀请有意愿参与竞争的测绘单位按照规定条件提出测绘项目实施计划、方案和价格等,再采用一定的评价办法择优选定承包单位,最后以测绘项目合同形式委托其完成指定测绘工作的活动。测绘项目发包方式包括招标发包和直接发包两种。

2）测绘项目承包

测绘项目承包指具有测绘资质的测绘单位通过与工程项目的项目法人签订测绘项目合同,负责承担测绘项目组织实施的活动。测绘项目承包可以通过测绘项目发包方直接发包或者参与测绘项目投标的方式进行。

3.1.2　测绘项目发包方与承包方的基本条件

1）测绘项目发包方(委托方)的条件

(1)测绘项目发包方(委托方)须具备有关法律法规规定的资格,其委托行为应当符合法律法规的规定。

(2)在中华人民共和国领域和管辖的其他海域内,外国的组织或者个人单独进行测绘或者与中华人民共和国有关部门、单位合作进行测绘的,应当遵守《外国的组织或者个人来华测绘管理暂行办法》规定,由国务院自然资源主管部门和军队测绘部门审查批准。

(3)台、港、澳人员在大陆进行测绘活动的,须报经国务院自然资源主管部门和军队测绘主管部门审查批准。

2）测绘项目承包方的条件

(1)进入测绘市场承揽测绘项目的单位,必须持有国务院自然资源主管部门或 省、自治区、直辖市自然资源主管部门颁发的测绘资质证书,并按资质证书规定的业务范围和作业限额从事测绘活动。

(2)从事测绘活动的单位,应当依法取得企业或者事业单位法人资格,并在工商行政管理部门(市场监督管理部门)核准登记的经营范围内从事测绘活动。

(3)测绘事业单位在测绘市场活动中收费的,应当持有物价主管部门颁发的收费许可证。

3.1.3　测绘项目发包方与承包方的权利与义务

1）测绘项目发包方的权利

（1）检验承揽方的测绘资质证书。

（2）对委托的项目提出符合国家有关规定的技术、质量、价格、工期等要求。

（3）明确规定承揽方完成成果的验收方式。

（4）对由于承揽方未履行合同造成的经济损失，提出赔偿要求。

（5）按合同约定享有测绘成果的所有权或使用权。

2）测绘项目发包方的义务

（1）遵守有关法律、法规，履行合同。

（2）向承揽方提供与项目有关的可靠的基础资料，并为承揽方提供必要的工作条件。

（3）向测绘项目所在省级自然资源主管部门汇交测绘成果目录或副本。

（4）执行国家规定的测绘收费标准。

3）测绘项目承包方的权利

（1）公平参与市场竞争。

（2）获得所承揽的测绘项目应得的价款。

（3）按合同约定享有测绘成果的所有权或使用权。

（4）拒绝发包方提出的违反国家规定的不正当要求。

（5）对由于发包方未履行合同而造成的经济损失提出赔偿要求。

4）测绘项目承包方的义务

（1）遵守有关的法律、法规，全面履行合同，遵守职业道德。

（2）保证成果质量合格，按合同约定向发包方提交成果资料。

（3）根据各省、自治区、直辖市人民政府对测绘任务登记的管理规定，向自然资源主管部门进行测绘任务登记。

（4）按合同约定，不向第三方提供受委托完成的测绘成果。

3.1.4　测绘项目发包与承包相关规定

《测绘法》第二十九条规定：测绘单位不得超越资质等级许可的范围从事测绘活动，不得以其他测绘单位的名义从事测绘活动，不得允许其他单位以本单位的名义从事测绘活动。测绘项目实行招标投标的，测绘项目的招标单位应当依法在招标公告或者投标邀请书中对测绘单位资质等级作出要求，不得让不具有相应测绘资质等级的单位中标，不得让测绘单位低于测绘成本中标。中标的测绘单位不得向他人转让测绘项目。

（1）测绘单位不得超越其资质等级许可的范围从事测绘活动

测绘单位依法取得的测绘资质证书明确地载明了测绘单位的测绘资质等级、许可的业务范围和资质证书编号以及发证机关，测绘单位在承担测绘项目时，必须严格按照测绘资质证书上规定的资质等级和业务范围进行。

（2）测绘单位不得以其他测绘单位的名义从事测绘活动

测绘单位不得以其他测绘单位的名义从事测绘活动，并不得允许其他单位以本单位的名义从事测绘活动。以其他测绘单位的名义从事测绘活动是借用他人的测绘资质证书从事测绘活动的行为,是《测绘法》所禁止的行为。

(3)测绘单位不得允许其他单位以本单位的名义从事测绘活动

取得测绘资质证书的单位允许其他单位以本单位的名义从事测绘活动,是出借测绘资质证书的违法行为。在实际工作中,有些单位为获取经济利益将测绘资质证书出借给低资质等级或者不具有资质条件的测绘单位使用,也有些单位用假合作、联营、挂靠等方式允许其他单位以本单位的名义从事测绘活动,严重扰乱了测绘市场秩序,必须坚决予以禁止和打击。

(4)测绘项目的发包单位不得向不具有相应测绘资质等级的单位发包

这是规范项目发包单位行为的法律规定,目的是维护测绘地理信息市场秩序,保障测绘地理信息市场健康有序发展,营造公平竞争、依法有序的市场环境。

(5)测绘项目发包单位不得迫使测绘单位以低于测绘成本承包

迫使测绘单位以低于测绘成本承包,指测绘项目发包方不正确地运用自己所处的项目发包优势地位,以将要发生的损害或者以直接实施损害相威胁,使测绘单位产生恐惧而与之签订测绘项目合同。迫使签订合同包括两种情况:一是以将要发生的损害相威胁,而使他人产生恐惧;二是测绘项目发包单位实施不法行为,直接给测绘单位造成人为的损害和财产的损失,而迫使测绘单位签订合同。

(6)测绘单位不得将承包的测绘项目转包

测绘项目转包,是指测绘项目承包方将所承揽的测绘项目全部转给他人完成,或者将测绘项目的主体工作或大部分工作转包给他人完成。测绘项目合同的签订是测绘项目发包单位对承包单位资质、能力的认可,测绘项目承包单位应当以自己的测绘仪器设备、技术和劳力完成承揽的主要测绘工作。

(7)测绘单位不得将承包的测绘项目违法分包

中标人应当按照合同约定履行义务,完成中标项目。中标人不得向他人转让中标项目,也不得将中标项目肢解后分别向他人转让。中标人按照合同约定或者经招标人同意,可以将中标项目的部分非主体、非关键性工作分包给他人完成。接受分包的人应当具备相应的资格条件,并不得再次分包。中标人应当就分包项目向招标人负责,接受分包的人就分包项目承担连带责任。

《测绘市场管理暂行办法》规定,测绘项目的承包方必须以自己的设备、技术和劳力完成所承揽项目的主要部分。测绘项目的承包方可以向其他具有测绘资质的单位分包,但分包量不得大于该项目总承包量的40%。将项目的关键部分或者主体部分分包出去,或者分包量超过40%的就属于违法分包。

3.2 测绘项目招标与投标

3.2.1 测绘项目招标投标的概念

(1)测绘项目招标

测绘项目招标是测绘项目发包的一种方式。招标发包是项目法人单位对自愿参加某一特定测绘项目的承包单位进行邀约、审查、评价和选定的过程。测绘项目招标分为公开招标和邀请招标两种方式。测绘项目招标制度的实施,引进了市场竞争机制,营造了公开、公平、公正的竞争环境,是我国测绘地理信息市场发展成熟的一个重要标志。

(2)测绘项目投标

测绘项目投标是与测绘项目招标相对应的概念。测绘项目投标是根据测绘项目招标方或者委托招标代理机构的邀约,响应招标并向招标方书面提出测绘项目实施计划、方案和价格等,参与测绘项目竞争的过程。测绘项目招标和投标都受《招标投标法》《反不正当竞争法》等法律的约束。

3.2.2 《招标投标法》有关规定

(1)招标投标活动应当遵循公开、公平、公正和诚实信用的原则。依法必须进行招标的项目,其招标投标活动不受地区或者部门的限制。任何单位和个人不得违法限制或者排斥本地区、本系统以外的法人或者其他组织参加投标,不得以任何方式非法干涉招标投标活动。

(2)招标分为公开招标和邀请招标。公开招标指招标人以招标公告的方式邀请不特定的法人或者其他组织投标。邀请招标指招标人以投标邀请书的方式邀请特定的法人或者其他组织投标。国务院发展改革部门确定的国家重点项目和省、自治区、直辖市人民政府确定的地方重点项目不适宜公开招标的,经国务院发展改革部门或者省、自治区、直辖市人民政府批准,可以进行邀请招标。

(3)招标人采用公开招标方式的,应当发布招标公告。依法必须进行招标的项目的招标公告,应当通过国家指定的报刊、信息网络或者其他媒介发布。招标公告应当载明招标人的名称和地址,招标项目的性质、数量、实施地点和时间,以及获取招标文件的方式等事项。招标人采用邀请招标方式的,应当向三个以上具备承担招标项目的能力、资信良好的特定法人或者其他组织发出投标邀请书。

(4)招标人应当根据招标项目的特点和需要编制招标文件。招标文件应当包括招标项目的技术要求、对投标人资格审查的标准、投标报价要求和评标标准等所有实质性要求和条件以及拟签订合同的主要条款。国家对招标项目的技术、标准有规定的,招标人应当按照其规定在招标文件中提出相应要求。招标项目需要划分标段、确定工期的,招标人应当合理划分标段、确定工期,并在招标文件中载明。

(5)投标人应当在招标文件要求提交投标文件的截止时间前,将投标文件送达投标地点。招标人收到投标文件后,应当签收保存,不得开启。投标人少于三个的,招标人应当依照本法重新招标。

(6)投标人根据招标文件载明的项目实际情况,拟在中标后将中标项目的部分非主体、非关键性工作进行分包的,应当在投标文件中载明。

3.2.3 《反不正当竞争法》有关规定

经营者在市场交易中,应当遵循自愿、平等、公平、诚实信用的原则,遵守公认的商业道德。投标者不得串通投标,抬高标价或者压低标价。投标者和招标者不得相互勾结,以排挤竞争对手的公平竞争。

县级以上监督检查部门对不正当竞争行为,可以进行监督检查。监督检查部门在监督检查不正当竞争行为时,被检查的经营者、利害关系人和证明人应当如实提供有关资料或者情况。

投标者串通投标、抬高标价或者压低标价,投标者和招标者相互勾结,以排挤竞争对手的公平竞争的,其中标无效。监督检查部门可以根据情节处以罚款。

经营者违反《反不正当竞争法》规定,给被侵害的经营者造成损害的,应当承担损害赔偿责任,被侵害的经营者的损失难以计算的,赔偿额为侵权人在侵权期间因侵权所获得的利润;并应当承担被侵害的经营者因调查该经营者侵害其合法权益的不正当竞争行为所支付的合理费用。被侵害的经营者的合法权益受到不正当竞争行为损害的,可以向人民法院提起诉讼。

3.3 测绘项目合同

3.3.1 合同的基础知识

合同,指平等主体的双方或多方当事人(自然人或法人)关于建立、变更、终止民事法律关系的协议。

1)合同订立

(1)合同订立是《民法典》(合同编)的重要内容,也是测绘项目管理的重要组成部分。当事人订立合同,应当具有相应的民事权利能力和民事行为能力。合同有书面形式、口头形式和其他形式。行政法规规定采用书面形式的,应当采用书面形式;当事人约定采用书面形式的,应当采用书面形式。书面形式指合同书、信件和数据电文(包括电报、电传、传真、电子数据交换和电子邮件)等可以有形地表现所载内容的形式。

(2)合同的内容由当事人约定,条款一般包括:当事人的名称或者姓名和住所,标的,数量,质量,价款或者报酬,履行期限、地点和方式,违约责任,解决争议的办法等。当事人采取合同书形式订立合同的,自双方当事人签字或者盖章时合同成立。当事人采用信件、数据电文等形式订立合同的,可以在合同成立之前要求签订确认书,签订确认书时合同成立。

2)合同效力

(1)依法成立的合同,自成立时生效。行政法规规定应当办理批准、登记等手续生效的,依照其规定。当事人对合同的效力可以约定附条件。附生效条件的合同,自条件成就时生效。附解除条件的合同,自条件成就时失效。

(2)限制民事行为能力人订立的合同,经法定代理人追认后,该合同有效,但纯获利益的合同或者与其年龄、智力、精神健康状况相适应而订立的合同,不必经法定代理人追认。相对人可以催告法定代理人在一个月内予以追认。法定代理人未作表示的,视为拒绝追认。合同被追认之前,善意相对人有撤销的权利。撤销应当以通知的方式作出。行为人没有代理权、超越代理权或者代理权终止后以被代理人名义订立的合同,未经被代理人追认,对被代理人不发生效力,由行为人承担责任。相对人可以催告被代理人在一个月内予以追认。

被代理人未作表示的,视为拒绝追认。合同被追认之前,善意相对人有撤销的权利。撤销应当以通知的方式作出。行为人没有代理权、超越代理权或者代理权终止后以被代理人名义订立合同,相对人有理由相信行为人有代理权的,该代理行为有效。

(3)法人或者其他组织的法定代表人、负责人超越权限订立的合同,除相对人知道或者应当知道其超越权限的以外,该代表行为有效。无处分权的人处分他人财产,经权利人追认或者无处分权的人订立合同后取得处分权的,该合同有效。

3)合同无效

《民法典》(合同编)中对合同无效的情形进行了规定,主要包括以下五种情况:

(1)一方以欺诈、胁迫的手段订立合同,损害国家利益。

(2)恶意串通,损害国家、集体或者第三人利益。

(3)以合法形式掩盖非法目的。

(4)损害社会公共利益。

(5)违反法律、行政法规的强制性规定。

4)合同履行

当事人应当按照约定全面履行自己的义务。当事人应当遵循诚实信用原则,根据合同的性质、目的和交易习惯履行通知、协议、保密等义务。合同生效后,当事人就质量、价款或者报酬、履行地点等内容没有约定或者约定不明确的,可以协议补充;不能达成补充协议的,按照合同有关条款或者交易习惯确定。

《民法典》规定,执行政府定价或者政府指导价的,在合同约定的交付期限内政府价格调整时,按照交付时的价格计价。逾期交付标的物的,遇价格上涨时,按照原价格执行;价格下降时,按照新价格执行。逾期提取标的物或者逾期付款的,遇价格上涨时,按照新价格执行;价格下降时,按照原价格执行。

5)合同的权利义务终止

有下列情形之一的,合同的权利义务终止:

(1)债务已经按照约定履行。

(2)合同解除。

(3)债务相互抵消。

(4)债务人依法将标的物提存。

(5)债权人免除债务。

(6)债权债务同归于一人。

(7)法律规定或者当事人约定终止的其他情形。

合同的权利义务终止后,当事人应当遵循诚实信用原则,根据交易习惯履行通知、协助、保密等义务。当事人协商一致,可以解除合同。当事人可以约定一方解除合同的条件。解除合同的条件成就时,解除权人可以解除合同。

根据《民法典》,有下列情形之一的,当事人可以解除合同:

(1)因不可抗力致使不能实现合同目的。

(2)在履行期限届满之前,当事人一方明确表示或者以自己的行为表明不履行主要债务。

(3)当事人一方迟延履行主要债务,经催告后在合理期限内仍未履行。

（4）当事人一方迟延履行债务或者有其他违约行为致使不能实现合同目的。

（5）法律规定的其他情形。

3.3.2　测绘项目合同的主要内容

测绘项目合同是测绘项目管理的核心内容。国家自然资源主管部门、国家工商行政管理局（现国家市场监督管理总局，下同）发布的《测绘合同》示范文本对测绘项目合同的主要内容进行了示范性列举。测绘项目合同的内容，除了包括测绘范围、测绘内容和执行的技术标准外，还包括以下内容：

（1）测绘工程费。

（2）甲方（委托方）的义务。

（3）乙方（承揽方）的义务。

（4）测绘项目合同工期的约定。

（5）测绘项目验收。

（6）规定成果所有权和使用权。

（7）测绘工程费支付日期和方式。

（8）对违约责任的规定。

（9）其他约定。

（10）附则等内容。

具体内容可参阅国家自然资源主管部门、国家工商行政管理局发布的《测绘合同》示范文本。

3.3.3　测绘项目合同规定

（1）测绘项目当事人应当按照《民法典》的有关规定，签订书面合同，可使用统一的测绘合同文本。《测绘合同》示范文本由国家工商行政管理局和国家自然资源主管部门共同制定。

（2）当事人签订测绘合同的正本份数，由双方根据需要确定并具有同等效力，自双方签字盖章后由双方分别保存。

（3）在测绘合同中应明确规定合同标的的技术标准。合同工期按照国家自然资源主管部门制定的《测绘生产统一定额》计算。合同价款按照国家自然资源主管部门颁发的现行《测绘收费标准》或国家物价主管部门批准的测绘收费标准计算。

（4）当事人双方应当全面履行测绘合同。测绘合同发生纠纷时，当事人双方应当依照《民法典》的规定解决。对乙方所提供的测绘成果有争议的，应当明确由测区所在地的省级测绘产品质量监督检验站裁决，裁决费用由败诉方承担。

3.4　测绘项目经费

3.4.1　测绘项目成本费用

财政部、国家自然资源主管部门发布了《测绘生产成本费用定额》和《测绘生产成本费用定额计算细则》,为测绘项目的成本费用核算提供了依据。

(1)《测绘生产成本费用定额计算细则》中所列测绘工作项目原则上以产品为成本对象,按《测绘事业单位财务制度》规定的支出和成本费用项目,分三种困难类别计算相应的成本费用。

(2)在无人区、荒漠区、常年冰雪覆盖区等难以到达的特别困难地区作业时,在确定这类地区外业工作项目定额时,应在相应的测绘项目困难类别II类所列定额的基础上提高 1~3 倍。

(3)测绘项目的"定额工日"和"班组定额"是根据当前测绘生产技术方法、产品形式和技术装备水平确定的。

(4)成本费用构成比例:直接费用82%,间接费用6%,期间费用12%。

(5)测绘生产年作业工日定额为:外业 180 工日/年,内业 220 工日/年。

(6)生产单位的人员构成比例为:生产人员74%,分院(中队、室)部人员10%,院(大队)部人员16%。

(7)成本费用中包含 1.5% 的测绘项目设计费和3.0%的成果验收费。

(8)成本费用中不包含折旧费用或修购基金,修购基金应按《测绘事业单位财务制度》的规定另行计提。

(9)测绘事业单位应根据本单位的生产工艺流程、生产组织结构的特点以及成本计算对象的具体情况,可分别选用品种法、分批法和分步法等不同的成本计算方法。

3.4.2 测绘工程产品价格

目前,我国测绘工程或产品的收费价格,主要执行的是政府指导价。国家自然资源主管部门发布了《测绘工程产品价格》和《测绘工程产品困难类别细则》可作为测绘工程产品价格的参考标准。

3.5 测绘项目立项审核

3.5.1 测绘项目立项审核制度

测绘项目立项审核制度是《测绘法》确定的一项重要测绘法律制度,目的是避免重复测绘,提高地理信息资源和公共财政资金的使用效率。

《测绘法》第三十五条规定:使用财政资金的测绘项目和涉及测绘的其他使用财政资金的项目,有关部门在批准立项前应当征求本级人民政府测绘地理信息主管部门的意见;有适宜测绘成果的,应当充分利用已有的测绘成果,避免重复测绘。

《测绘成果管理条例》第十五条规定:使用财政资金的测绘项目和使用财政资金的建设工程测绘项目,有关部门在批准立项前应当书面征求本级人民政府测绘行政主管部门的意见。测绘行政主管部门应当自收到征求意见材料之日起 10 日内,向征求意见的部门反馈意见。有适宜测绘成果的,应当充分利用已有的测绘成果,避免重复测绘。

3.5.2 需要审核的项目

测绘项目立项一般由有关业务主管部门和测绘成果使用单位提出,由同级发展改革主管部门审核批准并列入计划,由同级财政部门拨付项目经费。按照《测绘法》及《测绘成果管理条例》的规定,测绘项目立项审核,主要包括以下两大类测绘项目:

(1)专门使用财政资金的测绘项目。如国务院部署安排的第一次全国地理国情普查项目。

(2)使用财政资金的建设工程测绘项目。指在建设工程项目中所包含的测绘项目,如高速公路建设项目中,就包含了测绘项目。

这两类测绘项目都有一个共同点,就是都使用了财政资金,因此,政府有关部门在批准立项前,必须依法书面征求自然资源主管部门的意见,自然资源主管部门应当在规定的期限内认真进行审核,并根据现有测绘成果情况提出准予立项或不准予立项的意见和建议。

3.5.3 立项审核的内容

对于使用财政资金的测绘项目和使用财政资金的建设工程测绘项目,自然资源主管部门在进行立项前审核时,主要审核以下内容:

(1)测绘项目或建设工程测绘项目的基本情况,包括项目空间分布情况、覆盖范围及主要成果。

(2)测绘项目或建设工程测绘项目的基本技术要求,包括所采用的测量基准、执行的标准和规范情况,以及起算依据等。

(3)测绘项目或建设工程测绘项目的特殊要求,即满足项目立项申请单位或者测绘成果使用单位的特殊规定、技术要求等。

(4)根据自然资源主管部门掌握的已有基础测绘成果资料及其资料现势性(包括其他部门汇交的测绘成果资料),对测绘项目或建设工程测绘项目的情况进行综合比对、分析,提出审核意见。已有测绘成果的精度、规格及范围能够满足测绘项目或建设工程测绘项目需要的,自然资源主管部门应当在 10 日内提出不予批准立项的建议文件。已有测绘成果资料难以满足立项申请单位和测绘成果使用单位需求的,自然资源主管部门应当提出具体解决办法和意见。

3.6 标准化的基本知识

为加强测绘标准化工作的统一管理,提高测绘标准的科学性、协调性和适用性,促进测绘工作的规范化、制度化。根据《测绘法》《标准化法》及国家有关规定,国家测绘地理信息局于 2008 年 3 月公布了《测绘标准化工作管理办法》。

3.6.1 标准的概念

标准是对一定范围内的重复性事物和概念所作的统一规定。它以科学、技术和实践经验的综合成果为基础,以取得最佳秩序、促进最佳社会效益为目的,经有关方面协商一致,由主管机构批准,以特定形式发布,作为共同遵守的准则和依据。1986 年国际标准化组织发布的 ISO 第 2 号指南中对标准的定义是:得到一致(绝大多数)同意,并经公认的标准化团体标准,作为工作或工作成果的衡量准则、规则或特定要求,供(有关各方)共同重复使用的文件,目的是在给定范围内达到最佳有序化程度。

3.6.2　标准化的概念

国家标准《标准化工作指南　第1部分:标准化和相关活动的通用词汇》(GB/T 20000.1—2002)对"标准化"的定义是:"为了在一定范围内获得最佳秩序,对现实问题或潜在问题制定共同使用和重复使用的条款的活动。"也就是说,标准化是指在经济、技术、科学和管理等社会实践中,对重复性的事物和概念,通过制定、发布和实施标准达到统一,以获得最佳秩序和效益。

3.6.3　标准级别

按照标准所起的作用和涉及的范围,标准通常可分为国际标准、区域标准、国家标准、行业标准、地方标准、企业标准等不同层次和级别。依据《标准化法》,我国通常将标准划分为国家标准、行业标准、地方标准、企业标准4个层次。各层次之间有一定的依从关系和内在联系,形成一个覆盖全国又层次分明的标准体系。

1)国家标准

对需要在全国范围内统一的技术要求,应当制定国家标准。国家标准由国务院标准化行政主管部门编制计划和组织草拟,并统一审批、编号、发布。国家标准的代号为"GB",其含义是"国标"两个字汉语拼音的第一个字母的组合。目前,我国国家标准由国家市场监督管理总局(国家标准化管理委员会)发布或与国务院相关主管部门联合发布。

2)行业标准

对没有国家标准又需要在全国某个行业范围内统一的技术要求,可以制定行业标准,作为对国家标准的补充,当相应的国家标准实施后,该行业标准自行废止。行业标准由行业标准归口部门审批、编号、发布,实施统一管理。行业标准的归口部门及其所管理的行业标准范围,由国务院标准化行政主管部门审定,并公布该行业的行业标准代号。

3)地方标准

对没有国家标准和行业标准而又需要在省、自治区、直辖市范围内统一的下列要求,可以制定地方标准:

(1)工业产品的安全、卫生要求。

(2)药品、兽药、食品卫生、环境保护、节约能源、种子等法律、法规规定的要求。

(3)其他法律、法规规定的要求。地方标准由省、自治区、直辖市标准化行政主管部门统一编制计划,并组织制定、审批、编号和发布。

4)企业标准

企业标准是对在企业范围内需要协调、统一的技术要求、管理要求和工作要求所制定的标准。企业标准由企业制定,由企业法人代表或法人代表授权的主管领导批准和发布。企业产品标准应在发布后30日内向政府备案。

5)国家标准化指导性技术文件

国家标准化指导性技术文件作为对国家标准的补充,其代号为"GB/Z"。符合下列情况之一的项目,可以制定指导性技术文件:

(1)技术尚在发展中,需要有相应的文件引导其发展或具有标准化价值,尚不能制定为标准的项目。

（2）采用国际标准化组织、国际电工委员会及其他国际组织（包括区域性国际组织）的技术报告的项目。

（3）国家基础测绘项目及有关重大测绘专项实施中，没有国家标准和行业标准而又需要统一的技术要求。指导性技术文件仅供使用者参考。

3.6.4 标准属性

根据《标准化法》，国家标准、行业标准均可分为强制性和推荐性两种属性的标准。

1）强制性标准

保障人体健康、人身安全、财产安全的标准和法律、行政法规规定强制执行的标准为强制性标准，其他标准为推荐性标准。省、自治区、直辖市标准化行政主管部门制定的工业产品安全、卫生要求的地方标准，在本地区域内是强制性标准。强制性标准是由法律规定必须遵照执行的标准。强制性国家标准的代号为"GB"。

2）推荐性标准

强制性标准以外的标准是推荐性标准，又称为非强制性标准。推荐性国家标准的代号为"GB/T"，行业标准中的推荐性标准也是在行业标准代号后加"T"字，如"CH/T"即测绘地理信息行业推荐性标准，不加"T"字即为强制性测绘地理信息行业标准。

3.6.5 标准种类

标准可按行业分类，也可按功能分类。根据标准的专业性质，通常将标准划分为技术标准、管理标准和工作标准三大类。

1）技术标准

对标准化领域中需要统一的技术事项所制定的标准称为技术标准。技术标准又细分为：基础技术标准、产品标准、工艺标准、检验和试验方法标准、设备标准、原材料标准、安全标准、环境保护标准、卫生标准等。其中的每一类还可进一步细分，如技术基础标准还可再分为：术语标准、图形符号标准、数系标准、公差标准、环境条件标准、技术通则性标准等。

2）管理标准

对标准化领域中需要协调统一的管理事项所制定的标准称为管理标准。管理标准主要是对管理目标、管理项目、管理业务、管理程序、管理方法和管理组织所作的规定。

3）工作标准

为实现工作过程的协调，提高工作质量和工作效率，对每个岗位的工作制定的标准称为工作标准。我国建立了企业标准体系的企业一般都制定了工作标准。按岗位制定的工作标准通常包括：岗位目标、工作程序和工作方法、业务分工和业务联系方式、职责权限、质量要求与定额、对岗位人员的基本技术要求、检查考核办法等内容。

3.7 测绘标准的概念与分类

3.7.1 测绘标准化的概念

测绘地理信息标准（简称"测绘标准"）是针对性很强的技术标准，具体指某一测绘地理信息工序的条款,而且大家都必须共同遵守的规定。测绘标准是组织测绘生产和测绘成果应用的基本技术依据,其形式包括标准、规范、图式、规定、细则等多种。测绘标准包括国家标准、行业标准、地方标准和标准化指导性技术文件。

根据《测绘标准化工作管理办法》,在测绘地理信息领域内,需要在全国范围内统一的技术要求,应当制定国家标准;对没有国家标准而又需要在测绘行业范围内统一的技术要求,可以制定测绘行业标准;对没有国家标准和行业标准而又需要在省、自治区、直辖市范围内统一的技术要求,可以制定相应的地方测绘标准。

测绘标准化是指在测绘生产及管理过程中,对重复性事物和概念通过制定、发布和实施测绘标准或者测绘标准化指导性技术文件,达到统一,以获得最佳秩序和社会效益的活动。

3.7.2 测绘标准分类

测绘标准具有科学性、实用性、权威性、法定性、协调性等特征。目前,我国的测绘标准共分为定义与描述类、获取与处理类、检验与测试类、成果与服务类、管理类 5 大类。在这 5 大类中,又可以根据不同种类标准的特点,细分为若干小类标准。

1)定义与描述类标准

定义与描述类标准是通过对基础地理信息进行定义与描述,使得标准化涉及的各方在一定的时间和空间范围内达到对地理信息相对一致的理解,从而促进基础地理信息的应用。定义与描述类标准共 7 个小类标准,这类标准属于基础性标准,通常被其他测绘地理信息标准引用,具有重要的指导意义。

定义与描述类标准中的基于地理标识的参考系统、三维基础地理信息要素分类与代码、影像要素分类与代码、三维基础地理信息要素数据词典、航天影像和航空影像数据要素词典、公众版地形图图式、电子地图图式等标准是将来我国标准制定的主要任务。

2)获取与处理类标准

获取与处理类标准是以地理信息数据获取与处理中各专业技术、各类工程中的需要协调统一的各种技术、方法、过程等为对象制定的标准。主要目的是通过对基础地理信息获取、加工、处理和应用等的方法、过程、行为的技术要求和技术参数进行确定,从而使基础地理信息数据获取与处理过程中的各个环节产生的误差得到控制,保证地理信息数据质量。

获取与处理类标准共包括 11 个小类标准,现行的获取与处理类标准主要集中于大地测量、航空摄影测量、光学航空摄影、国家基本比例尺地形图编绘、基础地理信息数据生产与数据库建设等方面。《全球定位系统实时动态测量(RTK)技术规范》(CH/T 2009—2010)、《1∶500 1∶1000 1∶2000 地形图航空摄影测量外业规范》(GB/T 7931—2008)、《国家基本比例尺地形图更新规范》(GB/T 14268—2008)等都属于获取与处理类标准。

3)检验与测试类标准

检验与测试类标准是为检验各种测绘地理信息成果质量,以检测对象、质量要求、检测方法及其技术要求为对象制定的标准。检验与测试类标准共包括 5 个小类标准。《测绘成果质量检查与验收》(GB/T 24356—2009)、《数字水准仪检定规程》(CH/T 8019—2009)等都属于检验与测试类标准。

4）成果与服务类标准

成果与服务类标准是为保证测绘成果满足用户需要,对一种或一组基础地理信息产品应达到的技术要求作出规定的标准。成果与服务类标准共分 5 个小类标准。现行的成果与服务类标准主要集中在地形图和基础地理信息数据基本产品方面。《地理信息 定位服务》（GB/T 28589—2012）、《基础地理信息标准数据基本规定》（GB 21139—2007）、《基础地理信息数字成果 1∶500 1∶1000 1∶2000 数字线划图》（CH/T 9008.1—2010）等都属于成果与服务类标准。

5）管理类标准

管理类标准是为保障测绘地理信息工作的有效开展,以测绘和基础地理信息项目管理、成果管理、归档管理、认证管理为对象制定的标准。管理类标准共包括 4 个小类标准。《测绘技术设计规定》（CH/T 1004—2005）、《测绘技术总结编写规定》（CH/T 1001—2005）、《测绘作业人员安全规范》（CH 1016—2008）等都属于管理类标准。

3.8 测绘标准的制定

制定标准指根据生产发展和科学技术发展的需要,制定过去没有而现在需要进行制定的标准。制定标准工作量大,工作要求高,是国家标准化工作的重要方面,反映了一个国家标准化工作的整体水平。

3.8.1 测绘国家标准

对于需要在全国范围内统一的测绘地理信息技术要求,应当制定测绘国家标准:

（1）测绘术语、分类、模式、代号、代码、符号、图式、图例等技术要求。

（2）国家大地基准、高程基准、重力基准和深度基准的定义和技术参数,国家大地坐标系统、平面坐标系统、高程系统、地心坐标系统和重力测量系统的实现、更新和维护的仪器、方法、过程等方面的技术要求。

（3）国家基本比例尺地图、公众版地图及其测绘的方法、过程、质量、检验和管理等方面的技术要求。

（4）基础航空摄影的仪器、方法、过程、质量、检验和管理等方面的技术指标和技术要求,用于测绘的遥感卫星影像的质量、检验和管理等方面的技术要求。

（5）基础地理信息数据生产及基础地理信息系统建设、更新与维护的方法、过程、质量、检验和管理等方面的技术要求。

（6）测绘地理信息工作中需要统一的其他技术要求。

3.8.2 强制性测绘标准

测绘国家标准及测绘行业标准分为强制性标准和推荐性标准。下列情况应当制定强制性测绘标准或者强制性条款:

（1）涉及国家安全、人身及财产安全的技术要求。

（2）建立和维护测绘基准与测绘系统必须遵守的技术要求。

（3）国家基本比例尺地图测绘与更新必须遵守的技术要求。

（4）基础地理信息标准数据的生产和认定。

（5）测绘行业范围内必须统一的技术术语、符号、代码、生产与检验方法等。

（6）需要控制的重要测绘成果质量的技术要求。

（7）国家法律、行政法规规定强制执行的内容及其技术要求。

测绘行业标准不得与测绘国家标准相违背，测绘地方标准不得与测绘国家标准和测绘行业标准相违背。

3.8.3 测绘标准化指导性技术文件

（1）涉及的相关测绘技术尚在发展中，需要有相应的标准文件引导其发展或者具有标准化价值，尚不能制定为标准的。

（2）采用国际标准化组织以及其他国际组织（包括区域性国际组织）技术报告的。

（3）国家基础测绘项目及有关重大测绘专项实施中，没有国家标准和行业标准而又需要统一的技术要求。

3.8.4 测绘标准的发布

1）测绘标准的发布

按照《测绘标准化工作管理办法》，属于测绘国家标准的和国家标准化指导性技术文件的，报国务院标准化行政主管部门批准、编号、发布。测绘行业标准和行业标准化指导性技术文件的编号由行业标准代号、标准发布的顺序号及标准发布的年号构成。

（1）强制性测绘行业标准编号：CH ××××（顺序号）—××××（发布年号）

（2）推荐性测绘行业标准编号：CH/T ××××—××××

（3）测绘行业标准化指导性技术文件编号：CH/Z ××××—××××

强制性测绘标准及标准强制性条款必须执行。推荐性标准被强制性测绘标准引用的，也必须强制执行。不符合强制性标准或强制性条款的测绘成果或者地理信息产品，禁止生产、进口、销售、发布和使用。测绘企事业单位应当积极采用和推广测绘标准，并应当在成果或者其说明书、包装物上标注所执行标准的编号和名称。

2）测绘标准的复审

测绘标准的复审工作由国家自然资源主管部门组织测绘标准化工作委员会实施。标准复审周期一般不超过5年。下列情况应当及时进行复审：

（1）不适应科学技术的发展和经济建设需要的。

（2）相关技术发生了重大变化的。

（3）标准实施过程中出现重大技术问题或有重要反对意见的。

测绘国家和行业标准化指导性技术文件发布后3年内必须复审，以决定是否继续有效、转化为标准或者撤销。

测绘国家标准和国家标准化指导性文件的复审结论经国家自然资源主管部门审查同意，报国务院标准化行政主管部门审批发布。测绘行业标准和行业标准化指导性技术文件的复审结论由国家自然资源主管部门审批。对确定为继续有效或者废止、撤销的，由国家自然资源主管部门发布公告;对确定为修订、转化的,按相关规定程序进行修订。

3.9 测绘标准化管理职责

3.9.1 国家自然资源主管部门标准化工作职责

国家自然资源主管部门测绘标准化工作委员会具体承担测绘标准化的有关工作,国家自然资源主管部门标准化工作职责如下:

(1)贯彻国家标准化法律、行政法规、方针和政策,制定测绘标准化管理的规章制度。

(2)组织制定和实施国家测绘标准化规划与计划,建立测绘标准体系。

(3)组织实施测绘国家标准项目和标准复审。

(4)组织制定、修订、审批、发布和复审测绘行业标准和标准化指导性技术文件。

(5)负责测绘标准的宣传、贯彻、实施和监督工作;归口负责测绘标准化工作的国际合作与交流。

(6)指导省、自治区、直辖市自然资源主管部门的标准化工作。

3.9.2 省级自然资源主管部门标准化工作职责

(1)贯彻国家标准化工作的法律、法规、方针和政策,制定贯彻实施的具体办法。

(2)组织制定和实施地方测绘标准化规划、计划。

(3)组织实施测绘地方标准项目。

(4)组织宣传、贯彻与实施测绘标准并监督检查。

(5)指导市、县自然资源主管部门的标准化工作。

3.9.3 市、县自然资源主管部门标准化工作职责

按照我国目前的测绘法律法规和相关标准化法规、行政法规的规定,市、县级自然资源主管部门的测绘标准化工作职责,主要包括以下几个方面:

(1)贯彻国家标准化工作的法律、法规、方针和政策。

(2)组织宣传、贯彻与实施测绘标准的监督检查。

(3)组织实施地方测绘标准项目。

(4)上级自然资源主管部门和本级人民政府标准化主管部门规定的其他职责。

3.10 测绘计量管理

3.10.1 测绘计量的概念与特征

1)测绘计量的概念

计量是实现单位统一、量值准确可靠的活动。凡是以实现计量单位统一和测量准确可靠为目的的科学技术、法制、管理等活动都属于计量的范围。

测绘计量指以测绘技术和法制手段保证测量量值准确可靠、单位统一的测量活动。准确的测绘计量对于保障国家计量单位制的统一和量值的准确可靠,保证测绘成果质量,促进测绘事业发展具有重要意义。

测绘计量标准指用于测量器具检定、测试各类测绘计量器具的标准装置、器具和设施。测绘计量器具指用于直接或间接传递量值的测绘地理信息工作用仪器、仪表和器具。

2)测绘计量的特征

(1)统一性。根据测绘计量的概念,测绘计量的一个重要目的就是保证计量单位统一,因而测绘计量具有统一性特点。

(2)准确性。测绘计量是保证量值准确的测量,其计量数据的准确性是最基本的特性。

(3)法定性。测绘计量基准和测绘计量标准由国家有关计量的法律规定,测绘计量检定和计量器具管理由国家法律规定,测绘计量检定人员的资格由国家计量行政主管部门和有关行政主管部门考核认定,因此,测绘计量具有法定性。

3.10.2 测绘计量管理规定

为加强测绘计量监督管理,提高测绘成果质量,国家自然资源主管部门颁布了《测绘计量管理暂行办法》,对测绘计量管理进行了具体规定。

1)对计量检定的规定

计量检定活动指由法律规定的或者质量技术监督部门授权的强制检定和其他检定活动。为加强对计量检定活动的管理,国家出台了一系列法律、法规和规章。

(1)《计量法实施细则》第十一条规定:使用实行强制检定的计量标准的单位和个人,应当向主持考核该项计量标准的有关人民政府计量行政部门申请周期检定。使用实行强制检定的工作计量器具的单位和个人,应当向当地县(市)级人民政府计量行政部门指定的计量检定机构申请周期检定。

(2)《计量法实施细则》第十二条规定:企业、事业单位应当配备与生产、科研、经营管理相适应的计量检测设施,制定具体的检定管理办法和规章制度,规定本单位管理的计量器具明细目录及相应的检定周期,保证使用的非强制检定的计量器具定期检定。

(3)《测绘计量管理暂行办法》第六条规定:社会公用计量标准、部门最高等级的测绘计量标准,均为国家强制检定的计量标准器具,应按国务院计量行政主管部门规定的检定周期向同级政府计量行政主管部门申请周期检定,周期检定结果报同级测绘主管部门备案。未按照规定申请检定或检定不合格的,不准使用。

(4)《测绘计量管理暂行办法》第十条规定:开展测绘计量器具检定,应执行国家、部门或地方计量检定规程。对没有正式计量检定规程的,应执行有关测绘技术标准或自行编写检校办法报主管部门批准后使用。

(5)《测绘计量管理暂行办法》第七条规定:申请面向社会开展测绘计量器具检定、建立社会公用计量标准、承担测绘计量器具产品质量监督试验以及申请作为法定计量检定机构的,应根据申请承担任务的区域,向相应的政府计量行政主管部门申请授权;申请承担测绘计量器具新产品样机试验的,向当地省级政府计量行政主管部门申请授权;申请承担测绘计量器具新产品定型鉴定的,向国务院计量行政主管部门申请授权。

（6）《测绘计量管理暂行办法》第十三条规定：承担测绘任务的单位和个体测绘业者，其所使用的测绘计量器具必须经政府计量行政主管部门考核合格的测绘计量检定机构或测绘计量标准检定合格，方可申领测绘资格证书。无检定合格证书的，不予受理资格审查申请。

上述测绘单位和个体测绘业者使用的测绘计量器具，必须经周期检定合格，才能用于测绘生产。未经检定、检定不合格或超过检定周期的测绘计量器具，不得使用。

教学示范用测绘计量器具可以免检，但须向省级测绘主管部门登记，并不得用于测绘生产。

在测绘计量器具检定周期内，可由使用者依据仪器使用状况自行检校。

2）对产品质量检验机构的规定

（1）《计量法》第二十二条规定：为社会提供公证数据的产品质量检验机构，必须经省级以上计量行政部门对其计量检定、测试的能力和可靠性考核合格。

（2）《计量法实施细则》第二十五条规定：县级以上人民政府计量行政部门依法设置的计量检定机构，为国家法定计量检定机构。其职责是：负责研究建立计量基准、社会公用计量标准，进行量值传递，执行强制检定和法律规定的其他检定、测试任务，起草技术规范，为实施计量监督提供技术保证，并承办有关计量监督工作。

（3）《测绘计量管理暂行办法》第十四条规定：测绘产品质量监督检验机构，必须向省级以上政府计量行政主管部门申请计量认证。取得计量认证合格证书后，在测绘产品质量监督检验、委托检验、仲裁检验、产品质量评价和成果鉴定中提供作为公证的数据，具有法律效力。

3）对测绘计量检定人员的规定

（1）《计量法实施细则》第二十六条规定：国家法定计量检定机构的计量检定人员，必须经考核合格。计量检定人员的技术职务系列，由国务院计量行政部门会同有关主管部门制定。

（2）《测绘计量管理暂行办法》第九条规定：从事政府计量行政主管部门授权项目检定、测试的计量检定人员，必须经授权部门考核合格；其他计量检定人员，可由其上级主管部门考核合格。取得计量检定员证书后，才能开展检定、测试工作。根据实际需要，省级以上测绘主管部门可经同级政府计量行政主管部门同意，组织计量检定人员考核并发证。

3.10.3　测绘计量检定人员

测绘计量检定人员指受聘于测绘计量检定机构，从事非强制性测绘计量检定工作的专业技术人员。根据《计量法实施细则》，测绘计量检定人员资格审批是一项无数量限制的行政许可事项。现阶段测绘计量检定人员资格认证工作由省级自然资源主管部门组织实施。

1）申请取得测绘计量检定人员资格的条件

（1）具有中专以上文化程度。

（2）具有技术员以上技术职称。

（3）了解计量工作的相关法律、法规、规章。

（4）熟练掌握所从事测绘计量检定项目的专业知识和操作技能。

（5）受聘于测绘计量检定机构。

2）申请取得测绘计量检定人员资格应当提交的材料

（1）测绘计量检定人员资格认证申请表一式 2 份。

（2）学历证书复印件 1 份。

（3）技术职称证书复印件 1 份。

（4）聘用合同复印件 1 份。

（5）1 寸近期正面免冠照片 2 张。

3）测绘计量检定人员资格考试

申请取得测绘计量检定人员资格，必须通过自然资源主管部门组织的考试。申请人初次申请考核认证计量检定员资格的，必须通过以下科目的考试：测绘、计量基础知识；申请检定项目、测绘器具的专业知识和实际操作技能；相关法律法规知识；相应的测绘计量技术规范（规程、标准）。

申请增加测绘计量检定项目的，应当通过以下科目的考试：申请增加的检定项目、测绘器具的专业知识和实际操作技能；相应的测绘计量技术规范（规程、标准）。

测绘计量检定人员资格考试于每年第三季度举行一次。对考试成绩达到合格分数线的申请人，组织考核的自然资源主管部门应当对其申请材料进行审核。经审核合格准予颁证的，组织考核的自然资源主管部门应当向申请人颁发计量检定员证。

3.10.4 测量计量器具管理

测量计量器具是指能用以直接或间接测出被测对象量值的测绘装置、设施、仪器仪表、量具和用于统一测绘量值的标准物质，包括测绘计量基准、测绘计量标准和测绘工作计量器具，如全站仪、全球导航卫星系统（Global Navigation Satellite System，GNSS）接收机，水准仪等。

测绘计量器具需要进行检定和校准的，要按照国家规定的检定规程和检定周期进行检定或者校准，未经检定或者检定不合格的，不准提供使用。测绘计量器具保管要配备专业的测绘仪器保管库房，并配备满足测量计量器具存放要求的防火、防潮等设施，保证测量计量器具正常使用。

根据《计量法实施细则》，计量标准器具的使用必须具备以下条件：

（1）经计量检定合格。

（2）具有正常工作所需要的环境条件。

（3）具有称职的保存、维护、使用人员。

（4）具有完善的管理制度。

使用测绘计量器具，应当严格按照国家规定的操作规程进行，保证测绘计量器具量值的准确传递。

习　题

一、单项选择题

1. 下列合同订立情形中，不属于《民法典》规定的合同无效的情形的是（　　）。

　A. 一方以欺诈、胁迫的手段订立合同，损害国家利益

B. 恶意串通、损害国家、集体或者第三人利益

C. 订立合同时显失公平

D. 损害公共利益

2. 投标人的下列投标行为中,不违反《招标投标法》的是(　　)。

A. 相互串通投标报价

B. 以其他人名义投标

C. 投标人以低于成本的报价竞标

D. 法人联合体以一个投标人的身份共同投标

3. 关于当事人订立合同形式的说法,错误的是(　　)。

A. 订立合同可以采取书面形式

B. 订立合同必须采取书面形式

C. 订立合同可以采用口头形式

D. 法律规定采用书面形式的应当采用书面形式

4. 根据《测绘市场管理暂行办法》,下列关于测绘市场合同管理的说法中,错误的是(　　)。

A. 测绘项目当事人应当签订书面合同

B. 签订书面合同应当使用统一的测绘合同文本

C. 在合同中应当明确合同标的和技术标准

D. 发生纠纷应当报测绘地理信息行政主管部门解决

5. 测绘工程项目投标时工程费用确定的主要依据标准是(　　)。

A. 测绘项目资金渠道　　　　　　B. 测绘工程产品价格

C. 测绘单位的性质、组织形式　　D. 测绘单位资质等级

6. 根据《测绘法》,下列关于测绘项目的说法中,错误的是(　　)。

A. 测绘单位必须以自己的设备、技术和劳力完成所承包项目的主要部分

B. 测绘项目的发包方应当检验承包方的测绘资质证书

C. 测绘单位不得将承包的测绘项目转包

D. 测绘项目的承包方不得分包测绘项目

7. 根据《测绘生产成本费用定额》,下列费用中,不列入成本费用的是(　　)。

A. 直接费用　　　　　　　　　　B. 间接费用

C. 期间费用　　　　　　　　　　D. 折旧费用

8. 根据《测绘市场管理暂行办法》,测绘项目的承包方依法分包时,分包量不得大于该项目总承包量的(　　)。

A. 20%　　　　　B. 30%　　　　　C. 40%　　　　　D. 50%

9. 根据《测绘合同》示范文本,下列关于测绘合同的说法中,错误的是(　　)。

A. 合同由双方代表签字,加盖双方公章或合同专用章即生效

B. 合同执行过程中的未尽事宜,双方可协商签订补充协议

C. 因合同发生争议,未能达成调解和书面仲裁协议的,双方可向人民法院起诉

D. 测绘项目全部成果交接完毕后,合同终止

10.《测绘计量管理暂行办法》规定,测绘产品质量监督检验机构必须向( )申请计量认证。

    A. 省级以上测绘地理信息行政主管部门

    B. 国务院测绘地理信息主管部门

    C. 省级以上计量行政主管部门

    D. 国务院计量行政主管部门

11. 下列标准中,属于获取与处理类标准的是( )。

    A. 电子地图图式

    B. 测绘产品检查验收规定

    C. 基础地理信息数字产品 1:1 万、1:5 万数字高程模型

    D. 全球定位系统(GPS)测量规范

12. 下列标准编号中属于强制性国家标准的是( )。

    A. CH ××××—××××   B. GB ××××—××××

    C. CH/T ××××—××××   D. GB/T ××××—××××

13. 根据《测绘标准化工作管理办法》,标准复审结论由国务院测绘地理信息主管部门负责审批的标准化文件是( )。

    A. 测绘国家标准   B. 测绘行业标准

    C. 测绘国家标准化指导性技术文件   D. 测绘地方标准

14. 根据标准化法,测绘标准在测绘行业实施后,国务院行政主管部门应当根据科学技术的发展和经济建设的需要适时进行( )。

    A. 复审   B. 验证   C. 评估   D. 修订

15. 下列关于标准的说法中,错误的是( )。

    A. 国家标准由国务院有关部门制定,国务院标准化行政主管部门发布

    B. 国家鼓励积极采用国际标准

    C. 国家鼓励企业自愿采用推荐性标准

    D. 国家保障人体健康和人身、财产安全的标准是强制性标准

16. 根据《标准化法》,现行测绘标准《导航电子地图安全处理技术基本要求》属于( )。

    A. 强制性国家标准   B. 推荐性国家标准

    C. 强制性行业标准   D. 推荐性行业标准

17. 根据《标准化法》,下列关于国家标准公布后相应行业标准效力的说法中,正确的是( )。

    A. 行业标准继续有效   B. 行业标准应当及时修订

    C. 行业标准应当及时复审   D. 行业标准即行废止

18. 根据《测绘计量管理暂行办法》,下列关于测绘计量器具的说法中,错误的是( )。

    A. 必须经测绘计量检定机构或测绘计量标准检定合格

    B. 超过检定周期的测绘计量器具不得使用

    C. 必须经周期检定合格才能用于测绘生产

    D. 教学示范用测绘计量器具经依法登记后可用于测绘生产

二、多项选择题

1.《民法典》规定,中外合资企业的当事人订立、履行合同应当(　　)。
   A. 遵守法律、行政法规
   B. 尊重社会公德
   C. 不得扰乱社会公共秩序
   D. 不得损害社会公共利益
   E. 适用外方所在国法律解决纠纷

2.《测绘法》规定,测绘单位从事测绘活动应当取得测绘资质证书,并且不得(　　)。
   A. 在本省、自治区、直辖市行政区域范围外从事测绘活动
   B. 以其他测绘单位的名义从事测绘活动
   C. 允许其他单位以单位的名义从事测绘活动
   D. 超越其资质等级许可的范围从事测绘活动
   E. 从事涉密的测绘活动

3. 根据《民法典》,属于当事人可以解除合同的情形是(　　)。
   A. 当事人一方发生名称变更、法定代表人或者负责人变动
   B. 因不可抗力致使不能实现合同目的
   C. 合同规定的履行期限不明确
   D. 当事人协商一致同意解除合同
   E. 当事人一方有违约行为致使不能实现合同目的

4. 下列关于测绘项目发包与承包的说法中,正确的是(　　)。
   A. 承包测绘项目的单位,可以借用其他单位设备、技术和劳力完成所承揽项目的主要部分
   B. 承包测绘项目的单位,不得将测绘项目转包
   C. 承包测绘项目的单位,可以将测绘项目分包,但分包量不大于总承包量的40%
   D 承包测绘项目的单位将测绘项目分包的,由分包方向发包方负责
   E. 发包单位不得将测绘项目发包给不具有相应资质等级的单位

5. 根据《测绘法》,测绘单位转包测绘项目应当承担的法律责任是(　　)。
   A. 责令改正
   B. 没收违法所得
   C. 处测绘约定报酬1倍以上2倍以下的罚款
   D. 可以责令停业整顿或者降低资质等级
   E. 情节严重的,吊销营业执照

6. 根据《测绘市场管理暂行办法》,测绘合同承揽方的义务是(　　)。
   A. 遵守有关的法律、法规,全面履行合同,遵守职业道德
   B. 按合同约定向委托单位提交成果资料
   C. 根据各省、自治区、直辖市的有关规定,向测绘主管部门备案登记测绘项目
   D. 按合同约定,享有测绘成果的所有权和使用权
   E. 按合同约定,不向第三方提供受委托完成的测绘成果

7. 根据《测绘标准化工作管理办法》,下列情形中,可以制定测绘标准化指导性技术文件

的有(　　)。

    A. 国家基本比例尺地图,公众版地图及其测绘的方法、过程、质量、检验和管理等方面的技术要求

    B. 采用国际标准化组织以及其他国际组织的技术报告

    C. 国家基础测绘项目及有关重大专项实施中,没有国家标准和行业标准而又需要统一的技术要求

    D. 技术尚在发展中,需有相应标准文件引导其发展或具标准化价值,尚不能制定为标准的

    E. 测绘术语、分类、模式、代号、代码、符号、图式、图例等技术要求

8.《测绘计量管理暂行办法》规定,测绘单位使用未经检定,或者检定不合格,或者超过检定周期的测绘计量器具进行测绘生产的,测绘地理信息行政主管部门可以采取的处理措施是(　　)。

    A. 测绘成果不予验收   B. 没收测绘成果

    C. 测绘成果不准使用   D. 没收测绘仪器

    E. 成果质量监督检验时作不合格处理

9. 关于测绘计量仪器检定的说法,正确的是(　　)。

    A. 测绘单位使用的测绘仪器须经周期检定合格,方可用于测绘生产

    B. 教学示范用测绘仪器可以免检,无需向测绘主管部门登记,即可使用

    C. 教学示范用测绘仪器经检定合格后可用于测绘生产

    D. 测绘仪器只要经周期检定,无论是否合格,均可再用于测绘生产

    E. 测绘仪器经国家权威科研机构检测合格后即可用于测绘生产

10. 下列情形中,应当制定强制性测绘标准或者强制性条款的情形有(　　)。

    A. 长期采用国际标准化组织以及其他国际组织技术报告的

    B. 国家基本比例尺地图测绘与更新必须遵守的技术要求

    C. 测绘行业范围内必须统一的技术术语、符号、代码、生产与检验方法等

    D. 建立和维护测绘基准与系统必须遵守的技术要求

    E. 需要控制的重要测绘成果质量技术要求

11. 根据《计量法实施细则》,计量标准器具的使用必须具备的条件是(　　)。

    A. 经计量检定合格   B. 具有测绘计量检定人员

    C. 具有完善的管理制度   D. 具有称职的保存、维护、使用人员

    E. 具有正常工作所需要的环境条件

三、简答题

1. 简述《测绘法》对测绘项目承包和发包的规定。

2. 简述应当制定强制性测绘标准或者强制性条款的情况。

四、论述题

论述测绘项目承包方和发包方的权利和义务。

第 4 章 测绘基准与测绘系统

4.1 测绘基准的概念与特征

4.1.1 测绘基准的概念

测绘基准是一个国家整个测绘系统的起算依据和各种测绘系统的基础,测绘基准包括所选用的各种大地测量参数、统一的起算面、起算基准点、起算方位,以及有关的地点、设施和名称等。我国目前采用的测绘基准主要包括大地基准、高程基准、深度基准和重力基准。

(1)大地基准

大地基准是建立大地坐标系统和测量空间点位的大地坐标的基本依据。我国采用过原点在苏联的 1954 北京坐标系。后来采用的大地基准是 1980 西安坐标系,1980 西安坐标系的大地测量常数采用国际大地测量学与地球物理学联合会第 16 届大会(1975 年)推荐值,大地原点设在陕西省泾阳县永乐镇。2008 年 7 月 1 日,经国务院批准,我国正式启用 2000国家大地坐标系。2000 国家大地坐标系是全球地心坐标系在我国的具体体现,其原点为包括海洋和大气的整个地球的质量中心。按照国家自然资源主管部门的有关文件要求,2000国家大地坐标系与现行国家大地坐标系转换、衔接的过渡期为 8 ~ 10 年,在过渡期内,可沿用现行国家大地坐标系,自 2008 年 7 月 1 日后新生产的各类测绘成果应采用 2000 国家大地坐标系。

2018 年 12 月,自然资源部发布公告,自 2019 年 1 月 1 日起,全面停止向社会提供 1954北京坐标系和 1980 西安坐标系基础测绘成果。

(2)高程基准

高程基准是建立高程系统和测量空间点高程的基本依据。我国目前采用的高程基准为1985 国家高程基准。

(3)重力基准

重力基准是建立重力测量系统和测量空间点的重力值的基本依据。我国先后使用了1957 重力测量系统、1985 重力测量系统和 2000 重力测量系统。我国目前采用的重力基准为 2000 国家重力基准。

(4)深度基准

深度基准是海洋深度测量和海图上水深的基本依据。我国目前采用的深度基准因海区不同而有所不同。中国海区从 1956 年采用理论最低潮面(即理论深度基准面)作为深度基准。内河、湖泊采用最低水位、平均低水位或设计水位作为深度基准。

4.1.2　测绘基准的特征

（1）科学性

任何测绘基准都是依靠严密的科学理论、科学手段和方法经过严密的演算和施测建立起来的,其形成的数学基础和物理结构都必须符合科学理论和方法的要求,从而使测绘基准具有科学性的特点。

（2）统一性

为保证测绘成果的科学性、系统性和可靠性,满足科学研究、经济建设和国防建设的需要,一个国家和地区的测绘基准必须是严格统一的。如果测绘基准不统一,不仅测绘成果不具有可比性和衔接性,地理信息资源难以共享,还会对国家安全和城市建设以及社会管理带来严重的后果。

（3）法定性

测绘基准由国家最高行政机关国务院批准设立,测绘基准数据由国务院自然资源主管部门负责审核,测绘基准的规定及设立、采用等均由国家法律规定,从而使测绘基准具有法定性特征。

（4）稳定性

测绘基准是测绘活动和测绘成果的基础和依据,测绘基准一经建立,便具有长期稳定性特征,在一定时期内不能轻易改变。

4.2　测绘基准管理

目前,我国对测绘基准的管理,在法律、行政法规层面上,主要体现在以下几个方面。

4.2.1　国家规定测绘基准

《测绘法》第五条规定:从事测绘活动,应当使用国家规定的测绘基准和测绘系统,执行国家规定的测绘技术规范和标准。

测绘基准是国家整个测绘地理信息工作的基础和起算依据,为保证国家测绘成果的整体性、系统性和科学性,实现测绘成果起算依据的统一,《测绘法》明确国家规定了测绘基准,包括大地基准、高程基准、深度基准和重力基准。

4.2.2　国家设立测绘基准

《测绘法》第九条规定:国家设立和采用全国统一的大地基准、高程基准、深度基准和重力基准,其数据由国务院地理测绘信息主管部门审核,并与国务院其他有关部门、军队测绘部门会商后,报国务院批准。

根据《测绘法》,国家设立和采用全国统一的大地基准、高程基准、深度基准和重力基准,并经国务院批准。从《测绘法》的相关规定可以看出,国家对测绘基准的设立是非常严格的:一方面,体现在测绘基准的数据由国务院自然资源主管部门审核后,还必须与国务院其他有关部门、军队测绘部门进行会商;另一方面,测绘基准的数据经相关部门审核后,必须经过国务院批准后才能实施。

新规定实施的国家 2000 大地坐标系,经国务院批准后,国家自然资源主管部门予以发布。

4.2.3　国家要求使用统一的测绘基准

《测绘法》第五条规定:从事测绘活动,应当使用国家规定的测绘基准和测绘系统,执行国家规定的测绘技术规范和标准。

从事测绘活动使用国家规定的测绘基准是从事测绘活动的基本技术原则和前提,是一项十分重要的法律制度,任何单位和个人都必须严格遵守。

国务院颁布实施的《基础测绘条例》明确规定,实施基础测绘项目,不使用全国统一的测绘基准和测绘系统或者不执行国家规定的测绘技术规范和标准的,责令限期改正,给予警告,可以并处罚款;对负有直接责任的主管人员和其他直接责任人员,依法给予处分。

4.3　测绘系统的概念与特点

4.3.1　测绘系统的概念

测绘系统指由测绘基准延伸,在一定范围内布设的各种测量控制网,它们是各类测绘成果的依据,包括大地坐标系统、平面坐标系统、高程系统、地心坐标系统和重力测量系统。

（1）大地坐标系统

大地坐标系统是用来表述地球空间点位置的一种地球坐标系统,它采用一个接近地球整体形状的椭球作为点的位置及其相互关系的数学基础,大地坐标系统的三个坐标是大地经度（L）、大地纬度（B）、大地高（H）。我国先后采用的 1954 北京坐标系、1980 西安坐标系和 2000 国家大地坐标系,是我国在不同时期采用的大地坐标系统的具体体现。

（2）平面坐标系统

平面坐标系统指确定地面点的平面位置所采用的一种坐标系统。大地坐标系统是建立在椭球面上的,而绘制的地图则是在平面上的,因此,必须通过地图投影把椭球面上的点的大地坐标科学地转换成展绘在平面上的平面坐标。平面坐标用平面上两轴相交成直角的纵、横坐标表示。我国在陆地上的国家统一的平面坐标系统采用"高斯—克吕格平面直角坐标系",是利用高斯—克吕格投影将不可平展的地球椭球面转换成平面而建立的一种平面直角坐标系。

（3）高程系统

高程系统是用于传算全国高程控制网中各点高程所采用的统一系统。我国规定采用的高程系统是正常高系统,高程起算依据是国家黄海 1985 高程基准。

国家高程控制网是确定地貌地物海拔高程的坐标系统,按控制等级和施测精度分为一、二、三、四等网。目前提供使用的是 1985 国家高程基准。

（4）地心坐标系统

地心坐标系统是以坐标原点与地球质心重合的大地坐标系统,或空间直角坐标系统。

我国目前采用的 2000 国家大地坐标系即是全球地心坐标系在我国的具体体现,其原点为包括海洋和大气的整个地球的质量中心。

（5）重力测量系统

重力测量系统指重力测量施测与计算所依据的重力测量基准和计算重力异常所采用的正常重力公式的总称。我国曾先后采用的 1957 重力测量系统、1985 重力测量系统和 2000 重力测量系统,即为我国在不同时期的重力测量系统。

4.3.2　测绘系统的特点

（1）科学性

测绘系统是依靠测绘科学理论和科学技术手段建立起来的,有严密的数学基础和理论基础。因此,测绘系统首先具有科学性。

（2）统一性

建立全国统一的测绘系统是国际上多数国家的通用做法,是保证测绘工作有效地为国家经济建设、国防建设和社会发展服务的客观需要,也是国家法律明确规定的一项法律制度。因此,测绘系统与测绘基准一样,具有统一性。

（3）法定性

国家规定的测绘系统由法律规定必须采用,法律明确国家建立全国统一的测绘系统、测绘系统的规范和要求由国务院自然资源主管部门会同国务院其他有关部门、军队测绘主管部门制定,从而使测绘系统具有法定性。

（4）规模性

测绘系统一般覆盖的区域都比较大,建设周期比较长,投入也比较高,系统建设整体呈现出规模性特征。

（5）稳定性

测绘系统是测绘基准的具体体现,测绘系统的科学性、统一性、法定性和规模性,注定了测绘系统具有稳定性特征,测绘系统一经建立,一般不能经常进行改动,必须保持其相对稳定性。

4.4　卫星导航定位基准站建设与运营管理

随着 GNSS 技术的发展,连续运行参考站（Continuously Operating Reference Stations, CORS）已成为必备的测绘基础设施。CORS 系统是一个动态的、连续的定位框架基准,可以快速、高精度获取空间地理位置。

CORS 系统由基准站网、数据处理中心、数据传输系统、定位导航数据播发系统、用户应用系统五个部分组成,卫星导航定位基准站网由范围内均匀分布的基准站组成。负责采集 GNSS 卫星观测数据并输送至数据处理中心,同时提供系统完好性监测服务。按照应用的精度不同,用户服务子系统可以分为毫米级用户系统、厘米级用户系统、分米级用户系统、米级用户系统等。《测绘法》对卫星导航定位基准站的建设、运行维护等均作出相关规定。

《测绘法》第十二条规定:国务院测绘地理信息主管部门和省、自治区、直辖市人民政府测绘地理信息主管部门应当会同本级人民政府其他有关部门,按照统筹建设、资源共享的原则,建立统一的卫星导航定位基准服务系统,提供导航定位基准信息公共服务。

《测绘法》第十三条规定:建设卫星导航定位基准站的,建设单位应当按照国家有关规定报国务院测绘地理信息主管部门或者省、自治区、直辖市人民政府测绘地理信息主管部门备案。国务院测绘地理信息主管部门应当汇总全国卫星导航定位基准站建设备案情况,并定期向军队测绘部门通报。

《测绘法》第十四条规定:卫星导航定位基准站的建设和运行维护应当符合国家标准和要求,不得危害国家安全。卫星导航定位基准站的建设和运行维护单位应当建立数据安全保障制度,并遵守保密法律、行政法规的规定。县级以上人民政府测绘地理信息主管部门应当会同本级人民政府其他有关部门,加强对卫星导航定位基准站建设和运行维护的规范和指导。

4.5　相对独立的平面坐标系统

4.5.1　相对独立的平面坐标系统的概念

相对独立的平面坐标系统(以下简称独立坐标系),是指因规划、建设和科学研究的需要,以自定义的坐标原点、中央子午线和高程抵偿面等为系统参数,被广泛共享使用且与国家大地坐标系相联系的平面坐标系统。

独立坐标系分为城市坐标系和工程坐标系。由政府部门组织建立的在一定行政区划范围内通用的独立坐标系属于城市坐标系;因重大工程项目建设需要,由工程建设单位组织建立的独立坐标系属于工程坐标系。

4.5.2　建立相对独立的平面坐标系统的原则

独立坐标系坚持"非必要不建立"原则,基于 2000 国家大地坐标系采用标准分带进行投影或者已依法建有基于 2000 国家大地坐标系的独立坐标系能满足需要的,不再建立独立坐标系。原则上一个地级以上城市行政区划范围内只允许建立一个城市坐标系。工程项目所在地的城市坐标系能够满足工程项目建设需要的,不再另行建立工程坐标系。

建立独立坐标系应当基于 2000 国家大地坐标系,并与 2000 国家大地坐标系相联系。

独立坐标系技术设计书编制单位、独立坐标系承建单位应当具备国家规定的大地测量专业类别的测绘资质。

新建立的独立坐标系名称一般为"2000××相对独立的平面坐标系统(YYYY 年)",可简称"××独立坐标系",其中××为城市名或工程项目名,YYYY 为独立坐标系批准年份。

4.5.3　建立相对独立的平面坐标系统审批

《测绘法》第十一条规定:因建设、城市规划和科学研究的需要,国家重大工程项目和国务院确定的大城市确需建立相对独立的平面坐标系统的,由国务院测绘地理信息主管部门批准;其他确需建立相对独立的平面坐标系统的,由省、自治区、直辖市人民政府测绘地理信息主管部门批准。建立相对独立的平面坐标系统,应当与国家坐标系统相联系。

建立相对独立的平面坐标系统审批,是一项有数量限制的行政许可。为保持城市建设的可持续和科学发展,保持测绘成果的连续性、稳定性和系统性,维护国家安全和地区稳定,一个城市只能建设一个相对独立的平面坐标系统。

自然资源部 2023 年制定了《建立相对独立的平面坐标系统管理办法》(自然资规〔2023〕5 号),对建立相对独立的平面坐标系统的审批权限进行了详细规定,明确了国务院城市规模划分标准确定的地级以上的大城市、特大城市、超大城市和国家重大工程项目确需建立独立坐标系的,由国务院自然资源主管部门负责审批。其他确需建立独立坐标系的,由所在省、自治区、直辖市人民政府自然资源主管部门负责审批。

1)申请建立相对独立的平面坐标系统应提交的材料

(1)《建立相对独立的平面坐标系统申请书》,属于建立城市坐标系的申请应当附该市人民政府同意建立的文件;

(2)建立相对独立的平面坐标系统技术设计书;

(3)独立坐标系测绘成果保管单位测绘成果资料保管制度及与之配套的装备设施等相关材料。

申请人可自主选择线上、线下两种方式之一提交申请材料,并对申请材料的真实性负责。在线提交的申请材料均不得涉密,涉密内容应当按照符合保密管理规定的程序提交。

2)审查评审

审批机关受理申请后,应当依据本办法对申请材料进行审查和组织专家评审。

(1)审查内容主要包括:独立坐标系名称、类别、申请人是否符合规定,技术设计书编制单位是否具备国家规定的大地测量专业类别的测绘资质,拟建独立坐标系是否基于 2000 国家大地坐标系并与 2000 国家大地坐标系相联系,技术设计书需阐述的要素是否齐全。

(2)评审内容主要包括:独立坐标系建设必要性是否充分,技术方案是否科学可行,测绘成果资料的保管制度及装备设施是否健全完备,申请材料是否含有虚假内容。

4.5.4 相对独立的平面坐标系统的使用

城市坐标系经审批机关批准后,市人民政府自然资源主管部门应向社会公开发布城市坐标系的启用时间、测绘成果保管单位和与原有城市坐标系转换、衔接的过渡期。自启用时间开始,在新批准的城市坐标系覆盖范围内从事测绘地理信息及其相关活动,应当使用新批准的城市坐标系。新旧城市坐标系转换、衔接的过渡期自公开发布的启用时间起算,一般不超过三年。过渡期内,现有各类测绘地理信息成果和地理信息系统应根据实际情况逐步转换到新批准的城市坐标系。过渡期结束后原有城市坐标系全部停止使用。

经批准建立的独立坐标系的系统参数(即坐标原点、中央子午线和高程抵偿面)及相关测绘成果应当按照测绘成果管理有关规定管理和提供使用,促进独立坐标系的社会化应用。独立坐标系与国家大地坐标系之间的转换参数,应当严格按照保密法律法规的有关规定保管和使用

4.5.5 建立相对独立的平面坐标系统的法律责任

《测绘法》和《基础测绘条例》对擅自建立相对独立的平面坐标系统的行为,均设定了严

格的法律责任,包括给予警告,责令改正,可以并处50万元以下的罚款;构成犯罪的,依法追究刑事责任;尚不够刑事处罚的,对负有直接责任的主管人员和其他直接责任人员,依法给予行政处分。

4.6 测量标志管理

测量标志是国家重要的基础设施,是国家经济建设、国防建设、科学研究和社会发展的重要基础。长期以来,国家在我国陆地和海洋边界内布设了大量的用于标定测量控制点空间地理位置的永久性测量标志,包括各等级的三角点、基线点、导线点、军用控制点、重力点、天文点、水准点和卫星定位点的木质觇标、普通钢标、双锥标和标石标志、GPS卫星地面跟踪站以及海底大地点设施等,这些标志在我国各个时期的国民经济建设和国防建设中都发挥了巨大的作用,是国家一笔十分宝贵的财富。

4.6.1 测量标志的概念和特征

1)测量标志的概念

测量标志是在陆地和海洋标定测量控制点位置的标石、觇标及其他标记的总称。标石一般指埋设于地下一定深度,用于测量和标定不同类型控制点的地理坐标、高程、重力、方位、长度等要素的固定标志;觇标是建在地面上或者建筑物顶部的测量专用标架,是作为观测照准目标和提升仪器高度的基础设施。根据测量标志的用途和使用的时间期限,测量标志可分为永久性测量标志和临时性测量标志。

永久性测量标志是设有固定标志物以供测量标志使用单位长期使用的需要永久保存的测量标志,包括国家各等级的三角点、基线点、导线点、军用控制点、重力点、天文点、水准点、GNSS卫星地面跟踪站和卫星定位点的木质觇标、钢质觇标和标石标志,以及用于地形测图、工程测量和形变测量等的固定标志和海底大地点设施等。

临时性测量标志是指测绘单位在测量过程中临时设立和使用的,不需要长期保存的标志和标记。如测站点的木桩、活动觇标、测旗、测杆、航空摄影的地面标志、描绘在地面或者建筑物上的标记等,都属于临时性测量标志。

2)测量标志的特征

(1)空间位置精确性。每一个永久性测量标志都精确地承载了该标志点所在地的平面位置、高程和重力等数据信息,这些数据大都精确到毫米级,任何碰撞和移动都有可能使其精确度受到损失,从而影响到后续测量使用。

(2)位置控制范围性。根据测量标志保护条例,建设永久性测量标志需要占用土地的,地面标志占用土地的范围为 $36 \sim 100m^2$,地下标志占用土地的范围为 $16 \sim 36m^2$。在测量标志周围安全控制范围内,国家法律、行政法规明确规定禁止从事特定活动,如禁止放炮、采石、架设高压线等以及其他危害测量标志的活动。

(3)保管长期性。永久性测量标志是指被永久保存和长期使用的测量标志,这些测量标志一经建立便拥有精确的测量成果数据,并且要定期进行检测和复测,具有长期保存和使用的特性,不能进行损坏或者擅自移动。

（4）法定性。测量标志的建设和使用需要按照国家规定的操作规程进行,测量标志的维护、保管和占地等,国家法律、行政法规都有明确的规定,擅自移动或者损毁永久性测量标志,将依法受到处罚,测量标志具有法定性特征。

4.6.2 测量标志管理职责

全国人大、国务院、中央军委对保护测量标志历来都十分重视。1955 年 12 月 29 日周恩来总理签署了《关于长期保护测量标志的命令》;1981 年 9 月 12 日国务院和中央军委联合发布的《关于长期保护测量标志的通告》;1984 年 1 月 7 日国务院公布了《测量标志保护条例》。1992 年 12 月 28 日全国人大第二十九次会议审议通过了我国第一部测绘法,专门设立了测量标志保护的章节,对测量标志保护的基本原则进行了规定。1996 年 9 月 4 日国务院重新修订发布了《中华人民共和国测量标志保护条例》。2017 年 4 月 27 日,全国人大重新修订出台的《测绘法》建立了统一监督管理的测绘地理信息行政管理体制,进一步强化了测量标志管理职责。

1）各级人民政府的职责

（1）制定有关测量标志保护的行政法规和地方政府规章。

（2）加强对测量标志保护工作的领导,采取有效措施加强测量标志保护工作,增强公民依法保护测量标志的意识。

（3）对在测量标志保护工作中做出显著成绩的单位和个人,给予奖励。

（4）将测量标志保护经费列入当地政府财政预算和年度计划。

2）国务院自然资源主管部门的职责

（1）研究制定有关测量标志保护的行政法规、规章草案和相关政策,制定测量标志有偿使用的具体办法。

（2）组织制定全国测量标志保护规划和普查、维修年度计划。

（3）组织测量标志保护法律、法规的宣传,提高全民的测量标志保护意识。

（4）负责国家一、二等永久性测量标志的拆迁审批。

（5）检查、维护国家一、二等永久性测量标志。

（6）依法查处损毁测量标志的违法行为。

3）省级自然资源主管部门的职责

（1）组织贯彻实施有关测量标志保护的法律、法规和规章。

（2）参与制定测量标志保护的地方法规、规章和规范性文件。

（3）负责国家和本省统一设置的四等以上三角点、水准点和 D 级以上全球卫星定位控制点的测量标志的迁建审批工作。

（4）制定全省测量标志普查和维修年度计划及定期普查维护制度。

（5）组织建立永久性测量标志档案。

（6）组织实施永久性测量标志的检查、维修和管理工作。

（7）查处永久性测量标志违法案件。

4）市、县级自然资源主管部门的职责

（1）宣传贯彻有关测量标志保护的法律、法规和规章。

（2）负责本市、县（市）设置的永久性测量标志的迁建审批工作。

（3）建立和修订永久性测量标志档案。

（4）负责永久性测量标志的检查、维修和管理工作。

（5）负责永久性测量标志的统计、报告工作。

（6）处理永久性测量标志损毁事件以及因测量标志损坏造成的事故。

（7）查处违反测量标志保护有关法律、法规和规章的行为。

5）乡（镇）人民政府的职责

宣传贯彻测量标志保护的法律、法规和规章；确定永久性测量标志的管理单位或者人员，并对其保管责任的落实情况进行检查；根据自然资源主管部门委托，办理永久性测量标志委托保管手续；负责永久性测量标志的日常检查，制止损毁永久性测量标志的行为，并定期向当地县级自然资源主管部门报告测量标志保护情况。

4.6.3　测量标志建设

测量标志建设是指测绘单位或者项目施工单位为满足测绘活动的需要，按照国家有关规范和标准，在地面、地下或者建筑物顶部通过浇注、埋设等方式，建造用于标记测量点位的活动。测绘法律、行政法规对建设永久性测量标志的规定，主要体现在以下几个方面：

（1）使用国家规定的测绘基准和测绘标准。

（2）选择有利于测量标志长期保护和管理的点位。

（3）设置永久性测量标志的，应当对永久性测量标志设立明显标记；设置基础性测量标志的，还应当设立由国务院自然资源主管部门统一监制的专门标牌。

（4）建设永久性测量标志需要占用土地的，地面标志占用土地的范围为 $36\sim100m^2$，地下标志占用土地的范围为 $16\sim36m^2$。

（5）设置永久性测量标志，需要依法使用土地或者在建筑物上建设永久性测量标志的，有关单位和个人不得干扰和阻挠。

（6）设置永久性测量标志的部门，应当将永久性测量标志委托测量标志设置地的有关单位或者人员负责保管，签订测量标志委托保管书，明确委托方和被委托方的权利和义务，并由委托方将委托保管书抄送乡级人民政府和县级以上地方政府管理测绘工作的部门备案。

4.6.4　测量标志保管与维护

1）测量标志保管

测量标志保管指测量标志建设单位或者自然资源主管部门委托专门人员进行看护，并采取一定的保护措施，避免测量标志损坏或者使其失去使用效能的活动。

我国目前的测量标志保管制度，主要是通过测量标志建设单位或者自然资源主管部门与测量标志保管人员签订委托保管协议来明确委托方和受托方的权利与义务关系，也有部分省、区、市将测量标志委托当地的乡镇国土资源所管理，但最终都是通过一定的方式将保管责任落实到具体保管人员。测量标志保管人员的主要职责为：

（1）经常检查测量标志的使用情况，查验永久性测量标志使用后的完好状况。

（2）发现永久性测量标志有移动或损毁的情况，及时向当地乡级人民政府报告。

（3）制止、检举和控告移动、损毁、盗窃永久性测量标志的行为。

（4）查询使用永久性测量标志的测绘人员的有关情况。

2）测量标志维护

测量标志维护指自然资源主管部门或者测量标志保管、建设单位通过采取设立指示牌、构筑防护井、物理加固等方式，保证测量标志完好的活动。测绘法及测量标志保护条例对测量标志维护工作都有具体的规定，并明确了相应的职责。

《测绘法》第四十五条规定：县级以上人民政府应当采取有效措施加强测量标志的保护工作。县级以上人民政府测绘地理信息主管部门应当按照规定检查、维护永久性测量标志。乡级人民政府应当做好本行政区域内的测量标志保护工作。

4.6.5　测量标志使用

《测量标志保护条例》对测绘人员使用永久性测量标志的作了相关规定，测绘人员使用永久性测量标志，应当持有测绘作业证件，接受县级以上人民政府管理测绘工作的部门的监督和负责保管测量标志的单位和人员的查询。使用测量标志，要按照操作规程进行测绘，不得在测量标志上架设通信设施、设置观望台、搭帐篷、拴牲畜或者设置其他有可能损毁测量标志的附着物，并保证测量标志完好。

国家对测量标志实行有偿使用，但是使用测量标志从事军事测绘任务的除外。测量标志有偿使用的收入应当用于测量标志的维护、维修，不得挪作他用。具体办法由国务院自然资源主管部门会同国务院物价行政主管部门制定。

4.6.6　永久性测量标志拆迁审批

《测绘法》第四十三条规定：进行工程建设，应当避开永久性测量标志；确实无法避开，需要拆迁永久性测量标志或者使永久性测量标志失去使用效能的，应当经省、自治区、直辖市人民政府测绘地理信息主管部门批准；涉及军用控制点的，应当征得军队测绘部门的同意。所需迁建费用由工程建设单位承担。

根据《国家永久性测量标志拆迁审批程序规定》，进行工程建设，不得申请拆迁下列永久性测量标志或者使其失去使用效能。

（1）国家大地原点。

（2）国家水准原点。

（3）国家绝对重力点。

（4）全球定位系统连续运行基准站。

（5）基线检测场点。

（6）在全国测绘基准体系和测绘系统中具有关键作用的控制点。

申请永久性测量标志拆迁的，申请拆迁的工程建设单位应当提交下列材料：

（1）永久性测量标志拆迁申请书。

（2）工程建设项目批准文件。

（3）同意支付拆迁费用书面材料。

（4）其他需提交的申请材料

根据《国家永久性测量标志拆迁审批程序规定》，属国家自然资源主管部门负责审批的永久性测量标志拆迁申请，由永久性测量标志所在地的省级自然资源主管部门负责转报。省级自然资源主管部门在接到拆迁申请后，对申请材料进行核实，组织有关人员进行实地调查，征求测量标志建设等有关单位或测量专家意见，必要时组织专家论证，研究提出迁建方案，依法落实迁建费用，以书面形式报告国家自然资源主管部门。

永久性测量标志拆迁费用由申请拆迁永久性测量标志的工程建设单位承担。国务院自然资源主管部门或者省级自然资源主管部门批准拆除或者拆迁永久性测量标志后，工程建设单位必须按照国家有关规定依法支付必需的费用，用于重建永久性测量标志。

习　题

一、单项选择题

1. 如果建立相对独立的平面坐标系统，可由省级测绘地理信息主管部门审批的是（　　）。

　　A. 建立济南市独立平面坐标系　　　　B. 南京地铁建设中建立独立平面坐标系

　　C. 建立三峡水库独立平面坐标系　　　D. 某国家高铁项目建立独立平面坐标系

2. 某中等城市拟启动建立城市 GPS 控制网基础测绘项目，其城市坐标系统应当基于（　　）建立。

　　A. 1954 北京坐标系　　　　　　　　B. 2000 国家大地坐标系

　　C. 1980 西安坐标系　　　　　　　　D. 城市独立坐标系

3. 下列关于建立相对独立的平面坐标系统的说法中，错误的是（　　）。

　　A. 一个城市只能建立一个相对独立的平面坐标系统

　　B. 建立相对独立的平面坐标系统，应当与国家坐标系统相联系

　　C. 建立相对独立的平面坐标系统，指以任意点和正北方向起算建立的平面坐标系统

　　D. 建立城市相对独立的平面坐标系统，应当经该市人民政府的同意

4. 根据《建立相对独立的平面坐标系统管理办法》，河北省石家庄市建立相对独立的平面坐标系统，应当由（　　）批准。

　　A. 国务院测绘地理信息主管部门　　　B. 河北省测绘地理信息主管部门

　　C. 石家庄市测绘地理信息主管部门　　D. 军队测绘部门

5. 根据《测量标志保护条例》，下列工作中，不属于测量标志保管人员义务的是（　　）。

　　A. 收取测量标志有偿使用费

　　B. 制止、检举和控告移动、损毁、盗窃测量标志和行为

　　C. 发现测量标志有被移动或者损毁的情况时，及时向当地乡级人民政府报告

　　D. 经常检查保管的测量标志

6. 拆迁永久性测量标志或者使永久性测量标志失去效能的，依法应当经（　　）批准。

　　A. 测量标志建设单位

    B. 测量标志所在地市级测绘地理信息行政主管部门

    C. 测量标志保管单位

    D. 省级以上测绘地理信息行政主管部门

7. 《测绘法》规定,进行工程建设时,拆迁永久性测量标志所需的迁建费用由(　　　)承担。

    A. 工程建设单位　　　　　　　　　　B. 设置永久性测量标志的部门

    C. 批准进行工程建设的部门　　　　　D. 保管永久性测量标志的部门

8. 下列关于测绘人员使用永久性测量标志的说法中,正确的是(　　　)。

    A. 向永久性测量标志所在地县级测绘地理信息行政主管部门提出申请,经批准后方可使用

    B. 使用永久性测量标志,应当持有测绘作业证件,并保证测量标志完好

    C. 使用永久性测量标志,涉及军用控制点的,应当征得军队测绘部门的同意

    D. 使用永久性测量标志,应当向测量标志保管员支付有偿使用费用

9. 根据《测量标志保护条例》,负责永久性测量标志重建工作的部门或单位是(　　　)。

    A. 损毁测量标志的单位

    B. 标志所在地测绘地理信息行政主管部门

    C. 收取测量标志迁建费用的部门

    D. 标志所在地县级人民政府

10. 根据《测量标志保护条例》,下列关于测量标志迁建费用的说法中,错误的是(　　　)。

    A. 基础性测量标志迁建费用,由工程建设单位依法向省级测绘地理信息行政主管部门支付

    B. 部门专用的测量标志迁建费用,由工程建筑单位依法向设置测量标志的部门支付

    C. 工程建设单位拒绝按照国家有关规定支付迁建费用的,测绘地理信息行政主管部门应当依法给予行政处罚

    D. 设置部门专用的测量标志的部门查找不到的,工程建设部门应当向当地县级人民政府支付迁建费用

11. 拆迁基础性测量标志或者使基础性测量标志失去使用效能的,应当由(　　　)批准。

    A. 国务院测绘地理信息主管部门

    B. 省级测绘地理信息行政主管部门

    C. 标志所在地的市级测绘主管部门

    D. 国务院测绘主管部门或者省级测绘主管部门

12. 根据《测量标志保护条例》,全国测量标志维修规划由(　　　)制定。

    A. 国务院测绘地理信息主管部门

    B. 军队测绘地理信息行政主管部门

    C. 国务院测绘地理信息主管部门会同国务院其他有关部门

    D. 国务院测绘地理信息主管部门会同军队测绘部门

二、多项选择题

1. 某市建立相对独立的平面坐标系统,申请人应依法向测绘主管部门提交的申请材料包括(　　　)。

A. 建立相对独立的平面坐标系统申请书

B. 立项批准文件

C. 建立相对独立的平面坐标系统技术设计书

D. 该市人民政府同意建立该系统的文件

E. 独立坐标系测绘成果保管单位测绘成果资料保管制度及与之配套的装备设施等相关材料

2. 关于建立相关独立的平面坐标系统的申请人义务的说法中,正确的是(　　　)。

A. 系统建设完成后实现与国家坐标系统建立联系

B. 系统建设完成后将系统转换参数向社会公布.

C. 系统建设后保证其更新维护

D. 按国家有关规定及时向用户提供使用

E. 系统建设完成后依法汇交成果资料

3. 根据《建立相对独立的平面坐标系统管理办法》,审批建立相对独立的平面坐标系统申请时,下列情形中,应当不予批准的是(　　　)。

A. 申请材料不齐全的　　　　　　　　B. 申请材料内容虚假的

C. 国家坐标系统能够满足要求的　　　　D. 申请材料不符合规定形式要求的

E. 已依法建有相关的相对独立的平面坐标系统的

4. 建设永久性测量标志,应当遵守的基本规定是(　　　)。

A. 使用国家规定的测绘基准和测绘标准

B. 选择有利于测量标志长期保护和管理的点位

C. 地面标志占用土地的范围不超过 $500m^2$

D. 应当对永久性测量标志设立明显标记

E. 委托当地有关单位指派专人负责保管

5. 测量标志受国家保护。下列行为中属于法律法规禁止的是(　　　)。

A. 在测量标志占地范围内烧荒、耕作、取土、挖砂

B. 在距永久性测量标志 50m 范围内采石、爆破、射击、架设高压电线

C. 在测量标志占地范围内,建设建筑物但不影响测量标志使用效能

D. 在建筑物上建设永久性测量标志

E. 在测量标志上架设通信设施

6. 根据《测量标志保护条例》,下列行为中,属于测量标志保管人权利和义务的是(　　　)。

A. 对所保管的测量标志进行检查

B. 发现移动或损毁情况,及时报告当地乡人民政府

C. 制止、检举和控告移动、损毁、盗窃测量标志的行为

D. 查询使用永久测量标志人员的测绘工作证件

E. 收取测量标志有偿使用费

7. 根据《测量标志保护条例》，下列关于测量标志迁建的说法中，正确的是(　　)。

A. 进行工程建设，应当避开永久性测量标志，确需拆迁需依法履行批准手续

B. 拆迁基础性测量标志，由国务院测绘地理信息主管部门或者省级测绘地理信息行政主管部门批准

C. 拆迁部门专用的永久性测量标志，直接报设置测量标志的部门批准

D. 拆迁永久性测量标志，应当通知负责保管测量标志的有关单位和人员

E. 经批准迁建基础性测量标志的，工程单位应当依法支付迁建费用

8. 根据《测绘法》，下列违反测量标志管理规定的行为中，应当承担相应法律责任的是(　　)。

A. 未持有测绘作业证使用永久性测量标志的

B. 侵占永久性测量标志用地的

C. 在测量标志占地范围内建设影响标志效能的建筑物的

D. 擅自拆除永久性测量标志的

E. 违反规程使用永久性测量标志的

三、简答题

1. 简述《测绘法》对建立相对独立的平面坐标系统的相关规定。

2. 简述《测量标志保护条例》对测绘人员使用永久性测量标志的相关规定。

四、论述题

论述我国设立和采用的测绘基准和测绘系统。

第5章 基础测绘管理

5.1 基础测绘的概念、特征与原则

5.1.1 基础测绘的概念

基础测绘是指建立全国统一的测绘基准和测绘系统,进行基础航空摄影,获取基础地理信息的遥感资料,测制和更新国家基本比例尺地形图、影像图和数字化产品,建立、更新基础地理信息系统。基础测绘是社会公益性事业,是我国测绘地理信息事业发展的重要组成部分。基础测绘主要包括以下五个方面内容。

1) 建立全国统一的测绘基准和测绘系统

全国统一的测绘基准和测绘系统是各类测绘活动的基础,具有明显的公益性特征。目前,我国全国统一的测绘基准和测绘系统在规模、精度和统一性方面都居于世界先进行列。但是,测绘基准和测绘系统需要不断地精化和完善,需要定期进行建设和维护,同时,测绘基准和测绘系统随着测绘地理信息技术进步而要不断地进行更新和发展。

2) 进行基础航空摄影

基础航空摄影指利用航空飞行器获取基础地理信息数据的摄影。为测绘地理信息服务的基础航空摄影指为满足测制和更新国家基本比例尺地图、建立和更新基础地理信息数据库的需要,在飞机上安装航空摄影仪,从空中对我国国土实施航空摄影,获取基础地理信息源数据。基础航空摄影资料详细记载了一定区域范围的地物、地貌特征以及地物之间的相互关系,具有信息量大、覆盖面广的特点。

3) 获取基础地理信息的遥感资料

获取基础地理信息遥感资料的方式主要有两种:一种是接收我国自主研制的遥感卫星数据并进行处理,从而获取基础地理信息数据;另外一种是订购其他国家的卫星遥感数据。卫星遥感资料是基础地理信息数据的重要数据源,主要用于快速更新、修测或编制国家基本比例尺地图以及更新、修测国家和区域基础地理信息数据库。

4) 测制和更新国家基本比例尺地图、影像图和数字化产品

国家基本比例尺地图指根据国家颁布的统一测量规范、图式和比例尺系列测绘或编绘而成的地形图,是国家各项经济建设、国防建设和社会发展的基础图件资料,具有使用频率高、内容表示详细,分类齐全、精度高等特点,是我国最具权威性的基础地图,其测制精度和成果数量与质量是衡量一个国家测绘科学技术发展水平的重要标志之一。

在国家自然资源主管部门发布《中华人民共和国国家标准批准发布公告》中,将 1:100 万、1:50 万、1:25 万、1:10 万、1:5 万、1:2.5 万、1:1 万、1:5000、1:2000、1:1000、1:500 比例

尺地图列为我国基本比例尺地图。

影像图指对通过航天遥感、航空摄影等方法获取的数据或照片进行一系列几何变换和误差改正,附加一定的说明信息得到的具有地理坐标系、精度指标和直观真实的照片效果的地图。国家基本比例尺地图和影像图主要包括两类:一类是传统的纸介质模拟地图,另一类是以磁带、磁盘、光盘为介质的数字化地图产品。

5)建立、更新基础地理信息系统

基础地理信息系统通过对基础地理信息数据的集成、存储、检索、操作和分析,生成并输出各种基础地理信息的计算机系统。基础地理信息系统为土地利用、资源管理、环境监测、交通运输、经济建设、城市规划以及政府各部门行政管理服务,它具有通用性强、重复使用率高的特点,是国家基础测绘工作的重要组成部分。

5.1.2　基础测绘的特征

1)基础性

基础地理信息是通过基础测绘获得的基础测绘成果,在技术上构成了各项后续测绘地理信息工作和地理信息应用的基础:

(1)统一的国家测绘基准和测绘系统是现代主权国家开展各项测绘地理信息工作的基础和前提。

(2)国家基本比例尺系列地图是其他各种专题地图的制图基础。

(3)国家和地方基础地理信息系统是其他专业地理信息系统的空间定位基础。基础测绘的最明显特征就是其具有基础性。

2)公益性

基础测绘是向全社会各类用户提供统一、权威的空间定位基准和基础地理信息服务的工作。基础测绘工作作为经济社会发展和国防建设的一项基础性工作,是国家在行使政治统治职能和社会管理职能时准确掌握国情国力、提高管理决策水平的重要手段,基础测绘成果是一种公共产品,具有公益性特点。因此,《测绘法》及《基础测绘条例》都明确规定,基础测绘是公益性事业。

3)通用性

通用性是基础测绘的基础性和公益性在服务内容上的具体体现,基础测绘不是为了某种特定需要服务的,而是遵循服务普遍性原则,服务于社会各个阶层、各个领域和各类不同用户,是其他一切后续测绘地理信息工作的基础。

4)权威性

基础测绘成果的权威信息是政府宏观管理与规划决策的重要依据,同时也是基础测绘基础性、公益性和通用性在基础测绘成果上的具体体现。国家基本比例尺系列地图是维护国家版图完整性的权威证明,也是权威地理信息数据的来源。

5)持续性

基础测绘成果必须具有现势性。基础测绘成果的现势性既是基础测绘的基础性的内在要求,又是社会对基础测绘成果的客观要求。而要保持现势性就需要基础测绘成果持续不断地更新。基础测绘成果需要不断更新的属性就是基础测绘的持续性。持续性是基础测绘区别于非基础测绘的一个重要特征。其他非基础测绘往往是一次性投入,项目完成后便不再需要进行测绘,而基础测绘必须持续地进行更新,以满足经济社会发展对基础地理信息资源的需求。

6)统一性

基础测绘通过建立全国统一的测绘基准和测绘系统,生产国家统一规定的基本比例尺地图,保持国家统一规定的精度要求,体现出基础测绘的统一性特点。基础测绘的统一性,是实现基础地理信息共享利用的基本前提。

7)保密性

基础测绘成果几乎涵盖了地表全部自然地理要素和人工设施,是现代军事精确打击不可缺少的基础资料并且涉及国家秘密,地图事关国家版图完整和政治主张,基础测绘成果普遍具有保密性特征。

5.1.3 基础测绘的原则

《基础测绘条例》第四条规定:基础测绘工作应当遵循统筹规划、分级管理、定期更新、保障安全的原则。

1)统筹规划

统筹规划指基础测绘规划的编制和组织实施、基础测绘成果的更新和利用要统筹规划。具体体现在以下五个方面:

(1)要统筹安排基础测绘工作中长期规划和年度计划,既要有中长期的发展目标,也要做好短期计划的执行保障,协调好各级计划的衔接。

(2)要统筹安排国家和地方各级基础测绘工作,充分发挥中央和地方两个积极性。

(3)要统筹安排区域基础测绘工作,以地区社会经济发展需求为导向,同时兼顾地区平衡,对边远地区、民族地区加大支持。

(4)根据基础测绘发展需要,统筹安排基础测绘设施建设和重大基础测绘项目。

(5)要统筹安排基础地理信息资源的开发利用,推进共建共享,避免重复投入和建设。

统筹规划是基础测绘工作的重要原则之一,《全国基础测绘中长期规划纲要》明确将"统筹规划,协调发展"作为加强基础测绘的基本原则之一。

2)分级管理

分级管理指明确各级政府对基础测绘工作的监督管理和职责;建立健全基础测绘的投入机制,将基础测绘投入纳入各级财政预算;明确各级政府在测绘地理信息基础设施建设方面的职责和任务;明确各级自然资源主管部门组织实施基础测绘项目的内容。分级管理可以明确中央与地方各级政府的职责,也有利于建立起高效的基础测绘工作运行机制。

3)定期更新

定期更新是根据地表景观的变化情况、社会经济发展的速度、国家经济建设、国防建设和社会发展对不同基础测绘项目成果的现势性需求和政府财政支撑的能力,结合基础测绘生产能力和成果更新的实际情况,合理确定成果更新周期,建立健全基础地理信息的更新机制。定期更新制度的确立有利于从根本上改变基础测绘滞后于国民经济和社会发展的状况。

4) 保障安全

基础测绘活动获取的大量成果都涉及国家秘密,关系国家安全,因此需要采取有效措施保障基础测绘成果的安全,防止成果损坏、丢失、灭失和泄密。利用基础测绘成果应当遵守测绘成果管理条例等有关规定,通过合理划分涉密成果密级,加强成果保密技术研究,在保障涉密基础测绘成果安全的前提下,促进基础地理信息资源的高效开发利用。

5.2 基础测绘规划

5.2.1 基础测绘规划的概念

基础测绘规划包括全国基础测绘规划和地方基础测绘规划,是对全国及地方基础测绘在时间和空间上的战略部署和具体安排,关系县级及以上各级人民政府对基础测绘在本级国民经济和社会发展年度计划及财政预算中的安排。

基础测绘规划的主要内容包括基础测绘的阶段性发展目标、主要任务、空间布局、主要项目、规划实施的保障措施等,并且还应当有布局示意图和规划项目表。全国基础测绘中长期规划还包括了简明、准确的发展方针和发展目标等。

1) 全国基础测绘规划

全国基础测绘规划指由国务院自然资源主管部门会同国务院其他有关部门、军队测绘部门负责组织编制的,对全国基础测绘在时间和空间上的战略部署和具体安排,涉及国务院对基础测绘在国民经济和社会发展年度计划及财政预算的统筹和安排,是全国性的、国家基础测绘发展的阶段性目标。

2) 地方基础测绘规划

地方基础测绘规划指由县级以上地方人民政府自然资源主管部门会同本级政府其他有关部门负责组织编制的,由县级以上自然资源主管部门牵头组织,规划建设、国土资源、交通、水利、电力等有关部门参与,根据全国基础测绘规划和上一级的基础测绘规划以及本行政区域内的实际情况,拟订地方性的、区域性的基础测绘发展的阶段性目标。

5.2.2 基础测绘规划编制

1) 基础测绘规划编制的程序

(1) 制定基础测绘中长期规划编制工作方案,会同有关部门开展基础测绘相关重大问题研究工作。

(2) 起草规划文本。

(3) 组织参与规划编制工作的各有关部门对规划内容进行会商,并将会商后的规划与相关规划进行衔接。

(4) 对规划指标、规划项目等规划内容进行论证。地方基础测绘规划还应当征求当地军事主管部门的意见。

(5) 规划编制完成后,自然资源主管部门按程序报同级人民政府批准。

县级以上地方自然资源主管部门会同有关部门编制的基础测绘中长期规划,在获同级人民政府批准后 30 个工作日内,报上一级自然资源主管部门备案后实施;

全国基础测绘中长期规划在获批准后 2 个月内,县级以上地方自然资源主管部门组织编制的中长期规划在 2 个月内,除有保密要求的,自然资源主管部门应在测绘地理信息行业报刊或政府相关网站上公布规划文本的部分或者全部内容。

2)基础测绘规划期限

基础测绘规划的规划期应当根据基础测绘工作的实际特点和经济建设、社会发展以及国防建设的实际需要,一般至少为 5 年,保持与国民经济和社会发展总体规划相衔接。

3)法律、行政法规对基础测绘规划编制的规定

(1)基础测绘规划报批前要组织专家论证。为协调好全局利益与局部利益、长远利益和眼前利益以及部门利益的关系,提高基础测绘规划的科学性、衔接性和指导性,基础测绘规划在报批前必须经过专家论证并充分征求各方面的意见和建议。

(2)基础测绘规划要广泛征求意见。在基础测绘规划编制过程中,编制机关还要征求其他相关规划编制部门的意见,如土地利用规划、高速公路建设规划、水利水资源规划等,确保基础测绘规划与相关规划的衔接。

(3)地方基础测绘规划要征求军事机关的意见。地方基础测绘规划涉及的区域范围比较具体,一般都会涉及军事禁区、军事管理区或者作战工程。因此,组织编制机关在报送审批前,还应当征求军事机关的意见。根据《中华人民共和国军事设施保护法》规定,协商解决有关军事禁区、军事管理区的范围,保证基础测绘规划的顺利实施。

4)基础测绘规划批准

国务院自然资源主管部门会同国务院其他有关部门、军队测绘部门,组织编制全国基础测绘规划,报国务院批准后组织实施。县级以上地方人民政府自然资源主管部门会同本级人民政府其他有关部门,根据国家和上一级人民政府的基础测绘规划和本行政区域的实际情况,组织编制本行政区域的基础测绘规划,报本级人民政府批准后组织实施。

5)基础测绘规划公布

基础测绘规划属于政府需要公开的政府信息,必须依照《政府信息公开条例》的相关规定依法公开。县级以上自然资源主管部门要将经批准的基础测绘规划通过政府公报、政府网站、新闻发布会以及报刊、广播、电视等各种媒体向社会公开。

5.2.3　基础测绘年度计划

1)基础测绘年度计划的概念

基础测绘年度计划是政府履行经济调节和公共服务职能的重要依据,基础测绘工程项目和基础测绘政府投资必须纳入基础测绘计划管理。

根据《测绘法》和《基础测绘条例》,国家对基础测绘计划实行分级管理。国务院发展改革主管部门和自然资源主管部门负责全国基础测绘计划的管理,县级以上地方人民政府发展改革主管部门和自然资源主管部门负责本行政区域的基础测绘计划管理。国家发展和改革委员会及国家自然资源主管部门联合制定的《基础测绘计划管理办法》,对基础测绘计划管理进行了明确规定。

2)全国基础测绘年度计划的主要内容

全国基础测绘年度计划的主要内容包括:

（1）全国统一的大地基准、高程基准、深度基准和重力基准的建立和更新。

（2）全国统一的一、二等平面、高程控制网,重力网和 A、B 级卫星定位网的建立和更新。

（3）全国 1∶100 万、1∶50 万、1∶25 万、1∶10 万、1∶5 万和 1∶2.5 万系列比例尺地形图、影像图的测制和更新。

（4）组织实施国家基础航空摄影、获取基础地理信息的遥感资料。

（5）国家基础地理信息系统的建立和更新维护。

（6）国家基础测绘公共服务体系的建立和完善。

（7）需中央财政安排的国家急需的其他基础测绘项目。

3）基础测绘年度计划编制的程序

（1）国务院自然资源主管部门根据国民经济和社会发展年度计划编制要求和全国基础测绘中长期规划,组织编制并提出全国基础测绘年度计划建议,报国务院发展改革主管部门。

（2）县级以上地方自然资源主管部门根据国民经济和社会发展年度计划编制要求和本行政区域基础测绘中长期规划,组织提出本行政区域基础测绘年度计划建议,报经同级发展改革主管部门平衡后,在 10 个工作日内由自然资源主管部门和发展改革部门分别报上一级自然资源主管部门和发展改革主管部门。

（3）国务院发展改革主管部门对上述计划建议进行汇总和综合平衡,编制全国基础测绘年度计划草案,作为国民经济和社会发展年度计划的组成部分,正式下达给国务院自然资源主管部门和省级发展改革主管部门。

（4）市、县级基础测绘年度计划的编制程序由省级发展改革主管部门会同自然资源主管部门研究确定。

4）基础测绘年度计划的组织实施

国务院自然资源主管部门负责国家级基础测绘计划的组织实施;县级以上地方政府自然资源主管部门负责本级基础测绘计划的组织实施。国务院自然资源主管部门对全国基础测绘年度计划的实施情况进行检查、指导。县级以上人民政府发展改革主管部门会同同级自然资源主管部门对基础测绘中长期规划和年度计划的执行情况进行监督检查。县级以上地方人民政府自然资源主管部门要逐级向上一级自然资源主管部门上报基础测绘年度计划执行情况,并抄送同级发展改革主管部门;国务院自然资源主管部门根据各地上报情况进行综合评估,并将结果报国务院发展改革主管部门。

5.3 基础测绘分级管理

《测绘法》第十五条规定:基础测绘是公益性事业。国家对基础测绘实行分级管理。

基础测绘分级管理主要由基础测绘分级管理体制、分级投入体制和分级组织实施等内容组成。基础测绘分级管理体制指对各级人民政府及政府各有关部门关于基础测绘工作的具体职能配置和职责分工,与测绘行政管理体制相一致。

5.3.1 基础测绘工作管理职责

1）各级人民政府的职责

（1）加强对基础测绘工作的领导。

（2）将基础测绘纳入本级国民经济和社会发展规划及年度计划,所需经费列入本级财政预算。

（3）遵循科学规划、合理布局、有效利用、兼顾当前与长远需要的原则,加强基础测绘设施建设,避免重复投资。

2）国务院自然资源主管部门的职责

（1）负责全国基础测绘工作的统一监督管理。

（2）会同国务院其他有关部门、军队测绘部门,组织编制全国基础测绘规划,报国务院批准后组织实施。

（3）会同国务院发展改革部门编制全国基础测绘年度计划并组织实施。

（4）根据应对自然灾害等突发事件的需要,制定相应的基础测绘应急保障预案。

（5）组织实施全国性基础测绘项目。

（6）会同军队测绘部门和国务院其他有关部门制定基础测绘成果更新周期确定的具体办法。

（7）采取措施,加强对基础地理信息测制、加工、处理、提供的监督管理,确保基础测绘成果质量。

（8）负责基础测绘成果资料提供使用的审批。

3）省级自然资源主管部门的职责

（1）负责本行政区域内基础测绘工作的统一监督管理。

（2）会同本级人民政府其他有关部门,根据国家基础测绘规划和本行政区域的实际情况,组织编制本行政区域的基础测绘规划,报本级人民政府批准,并报上一级测绘地理信息行政主管部门备案后组织实施。

（3）会同同级政府发展改革部门,编制本行政区域内的基础测绘年度计划,并分别报上一级主管部门备案后组织实施。

（4）组织实施省级基础测绘项目。

（5）根据应对自然灾害等突发事件的需要,制定相应的省级基础测绘应急保障预案。

（6）采取措施,加强对基础地理信息测制、加工、处理、提供的监督管理,确保基础测绘成果质量。

（7）负责省级基础测绘成果资料提供使用的审批。

4）市、县级自然资源主管部门的职责

（1）负责本行政区域内基础测绘工作的统一监督管理。

（2）会同本级人民政府其他有关部门,根据国家和省级基础测绘规划以及本行政区域的实际情况,组织编制本行政区域的基础测绘规划,报本级人民政府批准,并报上一级自然资源主管部门备案后组织实施。

（3）会同同级政府发展改革部门,编制本行政区域内的基础测绘年度计划,并分别报上一级主管部门备案后组织实施。

（4）按照分级管理权限组织实施基础测绘项目。

（5）采取措施,加强对基础地理信息测制、加工、处理、提供的监督管理,确保基础测绘成果质量。

（6）负责本级基础测绘成果资料提供使用的审批。

5）军队和其他有关部门的职责

军队测绘部门负责管理军事部门的测绘工作，并按照国务院、中央军事委员会规定的职责分工负责管理海洋基础测绘工作。

其他有关部门关于基础测绘工作的职责，主要是在统一监督管理的大原则下，配合自然资源主管部门依法编制基础测绘规划和年度计划；在县级以上人民政府自然资源主管部门收集有关行政区域界线、地名、水系、交通、居民点、植被等地理信息的变化情况时，其他有关部门和单位应当对自然资源主管部门的信息收集工作予以支持和配合。

5.3.2　基础测绘组织实施

《基础测绘条例》对基础测绘组织实施进行了明确规定，各级自然资源主管部门职责如下：

1）国务院自然资源主管部门职责

（1）建立全国统一的测绘基准和测绘系统。

（2）建立和更新国家基础地理信息系统。

（3）组织实施国家基础航空摄影。

（4）获取国家基础地理信息遥感资料。

（5）测制和更新全国1∶100万至1∶2.5万国家基本比例尺地图、影像图及其数字化产品。

（6）国家急需的其他基础测绘项目。

2）省级自然资源主管部门职责

（1）建立本行政区域内与国家测绘系统相统一的大地控制网和高程控制网。

（2）建立和更新地方基础地理信息系统。

（3）组织实施地方基础航空摄影。

（4）获取地方基础地理信息遥感资料。

（5）测制和更新本区域1∶1万、1∶5000国家基本比例尺地图、影像图及其数字化产品。

3）市、县级自然资源主管部门职责

（1）在国家统一的平面控制网、高程控制网和空间定位网的基础上，布设满足当地城市建设和发展需要的平面控制网和高程控制网。

（2）1∶2000至1∶500比例尺地图、影像图和数字化产品的测制和更新。

（3）建立和更新市、县级基础地理信息系统。

（4）地方性法规、地方政府规章确定由其组织实施的其他基础测绘项目。

4）基础测绘项目承担单位

（1）基础测绘项目承担单位应当具有与所承担的基础测绘项目相应的测绘资质和条件，并不得超越其资质等级许可的范围从事基础测绘活动。

（2）基础测绘项目承担单位应当具备健全的保密制度和完善的保密设施，严格执行有关保守国家秘密法律、法规的规定。

（3）基础测绘项目承担单位应当建立健全基础测绘成果质量管理制度，严格执行国家规定的测绘技术规范和标准，对其完成的基础测绘成果质量负责。

5.4 基础测绘成果定期更新

5.4.1 基础测绘成果定期更新制度

基础地理信息是指按照国家规定的技术规范、标准制作的、可通过计算机系统使用的数字化的基础测绘成果,是通过实施基础测绘对地表自然景观和地物形态进行测定和表述的空间信息。随着地表自然地理景观的变化和城市化水平的不断提高以及经济社会的全面进步和发展,基础地理信息不断地发生变化,需要不断地加以更新,以保持基础地理信息较好的现势性和有效性。

基础测绘成果定期更新制度指按照一定的时间间隔更新基础测绘成果的法律规定。

《测绘法》第十九条规定:基础测绘成果应当定期更新,经济建设、国防建设、社会发展和生态保护急需的基础测绘成果应当及时更新。

《基础测绘条例》规定:国家实行基础测绘成果定期更新制度,基础测绘成果更新周期确定的具体办法,由国务院自然资源主管部门会同军队测绘部门和国务院其他有关部门制定。比如1:100万至1:5000国家基本比例尺地图、影像图和数字化产品至少5年更新一次。

5.4.2 确定基础测绘成果更新周期的因素

(1)国民经济和社会发展对基础地理信息的需求。

(2)测绘科学技术水平和测绘生产能力。

(3)基础地理信息变化情况。

5.4.3 基础测绘成果更新的职责

1)国务院自然资源主管部门的职责

(1)建立国家基础测绘定期更新制度,会同军队测绘部门和国务院其他有关部门研究基础测绘成果更新周期确定的具体办法。

(2)负责国家自然资源主管部门分管范围内的基础测绘成果的定期更新。

(3)收集国家层面上的有关国界线、行政区域界线、地名、水系等地理信息的变化情况。

(4)指导、监督地方各级自然资源主管部门基础测绘成果的定期更新工作。

2)县级以上地方自然资源主管部门的职责

(1)基础测绘成果定期更新。

(2)收集有关行政区域界线、地名等地理信息的变化情况。

3)其他有关部门和单位的职责

基础测绘是公益性事业,基础测绘成果定期更新需要各个部门的协同配合,协助各级自然资源主管部门的信息收集工作应当成为各有关部门和单位的法定义务。县级以上人民政府其他有关部门和单位可通过建立计划交换、成果通报、目录汇总等信息交流方式,采用签订共建共享协议、项目合作协议等形式,支持和配合县级以上人民政府自然资源主管部门的信息收集工作,提高基础测绘成果的现势性。

5.5　基础测绘应急保障

基础测绘提供的基础地理信息数据是应对突发事件处置与救援、恢复与重建等应急活动的重要依据,基础测绘在应对自然灾害、事故灾难、社会安全等突发事件时起着非常重要的保障服务作用。《基础测绘条例》第十一条规定:县级以上人民政府测绘行政主管部门应当根据应对自然灾害等突发事件的需要,制定相应的基础测绘应急保障预案。这是基础测绘应急保障第一次被列入国家行政法规。

5.5.1　基础测绘应急保障的内容

1)基础测绘设施建设优先领域

《基础测绘条例》第十八条规定:国家安排基础测绘设施建设资金,应当优先考虑航空摄影测量、卫星遥感、数据传输以及基础测绘应急保障的需要。

2)基础测绘应急保障的内容

《基础测绘条例》第二十条对县级以上人民政府自然资源主管部门的基础测绘应急保障的内容进行了规定。主要包括以下内容:

(1)加强基础航空摄影和用于测绘的高分辨率卫星影像获取与分发的统筹协调。

(2)配备相应的装备和器材。

(3)组织开展培训和演练。

(4)启动基础测绘应急保障预案。

(5)开展基础地理信息数据的应急测制和更新工作。

3)基础测绘应急保障预案的内容

根据《基础测绘条例》,基础测绘应急保障预案的内容包括:应急保障组织体系,应急装备和器材配备,应急响应,基础地理信息数据的应急测制和更新等应急保障措施。

(1)应急基础测绘保障组织体系,即基础测绘应急保障工作的领导机构、工作机构和职责等。建立有效的组织体系是落实应急管理工作的基础。各级自然资源主管部门都应当建立健全基础测绘应急保障工作的组织体系。

(2)应急装备和器材配备,主要包括航空摄影、地面快速数据采集和处理等各种装备和器材配备。应急装备和器材配备是快速获取突发事件事发地区基础地理信息数据的关键。

(3)应急响应。根据国家自然资源主管部门制定的国家测绘地理信息应急保障预案,除国家突发事件有重大特殊要求外,根据突发事件救援与处置工作对测绘地理信息保障的紧急需求,将测绘应急响应分为两个等级,Ⅰ级响应和Ⅱ级响应。

(4)基础地理信息数据的应急测制和更新。基础测绘应急保障预案包括基础地理信息数据的应急测制、更新的程序,确保突发事件发生后,能够及时、高效、快速地获取基础地理信息,为决策、救援、恢复和重建等工作提供有力的保障。

5.5.2　国家应急测绘保障预案的主要内容

为健全国家测绘应急保障工作机制,有效整合利用国家测绘地理信息资源,提高测绘地理信息应急保障能力,国家应急测绘保障预案主要有以下内容。

1)保障任务

国家测绘应急保障的核心任务是为国家应对突发自然灾害、事故灾难、公共卫生事件、社会安全事件等突发公共事件高效有序地提供地图、基础地理信息数据、公共地理信息服务平台等测绘成果,根据需要开展遥感监测、导航定位、地图制作等技术服务。

2)保障对象

国家测绘地理信息应急保障对象:

(1)党中央、国务院。

(2)国家突发事件应急指挥机构及国务院有关部门。

(3)重大突发事件所在地人民政府及其有关部门。

(4)参加应急救援和处置工作的中国人民解放军、中国人民武装警察部队。

(5)参加应急救援和处置工作的其他相关单位或组织。

3)应急响应分级

除国家突发事件有重大特殊要求外,根据突发事件救援与处置工作对测绘地理信息保障的紧急需求,测绘地理信息应急响应分为Ⅰ级、Ⅱ级两个等级。

(1)Ⅰ级响应。需要进行大范围联合作业;涉及大量的数据采集、处理和加工;成果提供工作量大的测绘地理信息应急响应。

(2)Ⅱ级响应。以提供现有测绘成果为主,具有少量的实地监测、数据加工及专题地图制作需求的测绘地理信息应急响应。

4)组织体系

(1)领导机构。成立国家测绘应急保障领导小组(以下简称"领导小组"),负责领导、统筹、组织全国测绘地理信息应急保障工作。国家自然资源主管部门局长任组长,副局长任副组长,成员由局机关各司(室)和局所属有关事业单位主要领导组成。

(2)办事机构。国家测绘应急保障领导小组下设办公室,领导小组办公室设在国家自然资源主管部门测绘成果管理与应用司,作为领导小组的办事机构,承担测绘地理信息应急日常管理工作。测绘成果管理与应用司司长任领导小组办公室主任。

(3)工作机构。国家自然资源主管部门直属事业单位为国家测绘地理信息应急保障主要工作机构,承担重大测绘地理信息应急保障任务。

(4)地方机构。各省级自然资源主管部门负责本行政区域测绘地理信息应急保障工作,成立本级测绘地理信息应急保障领导和办事机构。在本级人民政府的领导和领导小组的指导下,统筹、组织本行政区域突发事件测绘地理信息应急保障工作。按照领导小组的要求,调集整理现有成果、采集处理现势数据加工制作专题地图,并及时向国家自然资源主管部门提供。

(5)社会力量。具有测绘资质的相关企事业单位作为国家测绘地理信息应急保障体系的重要组成部分,根据要求承担相应测绘地理信息应急保障任务,各测绘单位应当积极响应。

5)应急启动

特别重大、重大突发事件发生,或者收到国家一级、二级突发事件警报信息、宣布进入预警期后,领导小组办公室迅速提出应急响应级别建议,报领导小组研究确定。由领导小组组长宣布启动Ⅰ级响应,分管测绘成果的副组长宣布启动Ⅱ级响应。响应指令由领导小组办公室通知各有关部门和相关单位。各有关部门和单位收到指令以后,应迅速启动本部门、本单位的应急预案,并根据职责分工,立即部署、开展相应的测绘地理信息应急保障工作。

6)Ⅱ级响应

(1)基本要求。承担应急任务的有关部门、单位人员、设备、后勤保障应及时到位;启动24h值班制度。领导小组办公室应迅速与国家相关突发事件应急指挥机构沟通,与事发地省级自然资源主管部门取得联系,并保持信息联络畅通。

(2)成果速报。在Ⅱ级响应启动后4h内,组织相关单位向党中央、国务院及有关应急指挥机构提供现有适宜的事发地测绘地理信息成果。

(3)成果提供。开通测绘成果提供绿色通道,按相关规定随时受理、提供应急测绘成果。

(4)专题加工。根据救援与处置工作的需要,组织有关单位进行局部少量的航空摄影等实地监测;收集国家权威部门专题数据;快速加工、生产事发地专题测绘成果。

(5)信息发布。如确有需要的,可通过政府门户网站向社会适时发布事发地应急测绘成果目录及能够公开使用的测绘成果。

7)Ⅰ级响应

(1)启动Ⅱ级响应的所有应急响应措施。

(2)领导小组各成员单位主要负责人出差、请假的,必须立即返回工作岗位;确实不能及时返回的,可先由主持工作的领导全面负责。

(3)根据国家应急指挥机构的特殊需求,及时组织开发专项应急地理信息服务系统。

(4)无适宜的测绘成果,急需进行大范围联合作业时,由领导小组办公室提出建议,报领导小组批准后,及时采用卫星遥感、航空摄影、地面测绘等手段快速获取相应的测绘成果。

(5)领导小组成员单位根据各自工作职责,分别负责综合协调、成果提供、数据获取、数据处理、宣传发动、后勤保障等工作,并将应急工作进展情况及时反馈领导小组办公室。

8)响应中止

突发事件的威胁和危害得到控制或者消除,政府宣布停止执行应急处置措施,或者宣布解除警报、终止预警期后,由领导小组组长决定中止Ⅰ级响应,分管测绘成果的副组长决定中止Ⅱ级响应。响应终止通知由领导小组办公室下达。

各级自然资源主管部门应继续配合突发事件处置和恢复重建部门,做好事后测绘地理信息保障工作。

9)保障措施

(1)制定测绘地理信息应急保障预案。各省级自然资源主管部门和各有关单位应制定本部门、本单位测绘地理信息应急保障预案,报国家自然资源主管部门备案,并结合实际情况有计划、有重点地组织预案演练,原则每年不少于一次。

(2)组建测绘地理信息应急保障队伍。各省级自然资源主管部门要按要求建立测绘地理信息应急保障专家库,根据实际需要协调有关专家为测绘地理信息应急保障决策及处置提供咨询、建议与技术指导;各单位遴选政治和业务素质较高的技术骨干组成测绘地理信息应急快速反应队伍。

(3)测绘地理信息应急保障资金。根据测绘地理信息应急保障工作需要,结合国家预算管理的有关规定,应当将测绘地理信息应急保障工作所需资金纳入预算,对应急保障资金的使用和效果进行监督。

（4）做好测绘地理信息应急保障成果资料储备工作。各级自然资源主管部门应当全面了解掌握测绘地理信息资源分布状况，完善测绘地理信息数据共享机制；收集、整理突发事件的重点防范地区的各类专题信息和测绘成果，根据潜在需求，有针对性地组织制作各种专题测绘地理信息产品，确保在国家需要应急测绘地理信息保障时，能够快速响应，高效服务。

（5）建设应急地理信息服务平台。在全国地理信息公共服务平台的基础上，根据国家减灾委、国家防总等有关部门的特殊要求，开发完善应急地理信息服务平台，提高测绘地理信息应急保障的效率、质量和安全性。

（6）完善测绘地理信息应急保障基础设施。规划建设全国性测绘地理信息应急技术装备保障系统，并建立突发事件测绘地理信息应急服务装备快速调配机制。重点推进测绘卫星体系项目建设，加快测绘应急生产装备和设施更新，联通政府内网，改造与扩容测绘地理信息专网，提高测绘地理信息应急保障服务能力。

（7）加快测绘地理信息应急高技术攻关。深入研究应急测绘地理信息快速获取、处理、服务技术，实现"3S"（遥感 RS、全球定位系统 GPS、地理信息系统 GIS）与网络、通信、辅助决策技术集成。

（8）确保通信畅通。充分利用现代通信手段，建立国家测绘地理信息应急保障通信网络，确保信息畅通。领导小组办公室组织编制国家测绘地理信息应急保障工作通信录，并适时更新。

10）监督与管理

（1）检查与监督。国家测绘地理信息应急响应指令下达后，各级自然资源主管部门应对所属单位测绘地理信息应急保障执行时间和进度进行监督，及时发现潜在问题，并迅速采取有效措施，确保按时保质完成测绘地理信息应急保障任务。

（2）责任与奖惩。各部门、各单位主要负责人是测绘地理信息应急保障的第一责任人。国家测绘地理信息应急保障工作实行责任追究，对在测绘地理信息应急保障工作中存在失职、渎职行为的人员，将依照《中华人民共和国突发事件应对法》等有关法律法规追究责任。各级自然资源主管部门对在国家测绘地理信息应急保障工作中做出突出贡献的先进集体和先进个人应当给予表彰和奖励。

（3）宣传和培训。在测绘地理信息应急响应期间，各级自然资源主管部门应当通过网络、报刊、电视等现代传媒手段，及时对国家测绘地理信息应急保障工作进行报道。定期对测绘地理信息应急保障人员进行新知识新技术培训，提高其应急专业技能。

（4）预案管理与更新。省级以上自然资源主管部门应当定期组织对各地区、各单位测绘地理信息应急保障预案及实施情况进行检查评估，不断完善地方测绘地理信息应急保障制度和设施。

5.6　基础测绘设施

基础测绘设施是开展基础测绘工作的重要基础和保障。基础测绘设施是国家一种重要的基础设施和宝贵的财富，对经济建设、国防建设和社会发展具有重要作用，也是从事其他测绘工作的重要物质基础。

1）基础测绘设施的概念

基础测绘设施指为实现基础地理信息共享，用于基础地理信息的获取、处理、存储、传输、分发和提供的设备、软件及其他有关设施。包括高分辨率立体测图卫星及相关卫星应用系统、地理信息变化监测体系、信息化测绘生产基地和测绘地理信息野外的技术装备、地理信息采集、获取、处理、更新、测绘地理信息成果档案存储与分发服务、测绘地理信息的安全保障基础设施等，涉及基础地理信息获取与处理、存储与管理、服务与应用等多个方面。

2）基础测绘设施建设的原则

根据《基础测绘条例》第十八条规定，县级以上人民政府及其有关部门应当遵循科学规划、合理布局、有效利用、兼顾当前与长远需要的原则，加强基础测绘设施建设，从而明确了基础测绘设施建设的基本原则。

（1）科学规划。基础测绘设施建设要根据国民经济和社会发展以及测绘地理信息事业发展的实际需求，在详细调查、充分论证的基础上，组织编制基础测绘设施建设规划，对基础测绘设施的建设布局、规模、时序以及资金的落实作出具体安排，避免重复投资。

（2）合理布局。指在基础测绘设施建设的空间布局上既要突出重点区域，又要兼顾地区之间的统筹和平衡。

（3）有效利用。指要按照建设资源节约型社会的需求，充分利用现有的基础测绘设施，最大限度地发挥基础测绘设施的作用。

（4）兼顾当前与长远需要。指要根据基础测绘发展需求，优先安排各领域需求量大、要求迫切的基础测绘设施项目，使基础测绘设施满足实际应用需要。同时要兼顾基础测绘工作的基础性和长期性，按照规划积极推进重点基础测绘设施项目的建设。

3）基础测绘设施保护规定

（1）国家安排基础测绘设施建设资金。根据《基础测绘条例》规定，国家安排基础测绘设施建设资金，并确定了基础测绘设施建设资金应当重点和优先保障的领域，包括航空摄影测量、卫星遥感、数据传输以及基础测绘应急保障。

（2）加强基础航空摄影和用于测绘的高分辨率卫星影像获取与分发的统筹协调。《基础测绘条例》要求县级以上人民政府自然资源主管部门应当加强基础航空摄影和用于测绘的高分辨率卫星影像获取与分发的统筹协调，做好基础测绘应急保障工作，配备相应的装备和器材，组织开展培训和演练，不断提高基础测绘应急保障服务能力。

自然灾害等突发事件发生后，县级以上人民政府自然资源主管部门应当立即启动基础测绘应急保障预案，采取有效措施，开展基础地理信息数据的应急测制和更新工作。

（3）国家依法保护基础测绘设施。根据《基础测绘条例》，国家依法保护基础测绘设施，任何单位和个人不得侵占、损毁、拆除或者擅自移动基础测绘设施。侵占、损毁、拆除或者擅自移动基础测绘设施的，要承担相应的法律责任。包括给予责令限期改正、警告，可以并处罚款等行政处罚；造成损失的，依法承担赔偿责任；构成犯罪的，依法追究刑事责任；尚不构成犯罪的，对负有直接责任的主管人员和其他直接责任人员，依法给予处分。

5.7 基础测绘成果提供利用

5.7.1 基础测绘成果提供利用规定

《测绘法》第三十六条规定：基础测绘成果和国家投资完成的其他测绘成果，用于政府决策、国防建设和公共服务的，应当无偿提供。

除前款规定情形外，测绘成果依法实行有偿使用制度。但是，各级人民政府及有关部门和军队因防灾减灾、应对突发事件、维护国家安全等公共利益的需要，可以无偿使用。测绘成果使用的具体办法由国务院规定。

《测绘成果管理条例》第十七条规定：法人或者其他组织需要利用属于国家秘密的基础测绘成果的，应当提出明确的利用目的和范围，报测绘成果所在地的测绘行政主管部门审批。测绘行政主管部门审查同意的，应当以书面形式告知测绘成果的秘密等级、保密要求以及相关著作权保护要求。

《涉密基础测绘成果提供使用管理办法》第三条规定：自然资源部负责中央财政投资生产的涉密基础测绘成果的提供使用审批。省级自然资源主管部门负责本行政区域国家级涉密基础测绘成果的提供使用审批。申请人可按照便利原则选择向自然资源部或者省级自然资源主管部门申请使用国家级涉密基础测绘成果。申请人不得就同一事项同时向自然资源部和省级自然资源主管部门申请。

《涉密基础测绘成果提供使用管理办法》第二、四和五条规定，省级自然资源主管部门确定本行政区域地方财政投资生产的涉密基础测绘成果的提供使用审批权限。各级自然资源主管部门之间应当加强基础测绘成果的共享和统筹利用。境外机构、组织、个人以及外商投资企业申请使用涉密基础测绘成果，按照对外提供我国涉密测绘成果相关规定执行。

5.7.2 基础测绘成果审批职责

1)《涉密基础测绘成果提供使用管理办法》规定的涉密基础测绘成果的审批职责

(1)自然资源部负责中央财政投资生产的涉密基础测绘成果的提供使用审批。省级自然资源主管部门负责本行政区域国家级涉密基础测绘成果的提供使用审批。

(2)申请人可按照便利原则选择向自然资源部或者省级自然资源主管部门申请使用国家级涉密基础测绘成果。申请人不得就同一事项同时向自然资源部和省级自然资源主管部门申请。

(3)省级自然资源主管部门确定本行政区域地方财政投资生产的涉密基础测绘成果的提供使用审批权限。

(4)各级自然资源主管部门之间应当加强基础测绘成果的共享和统筹利用。

2)审批机关对涉密基础测绘成果提供使用申请并应分情形作出处理

(1)申请材料齐全并符合法定形式的，应当决定受理并出具受理通知书。

(2)申请材料不齐全或者不符合法定形式的，应当当场或者在 5 个工作日内一次性告知申请人需要补正的全部内容,逾期不告知的,自收到申请材料之日起即为受理。

(3)申请事项依法不属于本审批机关职责范围的,应当即时作出不予受理的决定,并告知申请人向有关审批机关申请。

3)审批决定

(1)审批机关应当自受理申请之日起 10 个工作日内作出决定。10 个工作日内不能作出决定的,经审批机关负责人批准,可以延长 10 个工作日,并将延长期限的理由告知申请人。必要时,审批机关可以组织专家对申请材料进行评审或者实地核查。

(2)审批机关作出审批决定的,应当自决定之日起 5 个工作日内向申请人送达决定,并抄送申请人所在地的省级自然资源主管部门。

5.7.3 涉密基础测绘成果使用申请

1)申请使用涉密基础测绘成果应当符合的条件

(1)申请人为法人或者其他组织;

(2)有明确、合法、具体的使用目的;

(3)申请的涉密基础测绘成果范围、种类、数量与使用目的相一致;

(4)保管和使用条件符合国家保密法律法规及政策要求。

2)申请使用基础测绘成果应当提交的材料

(1)《涉密基础测绘成果提供使用申请表》;

(2)项目批准文件、任务书、合同书或其他可以说明使用目的的材料;

(3)申请人签署的《涉密基础测绘成果使用安全保密责任书》;

(4)经办人有效身份证件复印件;

(5)加载统一社会信用代码的营业执照、登记证照等复印件;

(6)具备保密管理有关条件的机构人员、管理制度、场所设施等的相关说明材料或测绘资质证书复印件。

第(5)项和第(6)项材料内容未发生变化的,申请人再次申请使用涉密基础测绘成果时无需再次提交。上述申请材料包含的信息能够通过政府部门共享获得的,审批机关可以不要求申请人提交相关材料。

3)应当严格按照下列规定保管和使用涉密基础测绘成果

(1)必须按照国家有关保密法律法规的要求采取有效的保密措施,严防失泄密。

(2)严格按照批准的使用目的,在批准的使用范围内使用所领取的涉密基础测绘成果,不得擅自转让或者转借涉密基础测绘成果。

(3)使用目的或项目完成后,应当在 6 个月内将所领取的涉密基础测绘成果送至保密行政管理部门设立的销毁工作机构或指定的单位销毁;确因工作需要自行销毁少量涉密基础测绘成果的,应当严格履行清点、登记和审批手续,并使用符合国家保密标准的销毁设备和方法,确保销毁的涉密信息无法还原;确有困难的,可将所领取的涉密基础测绘成果交回审批机关。销毁的登记、审批记录应当长期保存备查。各地自然资源主管部门对销毁工作已有明确规定的,从其规定。

(4)被许可使用人委托第三方从事批准用途的应用开发,应与第三方签订相应的保密责任书,实施有效管理,负责在项目完成后及时销毁或督促销毁相应涉密基础测绘成果。第三方为境外机构、组织、个人以及外商投资企业的,必须按照对外提供涉密测绘成果有关规定,经有关自然资源主管部门审批。

(5)被许可使用人分立或合并时,应当将涉密基础测绘成果移交给承接其职能的机关、单位,并履行登记、签收手续,同时将有关情况报告审批机关;被许可使用人解散时,应当将涉密基础测绘成果按照国家保密规定销毁或交回审批机关。

(6)被许可使用人应当对申领的涉密基础测绘成果的保管、使用、复制、销毁等情况进行登记并长期保存,实行可追溯管理。

自然资源主管部门应当及时在全国地理信息资源目录服务系统上发布、更新涉密基础测绘成果目录信息,方便社会公众查询。积极推进行政许可在线办理,运用信息化手段做好涉密基础测绘成果审批、提供和事中事后监管等信息的登记、保存、统计、运用和共享工作。

5.7.4　基础测绘成果应急提供

1)基础测绘成果应急提供的原则

(1)时效性:及时提供应对突发事件所需的各种基础测绘成果。

(2)安全性:按照国家保密法律法规的相关要求提供基础测绘成果,确保国家秘密安全。

(3)可靠性:所提供成果的范围、种类、数量等与所需一致,各种相关资料应当一致。

(4)无偿性:应对突发事件所需的基础测绘成果无偿提供使用。

2)申请基础测绘成果应急服务的条件

(1)发生突发事件。

(2)申请人为应对突发事件的相关部门或者单位。

3)基础测绘成果应急提供的有关规定

(1)各级自然资源主管部门应当按照职责分工负责相应的基础测绘成果的应急提供和使用审批。突发事件发生地的自然资源主管部门应当快速响应,积极做好提供基础测绘成果应急服务的相关工作。

(2)申请基础测绘成果应急服务,采用简化申请程序的方式办理。申请人可先向相应的自然资源主管部门电话提出要求,再以加盖本部门印章的传真形式如实提交应急申请材料,主要包括突发事件的概况以及所需测绘成果的范围、种类、数量等。

(3)各级自然资源主管部门应当场或者在4h内完成基础测绘成果应急服务申请的审核与批复,明确并及时通知相关测绘成果保管单位。基础测绘成果不能满足应对突发事件需求时,自然资源主管部门应予以说明,并提出相关应急解决方案。

(4)基础测绘成果应急提供时,各级自然资源主管部门可无偿调用所缺的基础测绘成果。被调用方接到调用方加盖本机关印章的书面通知(传真)后,应在8h内(特殊情况不超过24h)准备好相关基础测绘成果,并及时通知调用方领取。无正当理由,被调用方不得以任何借口拒绝或者延迟提供。

(5)测绘成果保管单位负责提供应对突发事件时所需的基础测绘成果。测绘成果保管单位应当根据相关批复或者调用通知(情况特别紧急时,可以依据相关自然资源主管部门的电话通知),在最短时间内完成基础测绘成果应急提供,一般提供期限为8h,特殊情况不超过 24h。

（6）被许可使用人应当到指定的测绘成果保管单位领取应对突发事件所需的基础测绘成果，并同时按照《涉密基础测绘成果提供使用管理办法》的规定办理领用手续。情况特别紧急时，自然资源主管部门可以及时向有关部门送达所需的基础测绘成果。在确保安全的前提下，也可经涉密网络传输有关数据，以提高应急时效。

（7）被许可使用人应当在 7 个工作日内，按照《涉密基础测绘成果提供使用管理办法》的规定，向自然资源主管部门提交有关申请材料，补齐基础测绘成果使用审批手续。

（8）被许可使用人应当严格按照国家有关保密和知识产权等法律法规的要求保管和使用基础测绘成果，并向相应自然资源主管部门反馈测绘成果应急服务的效用信息。

（9）在应对突发事件时，有关自然资源主管部门违反规定，拒绝或者延迟无偿调用基础测绘成果的，由上一级自然资源主管部门责令立即改正；对主要负责人、负有责任的主管人员和其他责任人员依法给予处分；构成犯罪的，依法追究刑事责任。

4）使用基础测绘成果的法律规定

根据《测绘成果管理条例》，被许可使用人应当严格按照下列规定使用基础测绘成果：

（1）被许可使用人必须根据基础测绘成果的密级按国家有关保密法律法规的要求使用，并采取有效的保密措施，严防泄密。

（2）被许可使用人所领取的基础测绘成果仅限于在本单位的范围内，按其申请并经批准的使用目的使用。本单位以被许可使用人在企业登记主管机关、机构编制主管机关或者社会团体登记管理机关的登记为限，不得扩展到所属系统和上级、下级或者同级其他单位。

（3）被许可使用人若委托第三方开发，项目完成后，负有督促其销毁相应测绘成果的义务。第三方为外国组织和个人以及在我国注册的外商独资企业和中外合资、合作企业的，被许可使用人应当履行对外提供我国测绘成果的审批程序，依法经国家自然资源主管部门或者省、自治区、直辖市自然资源主管部门批准后，方可委托。

（4）被许可使用人应当在使用基础测绘成果后所形成的成果的显著位置注明基础测绘成果版权的所有者。

（5）被许可使用人主体资格发生变化时，应向原受理审批的自然资源主管部门重新提出使用申请。

习　题

一、单项选择题

1. 根据《基础测绘条例》，按照国家规定需要有关部门批准或者核准的测绘项目，有关部门在批准或者核准前应当书面征求（　　　）的意见。

    A. 同级发展改革部门　　　　　　　　　　B. 同级财政部门

    C. 同级测绘地理信息主管部门　　　　　　D. 省级以上测绘地理信息主管部门

2.《基础测绘条例》规定，负责编制全国基础测绘年度计划的部门是（　　　）。

    A. 财政部会同国务院测绘主管部门

B. 国务院发展改革部门会同国务院测绘主管部门

C. 国务院测绘地理信息主管部门会同军队测绘部门

D. 国务院测绘地理信息主管部门会同国务院其他有关部门

3. 根据《基础测绘条例》,对基础测绘项目成果质量负责的是测绘项目(　　)。

    A. 主管部门　　　　　　B. 发包单位　　　　　　C. 承担单位　　　　　　D. 验收单位

4. 根据《测绘法》,国家对基础测绘成果实行(　　)更新制度。

    A. 及时　　　　　　　　B. 定期　　　　　　　　C. 适时　　　　　　　　D. 按需

5. 根据《基础测绘条例》,基础测绘工作应当遵循的原则是(　　)。

    A. 统筹规划、分级管理、及时更新

    B. 分级管理、实时更新、安全保密

    C. 综合规划、分级管理、及时更新、安全保密

    D. 统筹规划、分级管理、定期更新、保障安全

6. 根据《基础测绘条例》,下列内容中,不属于基础测绘应急保障预案内容的是(　　)。

    A. 应急保障经费投入　　　　　　　　　　B. 应急装备和器材配置

    C. 应急响应　　　　　　　　　　　　　　D. 基础地理信息数据的应急测制和更新

7. 基础测绘中长期规划是政府对基础测绘在时间和空间上的战略部署及其具体安排,其规划期一般至少为(　　)年。

    A. 5　　　　　　　　　　B. 10　　　　　　　　　　C. 15　　　　　　　　　　D. 20

8. 根据《基础测绘条例》,下列因素中,不属于确定基础测绘成果更新周期时应当考虑的因素的是(　　)。

    A. 根据国民经济和社会发展对基础地理信息的需求

    B. 测绘科学技术水平和测绘生产能力

    C. 当地财政收入状况

    D. 基础地理信息变化情况

9. 法人或者其他组织需要利用属于国家秘密的基础测绘成果的,应当提出明确的利用目的和范围,报(　　)审批。

    A. 国务院测绘地理信息主管部门

    B. 测绘成果所在地的测绘地理信息主管部门

    C. 测绘成果保管单位

    D. 测绘成果所在地省级测绘地理信息主管部门

二、多项选择题

1. 根据《基础测绘条例》,属于国家安排基础测绘设施建设资金应优先考虑的项目是(　　)。

    A. 永久性测量标志保护　　　　　　　　B. 卫星遥感

    C. 基础测绘应急保障　　　　　　　　　D. 航空摄影测量

    E. 数据传输

2. 根据《基础测绘条例》,确定基础测绘成果的更新周期应当考虑的因素是(　　)。

A. 不同地区国民经济和社会发展的需要　B. 测绘科学技术水平和测绘生产能力

C. 基础地理信息的变化情况　　　　　　D. 国家基础测绘计划

E. 省级基础测绘年度计划

3. 基础测绘项目承担单位应当具备的条件包括(　　)。

A. 具有与所承担的基础测绘项目相应等级的测绘资质

B. 国家企事业单位

C. 具备健全的保密制度和完善的保密设施

D. 能严格执行有关保守国家秘密法律、法规的规定

E. 专业技术人员超过单位人员的60%

4. 根据《基础测绘条例》,下列基础测绘项目中,由国务院测绘地理信息主管部门组织实施的有(　　)。

A. 建立全国统一的测绘基准和测绘系统

B. 组织实施国家基础航空摄影

C. 获取地方基础地理信息遥感资料

D. 建立和更新地方基础地理信息系统

E. 更新全国1∶2.5万基本比例尺地图

5. 根据《基础测绘成果应急提供办法》,基础测绘成果应急提供应当遵循的原则是(　　)。

A. 准确性　　　　　B. 时效性　　　　　C. 安全性　　　　　D. 可靠性

E. 无偿性

三、简答题

1. 简述基础测绘的主要内容。

2. 简述确定基础测绘成果更新周期的主要因素。

四、论述题

论述《测绘法》对基础测绘成果提供利用的相关规定。

第6章　测绘成果管理

6.1　测绘成果的概念与特征

6.1.1　测绘成果的概念

测绘成果是指通过测绘形成的数据、信息、图件以及相关的技术资料,是各类测绘活动形成的记录和描述自然地理要素或者地表人工设施的形状、大小、空间位置及其属性的地理信息、数据、资料、图件和档案。

测绘成果分为基础测绘成果和非基础测绘成果。基础测绘成果包括全国性基础测绘成果和地区性基础测绘成果。测绘成果服务于国民经济建设、国防建设和社会发展的各个领域,测绘成果的表现形式,涉及数据、信息、图件以及相关的技术资料等,主要包括:

(1)天文测量、大地测量、卫星大地测量、重力测量的数据和图件。

(2)航空航天摄影和遥感的底片、移动硬盘等存储设备。

(3)各种地图(包括地形图、普通地图、地籍图、海图和其他有关的专用地图等)及其数字化成果。

(4)各类基础地理信息以及在基础地理信息基础上挖掘、分析形成的信息。

(5)工程测量数据和图件。

(6)地理信息系统中的测绘数据及其运行软件。

(7)其他有关的地理信息数据。

(8)与测绘成果直接有关的技术资料和档案等。

6.1.2　测绘成果的特征

1)科学性

测绘成果的采集、加工和处理,必须依据一定的数学法则,借助于特定的测绘仪器装备以及特定的软件系统来进行,因而测绘成果具有科学性。

2)保密性

测绘成果涉及自然地理要素和地表人工设施的形状、大小、空间位置及其属性,大部分测绘成果都涉及国家秘密,关系国家安全和利益,具有保密性。

3)系统性

不同的测绘成果以及测绘成果的不同表示形式,都是依据一定的数学基础和投影法则,在一定的测绘基准和测绘系统控制下,按照"从整体到局部、先控制后碎部"原则获得的成果,有着内在的关联,具有系统性。

4）专业性

不同种类的测绘成果,由于专业不同,其表示形式和精度要求也不尽相同。如大地测量成果与房产测绘成果等有着明显的区别,带有很强的专业性。

5）著作权特征

测绘成果具有专业性、系统性、物质表现性、科学性和创作性,测绘成果具备了著作权的基本要素。大地测量、工程测量、房产测绘、地理信息系统工程等都具有著作权特征。

6.2　测绘成果保密管理

国家秘密是关系国家安全和利益,依照法定程序规定,在一定时间内只限一定范围的人员知悉的事项。我国国家秘密的密级分为"绝密""机密""秘密"三级。"绝密"是最重要的国家秘密,泄露会使国家的安全和利益受到特别严重的损害;"机密"是重要的国家秘密,泄露会使国家安全和利益遭受严重的损害;"秘密"是一般的国家秘密,泄露会使国家安全和利益遭受损害。

6.2.1　测绘成果保密范围

测绘成果保密指测绘成果由于涉及国家秘密,综合运用法律和行政手段将测绘成果严格限定在一定范围内和被一定范围内的人员知悉的活动。由于测绘成果大多都属于国家秘密,测绘成果也相应地划分为秘密测绘成果和公开测绘成果两类,国家自然资源主管部门对测绘成果的密级进行了严格的划分。

1）绝密级测绘成果

国家大地坐标系、地心坐标系以及独立坐标系之间的相互转换参数;分辨率高于 $5' \times 5'$、精度优于 1mgal(毫伽)的全国性高精度重力异常成果;1:1 万、1:5 万全国高精度数字高程模型;地形图保密处理技术参数及算法。

2）机密级测绘成果

国家等级控制点坐标成果以及其他精度相当的坐标成果;国家等级天文测量、三角测量、导线测量、卫星大地测量的观测成果;国家等级重力点成果及其他精度相当的重力点成果;分辨率高于 $30' \times 30'$、精度优于 5mgal 的重力异常成果;精度优于 1m 的高程异常成果;精度优于 $3''$ 的垂线偏差成果;涉及军事禁区的大于或等于 1:1 万的国家基本比例尺地形图及数字化成果;1:2.5 万、1:5 万、1:10 万国家基本比例尺地形图及其数字化成果;空间精度及涉及的要素和范围相当于上述机密基础测绘成果的非基础测绘成果。

3）秘密级测绘成果

构成环线或者线路长度超过 1000m 的国家等级水准网成果资料;重力加密点成果;分辨率高于 $30' \times 30'$ 至 $1° \times 1°$,精度在 5~10mgal 的重力异常成果;精度优于 1~2m 的高程异常成果;精度优于 3~6″ 的垂线偏差成果;非军事禁区 1:5000 国家基本比例尺地形图,或多张连续的、覆盖范围超过 6km² 的、大于 1:5000 的国家基本比例尺地形图及其数字化成果;1:10 万、1:25 万、1:50 万国家基本比例尺地形图及其数字化成果;军事禁区及国家安全要害部门所在地的航摄影像;空间精度及涉及的要素和范围相当于上述秘密基础测绘成果的非基础测绘成果;涉及军事、国家安全要害部门的点位名称及坐标;涉及国民经济重要设施精度优于100m的点位坐标。

6.2.2 测绘成果保密规定

1)测绘法律、法规对成果保密管理的规定

(1)测绘成果保管单位应当采取措施保障测绘成果的完整和安全,并按照国家有关规定向社会公开和提供利用。测绘成果属于国家秘密的,适用国家保密法律、行政法规的规定;需要对外提供的,按照国务院和中央军事委员会规定的审批程序执行。

(2)测绘成果保管单位应当建立健全测绘成果资料的保管制度,配备必要的设施,确保测绘成果资料的安全,并对基础测绘成果资料实行异地备份存放制度。

(3)测绘成果保管单位应按照规定保管测绘成果资料,不得损毁、散失、转让。测绘项目的出资人或者承担测绘项目的单位,应当采取必要的措施,确保其获取的测绘成果的安全。对外提供属于国家秘密的测绘成果,应当按照国务院和中央军事委员会规定的审批程序,报国务院自然资源主管部门或者省、自治区、直辖市人民政府自然资源主管部门审批;自然资源主管部门在审批前,应当征求军队有关部门的意见。

(4)法人或者其他组织需要利用属于国家秘密的基础测绘成果的,应当提出明确的利用目的和范围,报测绘成果所在地的自然资源主管部门审批。自然资源主管部门在依法履行审批手续时,要以书面形式告知测绘成果的秘密等级、保密要求以及相关著作权保护要求。

2)《中华人民共和国保守国家秘密法》(简称《保密法》)对测绘成果保密的有关规定

(1)国家秘密载体的制作、收发、传递、使用、复制、保存、维修和销毁,应当符合国家保密规定。绝密级国家秘密载体应当在符合国家保密标准的设施、设备中保存,并指定专人管理;未经原定密机关、单位或者其上级机关批准,不得复制和摘抄;收发、传递和外出携带,应当指定专人负责,并采取必要的安全措施。

(2)存储、处理国家秘密的计算机信息系统(简称"涉密信息系统")按照涉密程度实行分级保护。涉密信息系统应当按照国家保密标准配备保密设施、设备。保密设施、设备应当与涉密信息系统同步规划、同步建设、同步运行。涉密信息系统应当按照规定,经检查合格后,方可投入使用。

(3)机关、单位对外交往与合作中需要提供国家秘密事项,或者任用、聘用的境外人员因工作需要知悉国家秘密的,应当报国务院有关主管部门或者省、自治区、直辖市人民政府有关主管部门批准,并与对方签订保密协议。

3)国家自然资源主管部门《关于进一步加强涉密测绘成果管理工作的通知》规定

(1)遵守航空摄影成果先送审后提供使用的规定。未按照国务院、中央军委有关规定,经有关军区进行保密审查的航空摄影成果一律不得提供使用。

(2)按照先归档入库再提供使用的规定管理涉密测绘成果。国家级基础测绘成果向国家基础地理信息中心归档入库;地方基础测绘成果向地方相应测绘成果保管单位归档入库。未归档入库的涉密测绘成果一律不得提供使用。

(3)各测绘资质单位或者测绘项目出资人依法开展测绘活动获取的涉密测绘成果,应当采取必要的措施确保成果安全。需要向其他法人或者组织提供使用的,必须按管理权限报测绘成果所在地的县级以上自然资源主管部门批准同意。

(4)涉密测绘成果使用单位,必须依据经审批同意的使用目的和范围使用涉密测绘成果。使用目的或项目完成后,使用单位必须按照有关规定及时销毁涉密测绘成果。如需要用于其他目的的,应另行办理审批手续。任何单位和个人不得擅自复制、转让或转借涉密测绘成果。

4)《国家测绘局关于加强涉密测绘成果管理工作的通知》规定

(1)从事涉密测绘成果生产、加工、保管和使用等方面工作的单位,应当建立健全保密管理制度,按照积极防范、突出重点、严格标准、明确责任的原则,对落实保密制度的情况进行定期或不定期的检查,及时解决保密工作中的问题。

(2)涉密单位应当建立保密管理领导责任制,设立保密工作机构,配备保密管理人员。应当根据接触、使用、保管涉密测绘成果的人员情况,区分核心、重要和一般涉密人员,实行分类管理,进行岗前涉密资格审查,签署保密责任书,加强日常管理和监督。

涉密单位应当依照国家保密法律、法规和有关规定,对生产、加工、提供、传递、使用、复制、保存和销毁涉密测绘成果,建立严格登记管理制度,加强涉密计算机和存储介质的管理,禁止将涉密载体作为废品出售或处理。

(3)涉密单位要及时确定涉密测绘成果保密要害部门、部位,明确岗位责任,设置安全可靠的保密防护措施。

(4)涉密单位应当对涉密计算机信息系统采取安全保密防护措施,不得使用无安全保密保障的设备处理、传输、存储涉密测绘成果。

(5)经审批获得的涉密测绘成果,被许可使用人只能用于被许可的使用目的和范围。使用目的或项目完成后,用户要按照规定及时销毁涉密测绘成果,由专人核对、清点、登记、造册、报批、监销,并报提供成果的单位备案;也可请提供成果的单位核对、回收,统一销毁。如需要用于其他目的的,应另行办理审批手续。任何单位和个人不得擅自复制、转让或转借。

(6)用户若委托第三方承担成果开发、利用任务的,第三方必须具有相应的成果保密条件,涉及测绘活动的,还应具备相应的测绘资质;用户必须与第三方签订成果保密责任书,第三方承担相关保密责任;委托任务完成后,用户必须及时回收或监督第三方按保密规定销毁涉密测绘成果及其衍生产品。

(7)涉密测绘成果严格实行"管""用"分开。测绘成果保管单位不得擅自使用涉密测绘成果。确因工作需要使用的,必须按照涉密测绘成果提供使用管理办法,办理审批手续。

(8)要按照国家相关定密、标密规定,及时、准确地为测绘活动中产生的涉密测绘成果或衍生产品标明密级和保密期限。涉密测绘成果及其衍生产品,未经国家自然资源主管部门或者省、自治区、直辖市自然资源主管部门进行保密技术处理的,不得公开使用,严禁在公共信息网络上登载发布使用。

(9)经国家批准的中外经济、文化、科技合作项目,凡涉及对外提供我国涉密测绘成果的,要依法报国家测绘局或者省、自治区、直辖市自然资源主管部门审批后再对外提供。

(10)外国的组织或者个人经批准在中华人民共和国领域内从事测绘活动的,所产生的测绘成果归中方部门或单位所有;未经国家自然资源主管部门批准,不得向外方提供,不得以任何形式将测绘成果携带或者传输出境。严禁任何单位和个人未经批准擅自对外提供涉密测绘成果。

5)《关于加强涉密地理信息数据应用安全监管的通知》规定

(1)经依法审批获得涉密地理信息数据的企事业单位(用户),必须遵守国家保密法律、法规和有关规定,建立健全保密管理制度,不得擅自向其他单位和个人复制、提供、转让或转借涉密地理信息数据。严禁任何单位和个人未经批准擅自对外提供涉密地理信息数据。

(2)涉密地理信息数据只能用于被许可的范围。使用目的实现后不再需要使用涉密地理信息数据的用户,要按照国家相关规定及时销毁涉密地理信息数据,并报涉密地理信息数据提供单位备案;也可请提供数据的单位核对、回收,统一销毁。如需超许可范围使用的,应另行办理审批手续。

(3)用户在涉及加工、处理、集成等使用涉密地理信息数据的建设项目(简称"涉密项目")招标中,必须委托给国内具有相应测绘资质的单位(简称"第三方")承担。严禁委托外国企业或者外商独资、中外合资、合作企业以及具有外资背景的企业承担涉密项目建设。

(4)若需第三方参与涉密项目的,在涉密项目建设前,用户必须与第三方签订地理信息数据保密责任书,明确责任和义务。涉密项目完成后,用户必须及时回收或监督第三方按规定销毁涉密地理信息数据及其衍生产品(新产生的涉密地理信息数据)。

在使用涉密地理信息数据的项目中,用户必须严格管理,设定涉密环境,科学合理确定使用人,落实责任,确保使用过程中涉密地理信息数据及其衍生品的安全。严禁将涉密项目在公开环境下使用,特别是在互联网上使用。

(5)各级自然资源主管部门要依法依规对持有涉密地理信息数据的用户运行的地理信息系统进行定期或不定期的检查。发现问题要及时纠正,督促整改;情节严重的要依法严肃处理。

6.2.3　自然资源主管部门监督管理职责

(1)确定测绘成果的秘密范围和秘密等级

《测绘成果管理条例》第十六条规定:国家保密工作部门、国务院测绘行政主管部门应当商军队测绘部门,依照有关保密法律、行政法规的规定,确定测绘成果的秘密范围和秘密等级。

(2)进行保密技术处理

《测绘成果管理条例》第十六条第二款规定:利用涉及国家秘密的测绘成果开发生产的产品,未经国务院测绘行政主管部门或者省、自治区、直辖市人民政府测绘行政主管部门进行保密技术处理的,其秘密等级不得低于所用测绘成果的秘密等级。

(3)审批属于国家秘密的基础测绘成果

《测绘成果管理条例》第十七条规定:法人或者其他组织需要利用属于国家秘密的基础测绘成果的,应当提出明确的利用目的和范围,报测绘成果所在地的测绘行政主管部门审批。

(4)告知申请人测绘成果的秘密等级、保密以及相关著作权保护要求

《测绘成果管理条例》第十七条第二款规定:法人或者其他组织需要利用属于国家秘密的基础测绘成果的,应当提出明确的利用目的和范围,报测绘成果所在地的测绘行政主管部

门审批。测绘行政主管部门审查同意的,应当以书面形式告知测绘成果的秘密等级、保密要求以及相关著作权保护要求。

(5)对外提供属于国家秘密的测绘成果审批

《测绘成果管理条例》第十八条规定:对外提供属于国家秘密的测绘成果,应当按照国务院和中央军事委员会规定的审批程序,报国务院测绘行政主管部门或者省、自治区、直 辖市人民政府测绘行政主管部门审批;测绘行政主管部门在审批前,应当征求军队有关部门的意见。

(6)配合保密部门进行保密检查

《保密法》第四十四条规定:保密行政管理部门对机关、单位遵守保密制度的情况进行检查,有关机关、单位应当配合。

(7)对提供、使用保密成果的单位进行监督检查

《行政许可法》第六十一条规定:行政机关应当建立健全监督制度,通过核查反映被许可人从事行政许可事项活动情况的有关材料,履行监督责任。行政机关依法对被许可人从事行政许可事项的活动进行监督检查时,应当将监督检查的情况和处理结果予以记录,由监督检查人员签字后归档。公众有权查阅行政机关监督检查记录。

6.2.4 对测绘成果涉密人员的规定

(1)在涉密岗位工作的人员(简称"涉密人员"),按照涉密程度分为核心涉密人员、重要涉密人员和一般涉密人员,实行分类管理。有关机关、单位任用、聘用测绘成果涉密人员应当按照有关规定进行审查。

(2)涉密人员应当具有良好的政治素质和品行,具有胜任涉密岗位所要求的工作能力。涉密人员的合法权益受法律保护。

(3)涉密人员上岗前应当经过保密教育培训,掌握保密知识技能,签订保密承诺书,严格遵守保密规章制度,不得以任何方式泄露国家秘密。

(4)涉密人员出境应当经有关部门批准,有关机关认为涉密人员出境将对国家安全造成危害或者对国家利益造成重大损失的,不得批准出境。

(5)涉密人员离岗离职实行脱密期管理。核心涉密人员脱密期为 2~3 年,重要涉密人员脱密期为 1~2 年,一般涉密人员脱密期为 6 个月至 1 年。涉密人员在脱密期内,应当按照规定履行保密义务,不得违反规定就业,不得以任何方式泄露国家秘密。

6.3 测绘成果汇交

测绘成果是国家进行各项工程建设和经济社会发展的重要基础。为充分发挥测绘成果的作用,提高测绘成果的使用效益,降低政府行政管理成本,实现测绘成果的共建共享,国家实行测绘成果汇交制度。

6.3.1 测绘成果汇交的概念与原则

1)测绘成果汇交的概念

测绘成果汇交是将测绘成果向法定的公共服务和公共管理机构提交副本或者目录,由

公共服务和公共管理机构编制测绘成果目录,并向社会发布信息,利用汇交的测绘成果副本更新公共产品和依法向社会提供利用的过程。

2)测绘成果汇交的原则

(1)依法汇交。测绘成果汇交作为一项法定义务,必须依法汇交。要按照测绘成果投资主体的不同依法汇交测绘成果目录或副本。

(2)无偿汇交。测绘成果汇交的目的是促进测绘成果资料的共建共享,提高测绘成果的使用效率,节约公共财政的资金投入。因此,测绘法明确测绘成果目录或者副本实行无偿汇交。

(3)定期汇交。《测绘成果管理条例》第九条规定:测绘项目出资人或者承担国家投资的测绘项目的单位应当自测绘项目验收完成之日起3个月内,向测绘行政主管部门汇交测绘成果副本或者目录。

(4)不得向第三方提供。为了保证测绘成果的完整和安全,维护测绘成果所有权人的权益,未经测绘成果所有权人许可,任何单位或者个人不得向第三方提供,测绘项目出资人或者测绘单位汇交的测绘成果依法受法律保护,并依法享有测绘成果的所有权。

6.3.2 测绘成果汇交的内容

1)测绘成果汇交的主体

(1)测绘项目出资人。根据测绘法律、行政法规的规定,对没有使用国家投资的测绘项目,或者是由公民、法人或者其他组织自行出资的测绘项目,由测绘项目出资人按照规定向测绘项目所在地省、自治区、直辖市人民政府自然资源主管部门汇交测绘成果目录,测绘成果汇交的主体为测绘项目出资人。

(2)承担测绘项目的测绘单位。基础测绘项目或者国家投资的其他测绘项目,测绘成果汇交的主体为承担测绘项目的单位,由测绘单位汇交测绘成果副本或者目录。中央财政投资完成的测绘项目,由承担测绘项目的单位向国务院自然资源主管部门汇交测绘成果资料;地方财政投资完成的测绘项目,由承担测绘项目的单位向测绘项目所在地的省、自治区、直辖市人民政府自然资源主管部门汇交测绘成果资料。

(3)中方部门或者单位。测绘成果管理条例对外国的组织或者个人与中华人民共和国有关部门或者单位合资、合作,经批准在中华人民共和国领域内从事测绘活动的,明确规定测绘成果归中方部门或者单位所有,并由中方部门或者单位向国务院自然资源主管部门汇交测绘成果副本。

2)测绘成果目录汇交的内容

根据《测绘法》《测绘成果管理条例》和国家自然资源主管部门《关于汇交测绘成果目录和副本的实施办法》规定,测绘成果目录汇交的主要内容如下:

(1)按国家基准和技术标准施测的一、二、三、四等天文、三角、导线、长度、水准测量成果的目录。

(2)重力测量成果的目录。

(3)具有稳固地面标志的全球定位测量、多普勒定位测量、卫星激光测距等空间大地测量成果的目录。

（4）用于测制各种比例尺地形图和专业测绘的航空摄影底片的目录。

（5）我国自己拍摄的和收集国外的可用于测绘或修测地形图及其他专业测绘的卫星摄影底片和磁带的目录。

（6）面积在 $10km^2$ 以上的 1∶500～1∶2000 比例尺地形图和整幅的 1∶5000～1∶100 万比例尺地形图（包括影像地图）的目录。

（7）其他普通地图、地籍图、海图和专题地图的目录。

（8）上级有关部门主管的跨省区、跨流域，面积在 $50km^2$ 以上，以及其他重大国家项目的工程测量的数据和图件目录。

（9）县级以上地方人民政府主管的面积在省管限额以上（由各省、自治区、直辖市人民政府颁发的测绘地理信息行政管理规章确定）的工程测量的数据和图件目录。

3）测绘成果汇交副本的内容

（1）按国家基准和技术标准施测的一、二、三、四等天文、三角、导线、长度、水准测量成果的成果表、展点图（路线图）、技术总结和验收报告的副本。

（2）重力测量成果的成果表（含重力值归算、点位坐标和高程、重力异常值）、展点图、异常图、技术总结和验收报告的副本。

（3）具有稳固地面标志的全球定位测量、多普勒定位测量、卫星激光测距等空间大地测量的测量成果、布网图、技术总结和验收报告的副本。

（4）正式印制的地图，包括各种正式印刷的普通地图、政区地图、教学地图、交通旅游地图，以及全国性和省级的其他专题地图。

6.4 测绘成果保管

6.4.1 测绘成果保管的概念与特点

测绘成果保管是指测绘成果保管单位（含使用测绘成果的单位）依照国家有关测绘、档案法律、行政法规的规定，采取科学的防护措施和手段，对测绘成果进行归档、保存和管理的活动。

由于测绘成果具有专业性、系统性、保密性等特点，同时，测绘成果又以纸质资料和数据资料形态共同存在，使测绘成果保管不同于一般的文档资料保管，具有其特殊性。

1）测绘成果保管要采取安全保障措施

测绘成果是对不同时期的自然地理要素和地表人工设施的真实反映，不仅数量大，测绘成果的获取需要花费大量人力、物力和财力，测绘成果一经丢失、毁坏，必须得到实地进行重新测绘，并且测绘成果散失后容易造成失、泄密，从而危害国家安全和利益。因此，测绘成果保管单位必须建立健全测绘成果资料保管制度，采取安全保障措施，以保障测绘成果的完整和安全。测绘成果资料的存放设施与条件，要符合国家保密、消防及档案管理的有关规定和要求。

2）基础测绘成果保管要采取异地存放制度

为保障国家基础测绘成果资料的安全，避免出现基础测绘成果资料由于意外情况造成毁坏、散失，测绘成果保管单位应当按照国家有关规定，对基础测绘成果资料实行异地备份存放制度。基础测绘成果异地备份存放的设施和条件,不能低于测绘成果保管单位的设施和条件。根据相关国家规范规定,基础测绘成果异地存放的异地距离,一般不得少于500km。

3)测绘成果保管不得损毁、散失和转让

由于测绘成果的重要性和具有著作权特点,测绘成果保管单位应当按照规定保管测绘成果资料,不得损毁、散失,未经测绘成果所有权人许可,不得擅自转让测绘成果。由于大部分测绘成果属于国家秘密,国家秘密测绘成果损毁、散失,会给国家安全和利益造成危害。因此,测绘成果管理条例规定测绘成果保管单位应当采取措施保证测绘成果的完整和安全,不得损毁、散失和转让。

4)建立测绘成果保管制度由国家法律规定

不论是测绘法律、行政法规,还是国家档案、保密法律法规,都明确规定要建立健全测绘成果保管制度,配备必要的设施,确保测绘成果资料的安全,测绘成果资料的存放设施与条件,要符合国家保密、消防及档案管理的有关规定。建立测绘成果保管制度由国家法律规定,这是测绘成果保管的重要特征。

6.4.2　测绘成果保管的法律规定

(1)《测绘法》第三十四条规定:县级以上人民政府测绘地理信息主管部门应当积极推进公众版测绘成果的加工和编制工作,通过提供公众版测绘成果、保密技术处理等方式,促进测绘成果的社会化应用。

测绘成果保管单位应当采取措施保障测绘成果的完整和安全,并按照国家有关规定向社会公开和提供利用。

测绘成果属于国家秘密的,适用保密法律、行政法规的规定;需要对外提供的,按照国务院和中央军事委员会规定的审批程序执行。

测绘成果的秘密范围和秘密等级,应当依照保密法律、行政法规的规定,按照保障国家秘密安全、促进地理信息共享和应用的原则确定并及时调整、公布。

(2)《保密法》第十七条规定:机关、单位对承载国家秘密的纸介质、光介质、电磁介质等载体(以下简称国家秘密载体)以及属于国家秘密的设备、产品,应当做出国家秘密标志。不属于国家秘密的,不应当做出国家秘密标志。

(3)《测绘成果管理条例》第十一条规定:测绘成果保管单位应当建立健全测绘成果资料的保管制度,配备必要的设施,确保测绘成果资料的安全,并对基础测绘成果资料实行异地备份存放制度。测绘成果资料的存放设施与条件,应当符合国家保密、消防及档案管理的有关规定和要求。

《测绘成果管理条例》第十二条规定:测绘成果保管单位应当按照规定保管测绘成果资料,不得损毁、散失、转让。

《测绘成果管理条例》第十三条规定:测绘项目的出资人或者承担测绘项目的单位,应采取必要的措施,确保其获取的测绘成果的安全。

(4)测绘成果保管单位有下列行为之一的,由自然资源主管部门给予警告,责令改正;有违法所得的,没收违法所得;造成损失的,依法承担赔偿责任;对直接负责的主管人员和其他

直接责任人员,依法给予处分:

①未按照测绘成果资料的保管制度管理测绘成果资料,造成测绘成果资料损毁、散失的;

②擅自转让汇交的测绘成果资料的;

③未依法向测绘成果的使用人提供测绘成果资料的。

6.5 测绘地理信息档案管理

6.5.1 测绘地理信息档案概念与内容

1)测绘地理信息业务档案的概念

测绘地理信息业务档案(简称"测绘地理信息档案")指在从事测绘地理信息业务活动中形成的具有保存价值的文字、数据、图件、电子文件、声像等不同形式和载体的历史记录,是国家科技档案的重要组成部分。

为加强测绘地理信息业务档案管理工作,确保测绘地理信息业务档案真实、完整、安全和有效利用,国家自然资源主管部门、国家档案局发布了《测绘地理信息业务档案管理规定》,作为我国测绘地理信息业务档案管理工作的主要依据。

2)测绘地理信息档案主要内容

(1)航空、航天遥感影像获取档案。

(2)基础测绘项目档案。

(3)地理国情监测(普查)档案。

(4)应急测绘保障服务档案。

(5)测绘成果与地理信息应用档案。

(6)测绘科学技术研究项目档案。

(7)工程测量档案。

(8)海洋测绘与江河湖水下测量档案。

(9)界线测绘与不动产测绘档案。

(10)公开地图制作档案。

3)测绘地理信息档案管理的原则

根据《测绘地理信息业务档案管理规定》,测绘地理信息业务档案工作应当遵循统筹规划、分级管理、确保安全、促进利用的原则。

各级自然资源主管部门应当加强测绘地理信息业务档案基础设施建设,推进测绘地理信息业务档案信息化和数字档案馆建设。涉及国家秘密的测绘地理信息业务档案的管理,应当遵守国家有关保密的法律法规规定。

4)测绘地理信息档案管理体制

国家自然资源主管部门负责全国测绘地理信息业务档案管理工作。县级以上地方人民政府自然资源主管部门负责本行政区域内的测绘地理信息业务档案管理工作。国家和地方档案行政管理部门应当加强对测绘地理信息业务档案的监督和指导。

6.5.2 机构与职责

1）国家自然资源主管部门

（1）贯彻执行国家档案工作的法律、法规和方针政策，统筹规划全国测绘地理信息业务档案工作。

（2）制定国家测绘地理信息业务档案管理制度、标准和技术规范。

（3）指导、监督、检查全国测绘地理信息业务档案工作。

（4）组织国家重大测绘地理信息项目业务档案验收工作。

2）县级以上自然资源主管部门

（1）贯彻执行档案工作的法律、法规和方针政策，制定本行政区域的测绘地理信息业务档案工作管理制度。

（2）指导、监督、检查本行政区域的测绘地理信息业务档案工作。

（3）组织本行政区域内重大测绘地理信息项目业务档案验收工作。

3）档案保管机构

根据《测绘地理信息业务档案管理规定》，省级以上自然资源主管部门及有条件的市、县自然资源主管部门应当设立专门的测绘地理信息业务档案保管机构（简称"档案保管机构"），档案保管机构的主要职责包括：

（1）接收、整理、集中保管测绘地理信息业务档案。

（2）开发和提供利用馆藏测绘地理信息业务档案资源。

（3）开展测绘地理信息业务档案信息化建设。

（4）指导测绘地理信息业务档案的形成、积累、整理、立卷等档案业务工作。

（5）督促建档单位按时移交测绘地理信息业务档案。

（6）承担测绘地理信息业务档案验收工作。

（7）负责测绘地理信息业务档案鉴定工作。

（8）收集国内外有利用价值的测绘地理信息资料、文献等。

（9）开展馆际交流活动。

4）测绘单位

根据《测绘地理信息业务档案管理规定》，测绘地理信息单位应当设立档案资料室，负责管理本单位的测绘地理信息业务档案。

6.5.3 建档与归档

《测绘地理信息业务档案管理规定》对测绘地理信息业务档案的建档与归档，作出了具体规定，主要包括以下内容。

（1）测绘地理信息项目承担单位（简称"建档单位"）负责测绘地理信息业务文件资料归档材料的形成、积累、整理、立卷等建档工作。

（2）测绘地理信息业务档案建档工作应当纳入测绘地理信息项目计划、经费预算、管理程序、质量控制、岗位责任。测绘地理信息项目实施过程中，应当同步提出建档工作要求，同步检查建档制度执行情况。

（3）测绘地理信息项目组织部门下达测绘地理信息项目计划时,应当以书面形式告知相应的档案保管机构,并在项目合同书、设计书等文件中,明确提出测绘地理信息业务档案的归档范围、份数、时间、质量等要求。

（4）建档单位应当按照《测绘地理信息业务档案保管期限表》,将归档材料收集齐全、整理立卷,确保测绘地理信息业务档案的完整、准确、系统和安全。不得篡改、伪造、损毁、丢失测绘地理信息业务档案。

（5）测绘地理信息归档业务文件材料应当原始真实、系统完整、清晰易读和标识规范,符合归档要求,档案载体能够长期保存。

（6）国家或地方重大测绘地理信息项目业务档案验收应当由相应的自然资源主管部门组织实施,并出具验收意见。其他测绘地理信息项目业务档案的验收,由相应的档案保管机构负责,并出具验收意见。未获得档案验收合格意见的测绘地理信息项目不得通过项目验收。

（7）测绘地理信息项目组织部门在完成项目验收后,应当将项目验收意见抄送档案保管机构。建档单位应当在测绘地理信息项目验收完成之日起2个月内,向项目组织部门所属的档案保管机构移交测绘地理信息业务档案,办理归档手续。

6.5.4 保管与销毁

（1）档案保管机构应当将测绘地理信息业务档案进行分类、整理并编制目录,做到分类科学、整理规范、排架有序和目录完整。

（2）测绘地理信息业务档案保管期限分为永久和定期。具有重要查考利用保存价值的,应当永久保存;具有一般查考利用保存价值的,应当定期保存,期限为10年或30年,具体划分办法按照《测绘地理信息业务档案保管期限表》要求执行。

（3）档案保管机构应当具备档案安全保管条件,库房配备防火、防盗、防渍、防有害生物、温湿度控制、监控等保护设施设备,库房管理应当符合国家有关规定。

（4）档案保管机构应当建立健全测绘地理信息业务档案安全保管制度,定期对测绘地理信息业务档案保管状况进行检查,采取有效措施,确保档案安全。重要的测绘地理信息业务档案实行异地备份保管。

（5）档案保管机构应当对保管期满的测绘地理信息业务档案提出鉴定意见,并报同级自然资源主管部门批准。对不再具有保存价值的档案应当登记、造册,经批准后按规定销毁。禁止擅自销毁测绘地理信息业务档案。

（6）因机构变动等原因,测绘地理信息业务档案保管关系发生变更的,原单位应当妥善保管测绘地理信息业务档案并向指定机构移交。

（7）鼓励单位和个人向档案保管机构移交、捐赠、寄存测绘地理信息业务档案,档案保管机构应当对其进行妥善保管。

6.5.5 服务利用与监督管理

（1）各级自然资源主管部门和档案保管机构应当依法向社会开放测绘地理信息业务档案,法律、法规另有规定的除外。单位和个人持合法证明,可以依法利用已经开放的测绘地理信息业务档案。

(2)档案保管机构应当定期公布馆藏开放的测绘地理信息业务档案目录,并为档案利用创造条件,简化手续,提供方便。测绘地理信息业务档案的阅览、复制、摘录等应当符合国家有关规定。

(3)各级自然资源主管部门和档案保管机构应当采取档案编研、在线服务、交换共享等多种方式,加强对档案信息资源的开发利用,提高档案利用价值,扩大利用领域。

(4)向档案保管机构移交、捐赠、寄存测绘地理信息业务档案的单位和个人,对其档案具有优先利用权,并可对其不宜向社会开放的档案提出限制利用意见,维护其合法权益。

(5)各级自然资源主管部门应当加强对测绘地理信息业务档案工作的领导,明确分管负责人、工作机构和人员,建立健全档案管理规章制度,保障档案工作所需经费,配备适应档案现代化管理需要的设施设备。

(6)各级自然资源主管部门应当依法履行管理职责,加强对测绘地理信息业务档案工作的监督检查,对违法违规行为责令整改。对于违反国家档案管理规定,造成测绘地理信息业务档案失真、损毁、丢失的,依法追究相关人员的责任;构成犯罪的依法移送司法机关处理。

6.6　测绘成果质量管理

测绘成果质量指测绘成果满足国家规定的测绘技术规范和标准,以及满足用户期望目标值的程度。测绘成果广泛应用于各项工程建设、国防建设以及经济社会发展的方方面面,与国家利益、社会公共利益和人民群众的自身利益密切相关。因此,测绘成果质量监督管理是测绘成果管理的重要组成部分。

6.6.1　测绘单位质量管理的权利与义务

(1)测绘单位应当经常进行质量教育,开展群众性的质量管理活动,不断增强干部职工的质量意识,有计划、分层次地组织岗位技术培训,逐步实行持证上岗。

(2)测绘单位应当健全质量管理的规章制度。测绘单位应当设立质量管理或质量检查机构。

(3)测绘单位应当对其完成的测绘成果质量负责,并承担相应的质量责任。测绘成果质量不合格,给用户造成损失的,要依法承担赔偿责任。

(4)测绘单位应当执行国家规定的测绘技术规范和标准,按照国家规定定期对使用的测绘仪器设备进行检定和测试,保证测绘仪器设备的完好。

(5)测绘成果必须经过检查验收,验收合格的,方能对外提供利用。

(6)测绘单位必须接受自然资源主管部门的质量监督管理,测绘单位在接受自然资源主管部门监督检查时,应当主动无偿提供测绘产品样品。

(7)测绘单位应当按照国家的《质量管理和质量认证》标准,建立和完善测绘质量体系,并可以向国务院质量技术监督部门授权的认证机构申请质量体系认证。甲级测绘单位应当通过 ISO 9000 系列质量保证体系认证;乙级测绘单位应当通过 ISO 9000 系列质量保证体系认证或者通过省级以上自然资源主管部门考核。

(8)测绘单位必须建立以质量为中心的技术经济责任制,明确各部门、各岗位的职责及相互关系,规定考核办法,以作业质量、工作质量确保测绘成果质量。测绘单位发生测绘成果质量纠纷或者争议时,有权申请相应的主管部门进行仲裁。

(9)测绘单位可以申报由自然资源主管部门组织实施的测绘成果质量及测绘成果质量管理的奖励。

6.6.2 测绘成果质量管理相关规定

(1)《测绘法》第二十七条规定:国家对从事测绘活动的单位实行测绘资质管理制度。从事测绘活动的单位应当具备下列条件,并依法取得相应等级的测绘资质证书,方可从事测绘活动:有健全的技术和质量保证体系、安全保障措施、信息安全保密管理制度以及测绘成果和资料档案管理制度。

(2)《测绘法》第三十九条规定:测绘单位应当对完成的测绘成果质量负责。县级以上人民政府测绘地理主管部门应当加强对测绘成果质量的监督管理。

(3)《基础测绘条例》第二十四条规定:县级以上人民政府测绘行政主管部门应当采取措施,加强对基础地理信息测制、加工、处理、提供的监督管理,确保基础测绘成果质量。

《基础测绘条例》第二十五条规定:基础测绘项目承担单位应当建立健全基础测绘成果质量管理制度,严格执行国家规定的测绘技术规范和标准,对其完成的基础测绘成果质量负责。

(4)《测绘质量监督管理办法》规定:县级以上人民政府测绘主管部门和技术监督行政部门负责本行政区域测绘质量的管理和监督工作。测制、提供测绘产品必须遵守国家有关的法律、法规,遵循质量第一、服务用户的原则,保证提供合格的测绘产品。

(5)《关于加强测绘质量管理的若干意见》规定:在对全国测绘质量实行统一监管的总体要求下,国家测绘局重点加强对影响面广、社会反响强烈的重大测绘项目和重大建设工程测绘项目质量的监督检查;地方测绘行政主管部门负责对本行政区域内测绘单位和测绘项目质量工作的日常监督管理。基础测绘项目的质量,由组织实施该项目的测绘行政主管部门监督管理;非基础测绘项目的质量,由项目实施地的测绘行政主管部门监督管理。

测绘项目出资人要依法择优选择项目承担单位,并自觉接受自然资源主管部门的监督;设计单位要按国家有关法律法规和技术标准进行项目设计,确保设计质量,应无条件帮助解决因设计造成的质量问题,并承担设计质量责任;施测单位必须严格按照合同、有关标准、项目设计书施测,确保所使用的仪器、设备、软件等符合国家有关规定;负责质量检验或验收的单位及专家,要严格依据国家有关规定、标准和设计书的要求,对项目进行检验或验收,并对作出的结论负责。

贯彻实施测绘部门"二级检查、一级验收"等质量控制制度。国家自然资源主管部门将重点开展重大测绘工程成果质量的监督检查。地方自然资源主管部门要积极支持和配合全国性检查活动,同时要建立质量管理的长效机制,制订详细的分级分类检查目录和计划,扩大监督检查的覆盖面,缩短覆盖周期。测绘单位至少每2~3年检查一次。测绘仪器、设备检校情况应作为监督检查的重要内容。

加快建立健全包括质量信用在内的测绘信用档案公示制度,根据测绘单位的质量信用情况进行分类监管,及时将质量信誉良好的单位和不好的单位分类向社会公布。在招标投标活动中,要加大对低质压价等恶性竞争行为的打击力度,努力营造全行业重质量、讲信誉的良好氛围和市场环境。

（6）国家自然资源主管部门发布的《测绘生产质量管理规定》，对测绘质量责任制、生产过程质量管理等均作出了明确规定。

6.6.3 测绘成果质量责任与检查验收

测绘单位是测绘成果生产的主体，必须自觉遵守国家有关质量管理的法律、法规和规章，对完成的测绘成果质量负责。

1）测绘单位质量责任

（1）测绘单位的法定代表人确定本单位的质量方针和质量目标，签发质量手册，建立本单位的质量体系并保证有效运行，对本单位提供的测绘成果承担质量责任。

（2）测绘单位的行政领导及总工程师（质量主管负责人）按照职责分工负责质量方针、质量目标的贯彻实施，签发有关的质量文件及作业指导书，处理生产过程中的重大技术问题和质量争议；审议技术总结，对本单位成果的技术设计质量负责。

（3）测绘单位的质量管理机构及质量检查人员在规定的职权范围内，负责质量管理的日常工作。编制年度质量计划，贯彻技术标准和质量文件，对作业过程进行现场监督和检查，处理质量问题，组织实施内部质量审核工作。各级检查人员对其所检查的成果质量负责。

（4）测绘生产人员必须严格执行操作规程，按照技术设计进行作业，并对作业质量负责。其他岗位的工作人员，应当严格执行有关的规章制度，保证本岗位的工作质量。因工作质量问题影响成果质量的，承担相应的质量责任。

（5）测绘单位按照测绘项目的实际情况实行项目质量负责人制度。项目质量负责人对该测绘项目的产品质量负直接责任。

2）测绘成果检查验收

（1）测绘单位对测绘成果质量实行过程检查和最终检查。

（2）测绘成果过程检查由测绘单位的中队（室、车间）检查人员承担。

（3）测绘成果最终检查由测绘单位的质量管理机构负责实施。

（4）验收工作由测绘项目的委托单位组织实施，或由该单位委托具有检验资格的检验机构验收，验收工作应在测绘成果最终检查合格后进行。

（5）检查、验收人员与被检查单位在质量问题处理上有分歧时，属检查过程中的，由测绘单位的总工程师裁定；属验收过程中的，由测绘单位上级质量管理机构裁定。委托验收中产生的分歧，应当报省、自治区、直辖市自然资源主管部门的质量管理机构裁定。

6.6.4 测绘成果质量监督管理措施

1）加强测绘标准化管理

（1）通过制定国家标准和行业标准，加强质量、标准及计量基础工作，确保成果质量。

（2）严格测绘计量检定人员资格审批，做到持证上岗，保证量值的准确溯源和传递。

（3）引导测绘单位贯彻执行国家规定的测绘技术规范和标准，并加大监督检查力度。

2）开展测绘成果质量监督检查

通过定期开展测绘成果质量监督检查，及时发现问题，督促测绘单位进行整改。检查内容包括:质量保证体系运行情况和质量管理制度建立情况、执行测绘技术标准的情况、测绘成果质量状况、仪器设备的检定情况等。测绘成果质量监督检查的结果,要纳入测绘单位信用档案,并向社会公布。

3)加强对测绘仪器设备计量检定情况的监督检查

根据《测绘计量管理暂行办法》相关规定,未按规定申请检定或检定不合格的仪器,不准使用。《测绘计量管理暂行办法》在测绘计量器具目录中,明确规定了 J2 级以上经纬仪、S3级以上水准仪、GNSS 接收机、精度优于 5 mm + 5ppm 的测距仪、全站仪、伽级重力仪以及尺类等仪器设备的检定周期为 1 年,其他精度的仪器设备一般为 2 年。因此,自然资源主管部门要通过组织实施对测绘项目的检查验收,监督检查测绘单位的测绘仪器设备定期检定情况,确保测绘仪器设备稳定、安全、可靠。

4)引导测绘单位建立健全质量管理制度

《测绘法》将建立健全完善的测绘技术、质量保证体系作为测绘资质申请的一个基本条件,充分说明了建立健全测绘技术、质量保证体系对保证测绘成果质量的重要性。因此,各级自然资源主管部门要通过加强测绘资质审查和质量监督,引导测绘单位建立健全测绘成果质量管理制度,加强测绘成果质量宣传教育,确保测绘成果质量。

5)依法查处不合格的测绘成果

通过查处测绘成果质量违法案件,充分发挥查办案件的治本功能,进一步提高测绘单位的质量意识和质量责任,从而有效地保障测绘成果质量。测绘成果质量不合格的,要依法责令测绘单位补测或者重测;情节严重的,责令停业整顿,降低资质等级直至吊销测绘资质证书,给用户造成损失的,依法承担赔偿责任。

6.7　测绘成果提供利用

测绘成果提供利用指测绘成果生产单位或者测绘成果保管单位根据合同约定或者测绘成果使用者的申请,依照国家有关规定提供利用测绘成果的活动。大多数测绘成果都涉及国家秘密,测绘成果提供利用必须严格遵守国家测绘、保密等有关法律、行政法规的规定。

6.7.1　测绘成果提供利用规定

(1)县级以上人民政府自然资源主管部门应当积极推进公众版测绘成果的加工和编制工作,并鼓励公众版测绘成果的开发利用,促进测绘成果的社会化应用。

(2)使用财政资金的测绘项目和使用财政资金的建设工程测绘项目,有关部门在批准立项前应当书面征求本级人民政府自然资源主管部门的意见。自然资源主管部门应当自收到征求意见材料之日起 10 日内,向征求意见的部门反馈意见。有适宜测绘成果的,应当充分利用已有的测绘成果,避免重复测绘。

(3)国家保密工作部门、国务院自然资源主管部门应当商军队测绘部门,依照有关保密法律、行政法规的规定,确定测绘成果的秘密范围和秘密等级。

(4)利用涉及国家秘密的测绘成果开发生产的产品,未经国务院自然资源主管部门或者省、自治区、直辖市人民政府自然资源主管部门进行保密技术处理的,其秘密等级不得低于所用测绘成果的秘密等级。

（5）对外提供属于国家秘密的测绘成果，应当按照国务院和中央军事委员会规定的审批程序，报国务院自然资源主管部门或者省、自治区、直辖市人民政府自然资源主管部门审批；自然资源主管部门在审批前，应当征求军队有关部门的意见。

（6）基础测绘成果和财政投资完成的其他测绘成果，用于国家机关决策和社会公益性事业的，应当无偿提供。除前款规定外，测绘成果依法实行有偿使用制度。各级人民政府及其有关部门和军队因防灾、减灾、国防建设等公共利益的需要，可以无偿使用测绘成果。依法有偿使用测绘成果的，使用人与测绘项目出资人应当签订书面协议，明确双方的权利和义务。

（7）测绘成果涉及著作权保护和管理的，依照有关法律、行政法规的规定执行。

（8）建立以地理信息数据为基础的信息系统，应利用符合国家标准的基础地理信息数据。

6.7.2　对外提供属于国家秘密的测绘成果审批

对外提供属于国家秘密的测绘成果，指向境外、国外以及与国内有关单位合作的法人或者其他组织提供的属于国家秘密的测绘成果。根据《测绘成果管理条例》，对外提供属于国家秘密的测绘成果的，要严格按照国务院和中央军事委员会规定的审批程序，报国务院自然资源主管部门或者省、自治区、直辖市人民政府自然资源主管部门审批。

1）申请资料

根据《对外提供我国涉密测绘成果审批程序规定》，对外提供属于国家秘密的测绘成果，成果资料的范围跨省、自治区、直辖市区域的，向国家自然资源主管部门提出申请；其他情形向成果内容表现地的省级自然资源主管部门提出申请，并应当提交下列材料：

（1）《对外提供我国涉密测绘成果申请表》。

（2）企业法人营业执照或者事业单位法人证书（申请人为政府部门的除外）。

（3）外方身份证明材料。

（4）国家批准合作项目批文。

（5）申请人与外方签订的合同或协议。

（6）拟提供成果的说明性材料，包括成果种类、范围、数量及精度等。

（7）拟提供成果为申请人既有的，应当提交该成果一套及成果所有部门或单位同意申请人使用的证明文件。

（8）拟提供成果非申请人既有、需国家自然资源主管部门提供的，申请人应当提交本单位具有的保密管理制度、成果保管条件、管理机构和人员的证明材料。

（9）其他应当提供的材料。

2）不予批准的情况

（1）对外提供的测绘成果资料妨碍国家安全的。

（2）非涉密的测绘成果资料能够满足需要的。

（3）申请材料内容虚假的。

（4）审批机关依法不予批准的其他情形。

6.7.3　遥感影像公开使用

遥感影像是十分重要的测绘成果，包括卫星遥感影像和航空遥感影像，以及采用测绘遥感技术方法加工处理形成的遥感影像图。遥感影像在国土资源监测、地理国情普查、应急处突和国家基本比例尺地形图更新等工作中,发挥着日益重要的作用。为维护国家安全利益,加强对遥感影像公开使用的管理,促进遥感影像资源有序开发利用,国家自然资源主管部门发布了《遥感影像公开使用管理规定(试行)》。

1)遥感影像公开使用管理

(1)根据《遥感影像公开使用管理规定(试行)》,国家自然资源主管部门负责监督管理全国遥感影像公开使用工作,县级以上自然资源主管部门负责监督管理辖区内遥感影像公开使用工作。

(2)从事提供或销售分辨率高于 10m 的卫星遥感影像活动的机构,应当建立客户登记制度,包括客户名称与性质、提供的影像覆盖范围和分辨率、用途、联系方式等内容。每半年一次向所在地省级以上自然资源主管部门报送备案。

(3)为应对重大突发事件应急抢险救灾急需,各级人民政府及其有关部门和军队,可以无偿使用遥感影像,各遥感影像保管单位、销售与提供机构应当无偿提供相关数据和资料。

2)遥感影像公开使用规定

(1)公开使用的遥感影像空间位置精度不得高于 50m;影像地面分辨率(简称"分辨率")不得优于 0.5m;不标注涉密信息、不处理建筑物、构筑物等固定设施。

(2)在公开使用的遥感影像上标注地名、地址或者其他属性信息,应当符合下列要求:

①符合《基础地理信息公开表示内容的规定(试行)》。

②符合《公开地图内容表示规范》。

③符合国家其他法规制度要求,不得标注、显示禁止公开的信息。

(3)属于国家秘密且确需公开使用的遥感影像,公开使用前应当依法送省级以上自然资源主管部门会同有关部门组织审查并进行保密技术处理。分辨率优于 0.5m 的遥感影像,公开使用前应当报送国家自然资源主管部门组织审查并进行保密技术处理。

(4)向社会公开出版、传播、登载和展示遥感影像的,还应当报送省级以上自然资源主管部门进行地图审核,并取得审图号。

(5)从事遥感影像采集、加工处理、地名地物属性标注等活动,应当按规定取得相应的测绘资质。

6.8　重要地理信息数据审核与公布

为加强重要地理信息数据审核、公布工作的管理,确保对外公布的重要地理信息数据的权威性和准确性,国土资源部于 2002 年 12 月下发了《重要地理信息数据审核公布管理规定》,对重要地理信息数据审核与公布进行了规定。

6.8.1　重要地理信息数据的概念和特征

1)重要地理信息数据的概念

重要地理信息数据指在中华人民共和国领域和管辖的其他海域内的重要自然和人文地

理实体的位置、高程、深度、面积、长度等位置信息数据和重要属性信息数据。重要地理信息数据主要包括以下内容：

(1)涉及国家主权、政治主张的地理信息数据。

(2)国界、国家面积、国家海岸线长度,国家版图重要特征点、地势、地貌分区位置等地理信息数据。

(3)冠以"全国""中国""中华"等字样的地理信息数据。

(4)经相邻省级人民政府联合勘定并经国务院批复的省级界线长度及行政区域面积,沿海省、自治区、直辖市海岸线长度。

(5)需要由国务院自然资源主管部门审核的其他重要地理信息数据。

2)重要地理信息数据的特征

(1)权威性

重要地理信息数据的获取是依据科学的观测方法和手段,由国务院测绘地理信息行政主管部门审核,并要与国务院其他有关部门、军队测绘部门会商后,报国务院批准,由国务院或者国务院授权的部门以公告形式公布,并在全国范围内发行的报纸或者互联网上刊登,体现出了重要地理信息数据的权威性。

(2)准确性

重要地理信息数据涉及重要自然和人文地理实体的位置、高程、深度、面积、长度等位置信息数据和重要属性信息数据,这些数据是依据科学的技术方法和手段获取的,建议人提出建议后,国务院自然资源主管部门要对数据的科学性、完整性、可靠性等进行严格审核,因而,重要地理信息数据具有严格的准确性。

(3)法定性

重要地理信息数据审核公布制度由国家法律规定,重要地理信息数据的审核、批准、公布的主体和程序都必须严格按照测绘法和行政许可法以及《重要地理信息数据审核公布管理规定》执行,任何单位和个人不得擅自审核公布。

6.8.2 重要地理信息数据审核

根据《测绘法》,重要地理信息数据由国务院自然资源主管部门审核。但由于重要地理信息数据的权威性、科学性等特点,国务院自然资源主管部门还必须与国务院有关部门进行会商。如有关国界线的重要地理信息数据必须与外交部会商,有关行政区域界线的长度等重要地理信息数据,应当与国务院民政部门进行会商。但是申请审核公布重要地理信息数据,必须依法向国务院自然资源主管部门提出申请。

1)建议人提交资料

国务院自然资源主管部门负责受理单位和个人(建议人)提出的审核公布重要地理信息数据的建议。建议人也可以直接向省、自治区、直辖市自然资源主管部门提出建议。建议人建议审核公布重要地理信息数据,应当提交以下资料:

(1)建议人的基本情况。

(2)重要地理信息数据的详细数据成果资料,科学性及公布的必要性说明。

(3)重要地理信息数据获取的技术方案及对数据验收评估的有关资料。

（4）国务院自然资源主管部门规定的其他资料

2）重要地理信息数据审核内容

（1）重要地理信息数据公布的必要性。

（2）提交的有关资料的真实性和完整性。

（3）重要地理信息数据的可靠性和科学性。

（4）重要地理信息数据是否符合国家利益，是否影响国家安全。

（5）与相关历史数据、已公布数据的对比。

国务院自然资源主管部门会同国务院有关部门、军队测绘部门，对需要审核的重要地理信息数据公布的必要性、公布部门等内容进行会商后，通过审核的，向国务院上报公布建议；未通过审核的，将审核结果告知建议人。

6.8.3　重要地理信息数据公布

经国务院自然资源主管部门商国务院其他有关部门对重要地理信息数据进行审核并报国务院后，由国务院批准，并由国务院或者国务院授权的部门公布。

1）公布的方式

重要地理信息数据经国务院批准并明确授权公布的部门后，要以公告形式公布，并在全国范围内发行的报纸或者互联网上刊登。

2）重要地理信息数据公布应注意的事项

（1）重要地理信息数据公布时，应当注明审核、公布的部门。

（2）依法公布重要地理信息数据的国务院有关部门，应当在公布时，将公布公告抄送国务院自然资源主管部门。国务院自然资源主管部门收到公布公告后，应当按照规定期限书面通知建议人。

（3）国务院有关部门、有关单位或者个人擅自发布已经国务院批准并授权国务院有关部门公布的重要地理信息数据的，擅自发布未经国务院批准的重要地理信息数据的，要依法承担相应的法律责任。

3）重要地理信息数据的使用

中华人民共和国领域和管辖的其他海域的位置、高程、深度、面积、长度等重要地理信息数据，关系到国家政治、经济和国际地位以及社会稳定，涉及国家主权和领土完整以及民族尊严。因此，《重要地理信息数据审核公布管理规定》明确，在行政管理、新闻传播、对外交流等对社会公众有影响的活动、公开出版的教材以及需要使用重要地理信息数据的，应当使用依法公布的数据。

6.8.4　法律责任

《重要地理信息数据审核公布管理规定》对有关违法行为设定了明确的法律责任。

（1）有关部门具有下列行为之一的，由国务院自然资源主管部门依法给予警告，责令改正，可以并处罚款；构成犯罪的，依法追究刑事责任；尚不够刑事处罚的，对负有直接责任的主管人员和其他直接责任人员，依法给予行政处分：①擅自发布已经国务院批准并授权国务院有关部门公布的重要地理信息数据的；②擅自发布未经国务院批准的重要地理信息数据的。

(2)有关单位和个人具有下列行为之一的,由省级自然资源主管部门依法给予警告,责令改正,可以并处罚款;构成犯罪的,依法追究刑事责任;尚不够刑事处罚的,对负有直接责任的主管人员和其他直接责任人员,依法给予行政处分:①擅自发布已经国务院批准并授权国务院有关部门公布的重要地理信息数据的;②擅自发布未经国务院批准的重要地理信息数据的。

6.9 测绘成果产权保护

知识产权指公民、法人或者其他组织对其在科学技术和文学艺术等领域内,主要基于脑力劳动创造完成的智力成果所依法享有的专有权利。按权利内容划分,知识产权包括人身权利和财产权利。按照智力活动成果的不同划分,知识产权可以分为著作权、商标权、专利权、发明权、发现权等。

测绘成果指通过对自然地理要素或者地表人工设施的形状、大小、空间位置及其属性等进行测绘形成的数据、信息、图件以及相关的技术资料。测绘成果是信息基础设施的重要组成部分,凝聚了测绘科技工作者的智慧和心血,广泛应用于国民经济建设、国防建设和社会发展各个领域,具有自然资源属性、商品属性和财产属性,测绘成果具有知识产权。《中华人民共和国著作权法》将地图及示意图等图形作品纳入著作权保护的范畴;测绘成果管理条例明确测绘成果涉及著作权保护和管理的,依照有关法律、行政法规的规定执行。国家从法律上确立了测绘成果的知识产权保护制度。

6.9.1 测绘成果知识产权的基本概念

测绘成果知识产权(简称"测绘成果产权"),指测绘成果所有人依法对测绘成果享有占有、使用、收益和处分的权利。测绘成果产权包括测绘成果的人身权和财产权,这里所说的测绘成果的人身权,主要是测绘成果的人身精神权利,包括对测绘成果的发布权、署名权、修改权和保护数据完整权;测绘成果产权的财产权包括对测绘成果的所有权、持有权、经营权、转让权、许可使用权、质押权及其收益权。

1)测绘成果的人身权

测绘成果的人身权指测绘成果的人身精神权利,且是一种永久存在的权利。测绘成果的人身权包括对测绘成果的发布权、署名权、修改权和保护数据的完整权。

2)测绘成果所有权

测绘成果所有权是指所有人依法对自己所有的测绘成果享有占有、使用、收益和处分的权利。测绘成果所有权是测绘成果产权中最基本的一种权利。

3)测绘成果产权的持有权

测绘成果产权的持有权指持有权人依法对自己持有的测绘成果享有实际的支配权和收益权,原始持有人还享有人身权。持有权与所有权的区别,在于持有权中可能有部分支配权和收益权受到一定程度的限制。

4)测绘成果的物权

《民法典》第二百零七条规定:国家、集体、私人的物权和其他权利人的物权受法律平等保护,任何组织或者个人不得侵犯。测绘成果的持有人具有相应的物权。侵害物权,造成权利人损害的,权利人可以依法请求损害赔偿,也可以依法请求承担其他民事责任。

5)测绘成果产权的转让权

测绘成果产权的转让权指所有权人或持有权人通过合同方式,把自己所有的或持有的测绘成果所有权或持有权进行转移的权利。转让的内容包括出售、交换、赠与和继承。

6)测绘成果产权的许可使用权

测绘成果产权的许可使用权指所有权人或持有权人通过合同方式,许可他人在一定条件下使用所有权人或持有权人提供的测绘成果的权利。这里所说的一定条件指按照合同的约定使用。同测绘成果产权的转让权相比,许可使用权转移的只是使用权,被许可使用人不得再许可第三人使用。

7)测绘成果产权的质押权

测绘成果产权的质押权指所有权人或持有权人为筹集资金,通过合同方式把自己的或者第三人的测绘成果所有权或持有权,用来向债权人作为履行债务担保的权利。

6.9.2　测绘成果产权保护

长期以来,为保护测绘成果产权,维护所有权人的合法权益,国家不论从立法角度,还是在实际监督管理工作中,都进行了积极的探索和研究,并通过立法的方式实施产权保护。目前,我国测绘成果的产权保护主要体现在以下方面。

1)在成果的显著位置标明版权所有者

国家自然资源主管部门在《基础测绘成果提供使用管理暂行办法》中规定,被许可使用人应当在使用基础测绘成果所形成成果的显著位置注明基础测绘成果版权的所有者,以此保护基础测绘成果的知识产权。

2)在使用协议上明确产权归属

《测绘成果管理条例》第十九条第三款规定:依法有偿使用测绘成果的,使用人与测绘项目出资人应当签订书面协议,明确双方的权利和义务。

《测绘成果管理条例》第二十条规定:测绘成果涉及著作权保护和管理的,依照有关法律、行政法规的规定执行。

习　题

一、单项选择题

1.汇交测绘成果目录和副本的方式是(　　　)。

　　A.无偿汇交　　　　　　　　　　B.按政府指导价汇交

　　C.按成本价汇交　　　　　　　　D.按工本费汇交

2.利用涉及国家秘密的测绘成果开发生产的产品,未经国务院测绘地理信息行政主管部门或者省、自治区、直辖市人民政府测绘地理信息行政主管部门(　　　)的,其秘密等级不得低于所用测绘成果的秘密等级。

　　A.批准　　　　　　　　　　　　B.进行论证

C.进行保密技术处理　　　　　　　　　　D.进行评审

3.根据《测绘管理工作国家秘密范围的规定》,下列测绘成果中,属于机密级成果的是( )。

　　A.涉及军事禁区的大于或等于1:1万国家基本比例尺地形图

　　B.重力加密点成果

　　C.1:50万、1:25万、1:1万国家基本比例尺地形图

　　D.1:1万、1:5万全国高精度数字高程模型

4.《测绘质量监督管理办法》规定,测绘产品质量监督检查的主要方式为( )。

　　A.对首件产品进行检验　　　　　　　　B.抽样检验

　　C.全部产品检验　　　　　　　　　　　D.对末件产品进行检验

5.测绘单位拒绝接受行政主管部门组织的测绘产品的监督检查的,其产品按( )处理。

　　A.批不合格　　　　B.不合格　　　　C.批次不合格　　　D.合格

6.下列地理信息数据中,不需要国务院测绘地理信息行政主管部门审核就能向社会公布的是( )。

　　A.涉及国家主权的地理信息数据　　　　B.国界线长度

　　C.国家海岸线长度　　　　　　　　　　D.沿海省的滩涂面积

7.国务院批准公布的重要地理信息数据,由( )公布。

　　A.提出审核重要地理信息数据的建议人

　　B.省级测绘地理信息行政主管部门

　　C.国务院或者国务院授权的部门

　　D.重要地理信息数据所在地省级人民政府或其授权的部门

8.根据《测绘生产质量管理规定》,下列职责中,属于测绘单位质量主管负责人职责的是( )。

　　A.建立本单位的质量保证体系并保证其有效运行

　　B.编制年度质量计划,贯彻技术标准及质量文件

　　C.组织实施内部质量审核工作

　　D.处理生产过程中的重大技术问题和质量争议

9.关于测绘成果质量不合格给用户造成损失,测绘成果完成单位责任承担的说法,正确的是( )。

　　A.不承担赔偿责任　　　　　　　　　　B.承担一部分损失的赔偿责任

　　C.承担主要赔偿责任　　　　　　　　　D.依法承担赔偿责任

10.重要地理信息数据获批准公布,应当以( )形式公布。

　　A.法规　　　　　B.公告　　　　　C.新闻　　　　　D.通知

11.下列关于涉密信息系统的保密制度的说法中,错误的是( )。

　　A.按照涉密程度实行分级保护

　　B.按照国家保密标准配备保密设施、设备

　　C.保密设施、设备应当在系统建设完成后及时配备

D. 按照规定,经检查合格后,方可投入使用

12. 测绘成果的秘密范围和秘密等级,由(   )确定。

  A. 国务院测绘地理信息行政主管部门商军队测绘部门

  B. 国务院测绘地理信息行政主管部门商国家保密行政管理部门

  C. 国家保密行政管理部门商国务院测绘地理信息行政主管部门

  D. 国家保密行政管理部门、国务院测绘地理信息行政主管部门商军队测绘部门

13. 下列地理信息数据中,需要由国务院测绘地理信息行政主管部门审核并报国务院批准才能公布的是(   )。

  A. 某省的森林面积   B. 县级行政区域界线长度

  C. 某市自然保护区的位置   D. 沿海省海岸线长度

14. 下列关于测绘生产作业过程中的质量管理的说法中,错误的是(   )。

  A. 生产作业中的工序产品必须达到规定的质量要求,经作业人员自查、互检,如实填写质量记录,达到合格标准后,方可转入下工序

  B. 测绘单位应当在关键工序、重点工序设置必要的检验点,实施现场检查,现场检验点的设置,由测绘单位自行确定

  C. 对检查发现的不合格品,应及时进行跟踪处理,作出质量记录,采取纠正措施

  D. 经成果质量过程检查的测绘产品,可不进行单位成果质量和批成果质量等级评定,直接交付用户

15. 根据《测绘成果管理条例》,下列测绘成果中不属于基础测绘成果的是(   )。

  A. 工程测量数据和图件   B. 1∶500 比例尺地形图

  C. 基础航空摄影所获取的影像资料   D. 基础地理信息系统的数据、信息

16. 下列关于被许可使用人使用涉密基础测绘成果的说法中,错误的是(   )。

  A. 被许可使用人必须根据涉密基础测绘成果的密级按国家有关测绘、保密法律法规的要求使用

  B. 所领取的涉密基础测绘成果仅限于被许可使用人本单位及其上级部门使用

  C. 被许可使用人应当在使用涉密基础测绘成果所形成的成果的显著位置注明基础测绘成果版权的所有者

  D. 被许可使用人主体资格发生变化时,应向原受理审批的测绘地理信息行政主管部门重新提出使用申请

17. 根据《测绘成果管理条例》,在行政管理、新闻传播、对外交流、教学等对社会公众有影响的活动中,需要使用重要地理信息数据的,应当使用(   )的重要地理信息数据。

  A. 符合国家标准   B. 依法公布

  C. 经解密公开   D. 经过批准

18. 根据《测绘科学技术档案管理规定》,下列不属于测绘科技档案范畴的是(   )。

  A. 测绘生产技术档案   B. 测绘科学研究档案

  C. 测绘生产项目费用支出档案   D. 测绘基建档案

19. 下列涉及国家秘密的基础测绘成果数据传递方法中,错误的是(   )。

  A. 机要邮寄   B. 专网传输   C. 特快专递   D. 专人送达

20. 根据《测绘生产质量管理规定》，下列不属于测绘作业过程中质量控制措施的是（　　）。

    A. 首件产品质量检验

    B. 测绘单位进行二级质量检查

    C. 测绘主管部门进行质量监督抽检

    D. 项目管理单位委托第三方进行过程质量控制

21. 下列关于测绘成果汇交与保管的说法中，错误的是（　　）。

    A. 外国的组织或者个人与中华人民共和国有关部门或者单位合资、合作从事测绘活动，由中方部门或者单位向国务院测绘地理信息行政主管部门汇交测绘成果

    B. 测绘单位或者测绘项目出资人汇交测绘成果的范围，由国务院测绘地理信息主管部门制定并公布

    C. 测绘成果保管单位应当采取必要的措施，确保测绘成果资料的安全

    D. 测绘成果资料的存放设施与条件，应当符合国家保密、消防及档案管理的有关规定和要求

22. 根据《测绘成果管理条例》，利用涉密测绘成果开发生产的产品，未依法进行保密技术处理的，其秘密等级确定原则是（　　）。

    A. 按所用的测绘成果密级定密   B. 不得低于所用测绘成果的秘密等级

    C. 按最高密级定密   D. 由测绘行政主管部门依法确定

23. 根据《保密法》，确定测绘活动中生产的涉密测绘成果或其衍生产品的密级、保密期限知悉范围的部门或单位是（　　）。

    A. 生产涉密成果的部门或单位

    B. 测绘单位所在地的市级测绘行政主管部门

    C. 为测绘单位颁发资质证书的测绘行政主管部门

    D. 测绘单位所在地的省级保密行政管理部门

24. 根据《关于加强涉密地理信息数据应用安全监管的通知》，使用涉密地理信息数据的建设项目可以委托（　　）承担。

    A. 外商独资企业   B. 中外合资企业

    C. 中外合作企业   D. 国有独资公司

25. 根据《重要地理信息数据审核公布管理规定》，负责受理单位和个人提出的审核公布重要地理信息数据的建议部门是（　　）。

    A. 国务院测绘地理信息主管部门   B. 省级测绘地理信息主管部门

    C. 国务院或省级行政主管部门   D. 省级民政或建设行政主管部门

26. 湖北省武汉市洪山区一家单位要利用国家级 A、B 级 GPS 点成果，应当依法提出明确的利用目的和范围，报（　　）审批。

    A. 洪山区自然资源主管部门   B. 武汉市自然资源主管部门

    C. 湖北省自然资源主管部门   D. 国务院自然资源主管部门

27. 根据《测绘生产质量管理规定》，下列关于测绘生产过程质量控制说法中，错误的是（　　）。

A. 下工序有权退回不符合质量要求的上工序产品

B. 关键工序、重点工序应设置必要的检验点

C. 不合格品经返工修正后应重新进行质量报告

D. 过程检查完成后应及时编写质量检查报告

28. 根据《遥感影像公开使用管理规定(试行)》,公开使用的遥感影像地面分辨率不得优于(   )m。

    A. 0.1   B. 0.5   C. 1.0   D. 2.5

29. 根据《涉密基础测绘成果提供使用管理办法》下列说法中,不属于使用基础测绘成果申请条件的是(   )。

    A. 有明确、合法使用目的的

    B. 申请的基础测绘成果范围、种类、精度与使用目的相一致

    C. 符合国家的保密法律法规及政策

    D. 有相应的测绘资质

30. 根据《关于进一步加强涉密测绘成果管理工作的通知》,下列关于涉密测绘成果管理与使用的说法中错误的是(   )。

    A. 涉及国家机密的测绘航空摄影成果应当按规定先送审再提供使用

    B. 涉密测绘成果应当按照先归档入库再提供使用的规定进行管理

    C. 未经依法审批,任何单位和个人不得擅自提供使用涉密测绘成果

    D. 经批准使用涉密成果的单位,应当在多个项目中利用该成果,提高使用效率

31. 根据《测绘质量监督管理办法》,编制测绘产品质量监督检查计划的部门是(   )。

    A. 国务院测绘行政主管部门   B. 省级以上测绘行政主管部门

    C. 省级以上技术监督管理部门   D. 县级以上测绘行政主管部门

32. 根据《测绘质量监督管理办法》,测绘产品质量检验人员应当通过任职资格考核合格,并取得(   )后,方可从事测绘产品质量检验工作。

    A. 测绘作业证   B. 测绘产品质量检验员证

    C. 测绘质量监督检查证   D. 测绘质量检验上岗证

33. 根据《测绘生产质量管理规定》,测绘单位的下列人员中,对测绘项目的产品质量负直接责任的是(   )。

    A. 项目质量负责人   B. 法定代表人

    C. 质量检查机构负责人   D. 质量检查人员

34. 根据《测绘成果管理条例》,下列关于测绘成果汇交的说法中,错误的是(   )。

    A. 财政投资完成的测绘项目,由项目承担单位负责汇交

    B. 使用其他资金完成的测绘项目,由项目出资人负责汇交

    C. 基础测绘成果汇交副本,非基础测绘成果汇交目录

    D. 测绘成果的副本和目录实行有偿汇交

35. 根据《测绘成果管理条例》,对外提供属于国家秘密的测绘成果,应当按照国务院和中央军事委员会规定的审批程序,报(   )审批。

    A. 国务院测绘行政主管部门

B. 军队测绘部门

C. 国务院测绘行政主管部门会同军队测绘部门

D. 国务院测绘行政主管部门或者省级测绘行政主管部门

36. 南京市一家测绘资质单位要使用江苏省域内1∶5万国家基本比例尺地图和数字化产品,根据《基础测绘成果提供使用管理暂行办法》,应当由(   )审批。

    A. 国务院测绘行政主管部门   B. 江苏省测绘行政主管部门

    C. 南京市测绘行政主管部门   D. 江苏省军区测绘地理信息主管部门

37. 根据《测绘成果管理条例》,下列关于测绘成果使用的说法中,错误的是(   )。

    A. 测绘成果依法实行有偿使用制度

    B. 基础测绘成果和财政投资完成的其他测绘成果应当无偿使用

    C. 政府部门因防灾、减灾等公共利益需要可以无偿使用测绘成果

    D. 依法有偿使用测绘成果应当签订书面协议

38. 根据《测绘成果管理条例》,外国公司与中方公司共同组建合资公司,合资公司经批准在我国从事测绘活动的,由(   )负责汇交测绘成果。

    A. 外国公司   B. 中方公司

    C. 合资公司   D. 中方公司的主管部门

39. 根据《测绘生产质量管理规定》,测绘单位的质量方针和质量目标由(   )确定。

    A. 总工程师   B. 管理者代表

    C. 法定代表人   D. 质量主管负责人

二、多项选择题

1. 根据《测绘生产质量管理规定》,下列单位中,应设立质量管理或者质量检查机构的是(   )。

    A. 甲级测绘资质单位   B. 乙级测绘资质单位

    C. 省级测绘主管部门   D. 市、县级测绘主管部门

    E. 测绘监理单位

2. 下列情形中,应当无偿提供测绘成果的是(   )。

    A. 基础测绘成果用于国家机关决策的

    B. 国家投资完成的非基础测绘成果用于国家机关决策的

    C. 基础测绘无偿用于社会公益性事业的

    D. 国家投资完成的非基础测绘成果用于社会公益性事业的

    E. 基础测绘成果用于导航电子地图制作的

3. 下列地理信息中,属于国家重要地理信息数据的是(   )。

    A. 国家版图的地势、地貌分区位置

    B. 领土、领海、毗连区、专属经济区面积

    C. 国家版图的重要特征点

    D. 国家岛礁的数量和面积

    E. 经依法批准的相邻的设区市(州)之间的界线长度

4.某测绘单位的测绘成果质量不合格,下列关于其法律责任的说法正确的是(　　)。

    A.对该单位处以测绘约定报酬1倍以上2倍以下的罚款

    B.责令该单位补测或者重测

    C.给用户造成损失的,由该单位依法承担赔偿责任

    D.没收该单位的测绘成果和测绘工具

    E.降低该单位的测绘资质等级直至吊销测绘资质证书

5.根据《测绘成果管理条例》,法人或其他组织需要利用属于国家秘密的基础测绘成果,经成果所在地测绘行政主管部门审核同意后,测绘行政主管部门应该书面告知测绘成果的是(　　)。

    A.技术规定　　　　　　　　　　B.使用标准

    C.秘密等级　　　　　　　　　　D.保密要求

    E.著作权保护要求

6.根据《重要地理信息数据审核公布管理规定》,审核建议人提交重要地理信息数据时,应当审核的内容是(　　)。

    A.重要地理信息数据发布的必要性

    B.提交的有关资料的真实性与完整性

    C.重要地理信息数据获取技术方案的合理性

    D.重要地理信息数据是否符合国家利益,是否影响国家安全

    E.获取重要地理信息数据的单位是否具有相应的资质条件

7.根据《测绘生产质量管理规定》,测绘单位的法定代表人的质量管理职责包括(　　)。

    A.确定本单位的质量方针和质量目标

    B.建立本单位的质量体系并保证有效运行

    C.签发有关的质量文件及作业指导书

    D.对提供的测绘产品承担产品质量责任

    E.处理生产过程中的重大技术问题和质量争议

8.根据《测绘生产质量管理规定》,下列质量管理职责中,属于单位质量主管负责人职责的是(　　)。

    A.签发质量手册　　　　　　　　B.签发有关的质量文件及作业指导书

    C.组织编制测绘项目技术设计书　　D.处理生产过程中的质量争议

    E.审定测绘产品的交付验收

三、简答题

1.简述测绘法律法规对测绘成果保密管理的相关规定。

2.国家实行测绘成果汇交制度,简述测绘汇交的原则和汇交主体。

四、论述题

通过对本章的学习,论述在测绘工作中如何保证测绘成果质量。

第7章　界线测绘与不动产测绘管理

7.1　界线测绘管理

7.1.1　国界线测绘管理

1）国界线测绘的概念

国界线指相邻国家领土的分界线,是划分国家领土范围的界线,也是国家行使领土主权的界线。国界可以分为陆地国界、水域国界和空中国界,我们通常所说的国界主要指陆地国界。

国界线测绘指为划定国家间的共同边界线而进行的测绘活动,是与邻国明确划定边界线、签订边界条约和议定书以及日后定期进行联合检查的基础工作。国界线测绘的主要成果是边界线位置和走向的文字说明、界桩点坐标及边界线地形图。

2）国界线测绘的管理

《测绘法》第二十条规定:中华人民共和国国界线的测绘,按照中华人民共和国与相邻国家缔结的边界条约或者协定执行,由外交部组织实施。中华人民共和国地图的国界线标准样图,由外交部和国务院自然资源主管部门拟定,报国务院批准后公布。

国家对国界线测绘活动的管理历来都十分严格,按照《测绘法》规定,国界线测绘应遵循以下原则:

(1)按照中华人民共和国与相邻国家缔结的边界条约或者协定进行测绘

国界线测绘具有法定性、政治性和严肃性。因此,国界线测绘必须严格按照中华人民共和国与相邻国家缔结的边界条约或者协定进行,并由外交部主持进行,测绘部门只负责相应的测绘工作,包括参加实地勘界、树立界桩、施测边界地形图、界桩点坐标和制作边界地图等工作。

(2)国务院批准公布中华人民共和国地图的国界线标准样图

国界线测绘的成果体现着国家的主权和利益,国界线测绘成果的应用,具体体现在中华人民共和国地图的国界线标准样图上。因此,《测绘法》规定,由外交部和国务院自然资源主管部门负责拟订中华人民共和国地图的国界线标准样图,经国务院批准后公布。

7.1.2　行政区域界线测绘管理

1）行政区域界线测绘的概念

行政区域界线指国务院或者省、自治区、直辖市人民政府批准的行政区域毗邻的各有关人民政府行使行政区域管辖权的分界线。行政区域界线涉及行政区域界线周边地区的稳定与发展和行政争议。为了加强对行政区域界线的管理,巩固行政区域界线勘定成果,维护行政区域界线周边地区稳定,2002 年 5 月,国务院颁布了《行政区域界线管理条例》,并自 2002 年 7 月 1 日起施行。

2)行政区域界线测绘的内容

行政区域界线测绘是指利用测绘技术手段和原理,为划定行政区域界线的走向、分布以及周边地理要素而进行的测绘工作。行政区域界线测绘的内容包括界桩的埋设与测定、边界线的调绘、边界线走向的文字说明、边界线地形图的标绘、界线详图的编撰与制印等工作。

3)行政区域界线管理条例的有关规定

(1)行政区域界线勘定后,应当以通告和行政区域界线详图予以公布。省、自治区、直辖市之间的行政区域界线由国务院民政部门公布,由毗邻的省、自治区、直辖市人民政府共同管理。省、自治区、直辖市范围内的行政区域界线由省、自治区、直辖市人民政府公布,由毗邻的自治州、县(自治县)、市、市辖区人民政府共同管理。

(2)行政区域界线的实地位置,以界桩及作为行政区域界线标志的河流、沟渠、道路等线状地物和行政区域界线,协议书中明确规定作为指示行政区域界线走向的其他标志物标定。

(3)行政区域界线毗邻的任何一方不得擅自改变作为行政区域界线标志的河流、沟渠、道路等线状地物;因自然原因或者其他原因改变的,应当保持行政区域界线协议书划定的界线位置不变,行政区域界线协议书中另有约定的除外。行政区域界线协议书中明确规定作为指示行政区域界线走向的其他标志物,应当维持原貌。因自然原因或者其他原因使标志物发生变化的,有关县级以上人民政府民政部门应当组织修测,确定新的标志物,并报该行政区域界线的批准机关备案。

(4)经批准变更行政区域界线的,毗邻的各有关人民政府应当按照勘界测绘技术规范进行测绘、埋设界桩、签订协议书,并将协议书报批准变更该行政区域界线的机关备案。生产、建设用地需要横跨行政区域界线的,应当事先征得毗邻的各有关人民政府同意,分别办理审批手续,并报该行政区域界线的批准机关备案。

(5)行政区域界线毗邻的县级以上地方各级人民政府应当建立行政区域界线联合检查制度,每五年联合检查一次。遇有影响行政区域界线实地走向的自然灾害、河流改道、道路变化等特殊情况,由行政区域界线毗邻的各有关人民政府共同对行政区域界线的特定地段随时安排联合检查。联合检查的结果,由参加检查的各地方人民政府共同报送该行政区域界线的批准机关备案。

(6)行政区域界线详图是反映县级以上行政区域界线标准画法的国家专题地图。任何涉及行政区域界线的地图,其行政区域界线画法一律以行政区域界线详图为准绘制。国务院民政部门负责编制省、自治区、直辖市行政区域界线详图;省、自治区、直辖市人民政府民政部门负责编制本行政区域内的行政区域界线详图。

4)行政区域界线测绘的有关规定

(1)《测绘法》第二十一条规定:行政区域界线的测绘,按照国务院有关规定执行。省、自治区、直辖市和自治州、县、自治县、市行政区域界线的标准画法图,由国务院民政部门和国务院测绘地理信息主管部门拟定,报国务院批准后公布。

(2)国务院的有关规定既包括国务院有关行政区域界线测绘的行政法规,也包括国务院有关县级以上行政区域界线测绘的勘界原则,以及对具体行政区域界线画法的调处意见等。

(3)勘界测绘采用全国统一的大地坐标系统、平面坐标系统和高程系统,执行国家现行有关的测绘技术规范。

(4)边界协议书附图一般利用经补测或修测后的国家最新版的基本比例尺地形图标绘。边界协议书附图标绘,由两省、自治区、直辖市政府负责人签字。

7.1.3　权属界线测绘管理

1)权属界线测绘的概念

权属界线测绘指测定权属界线的走向和界址点的坐标及对其数据进行处理和绘制图形的活动。权属界线测绘是确定权属的重要手段,只有通过权属界线测绘才能准确地将权属界线用数据和图形的形式表示出来。

2)权属界线测绘的规定

《测绘法》第二十二条规定:县级以上人民政府测绘地理信息主管部门应当会同本级人民政府不动产登记主管部门,加强对不动产测绘的管理。

测量土地、建筑物、构筑物和地面其他附着物的权属界址线,应当按照县级以上人民政府确定的权属界线的界址点、界址线或者提供的有关登记资料和附图进行。权属界址线发生变化的,有关当事人应当及时进行变更测绘。

权属界线测绘明确了土地、建筑物、构筑物以及地面上其他附着物的所有权和使用权,对于维护社会的正常经济秩序,保护当事人的合法权益,具有十分重要的意义和作用。

国家对不动产物权实行统一登记制度。当事人申请不动产物权登记,应当根据不同登记事项提供权属证明和不动产界址、面积等必要材料。而申请人要提供权属证明、不动产界址、面积等材料,就必须要事先进行权属界线测绘。从事权属界线测绘,必须掌握以下几点:

(1)从事权属界线测绘时,必须要明确土地、房屋等确权工作,是由地方县级以上人民政府登记造册、核发证书,确认所有权或者使用权,权属界址线的测绘也必须以县级以上地方人民政府的确权为依据进行。

(2)不动产的设立、变更、转让、消灭,经依法登记,发生效力。申请人在不动产变更时,必然会涉及重新登记问题,也就自然而然地涉及权属界线测绘问题。因此,《测绘法》规定,权属界址线发生变化时,有关当事人应当及时进行变更测绘。

(3)权属界线测绘属于十分重要的测绘活动,必须按照《测绘法》及相关测绘法规、规章的规定,依法取得相应的测绘资质,依法履行相应的法律义务。

7.2　地籍测绘管理

7.2.1　地籍测绘的概念

地籍测绘是获取和表达地籍信息所进行的测绘工作,指对地块权属界线的界址点坐标进行测定,并把地块及其附着物的位置、面积、权属关系和利用状况等要素准确地绘制在图纸上和记录在专门的表册中的测绘工作。地籍测绘的目的是获取和表述不动产的权属、位置、形状、数量等有关信息,为不动产产权管理、税收、规划、环境保护、统计等多种用途提供基础资料。

7.2.2 地籍测绘的内容

地籍测绘的主要内容包括平面控制测量、界址测量、其他地籍要素调查与测量、地籍图测绘以及面积量算等。地籍测绘的主要成果包括数据集(控制点、界址点坐标等)、地籍图和地籍簿册。地籍测绘是地籍管理的重要内容,是国家测绘地理信息工作的重要组成部分。具体包括以下内容。

(1)地籍控制测量:测量地籍基本控制点和地籍图根控制点。

(2)界线测量:测定行政区域界线和土地权属界线的界址点坐标。

(3)地籍图测绘:测绘分幅地籍图、土地利用现状图、房产图和宗地图等。

(4)面积测算:测算地块和宗地面积,进行面积的平差和统计。

(5)地籍变更测量:包括地籍图的修测、重测和地籍簿册的修编,以保证地籍成果资料的现势性和正确性。

7.2.3 地籍测绘的特点

地籍测绘与基础测绘和其他专业测绘有着本质的不同,其本质的不同表现在凡涉及土地及其附着物的权利的测量都可视为地籍测绘,具体特点如下:

(1)地籍测绘是政府行使土地行政管理职能的具有法律意义的行政性技术行为。

(2)地籍测绘为土地管理提供了精确、可靠的地理参考系统。

(3)地籍测绘是在地籍调查的基础上进行的,具有勘验取证的法律特征。

(4)地籍测绘的技术标准必须符合土地法律的要求。

(5)地籍测绘工作具有非常强的现势性。

(6)地籍测绘技术和方法是对现代测绘技术和方法的应用集成。

(7)从事地籍测绘活动的技术人员应当具有丰富的土地管理知识。

7.2.4 地籍测绘管理的内容

1)编制地籍测绘规划

编制地籍测绘规划是地籍测绘管理的重要内容。《测绘法》第二十二条第一款对此作了明确规定。

2)组织管理地籍测绘

县级以上人民政府自然资源主管部门按照地籍测绘规划,组织管理地籍测绘。

3)管理地籍测绘资质

从事地籍测绘活动,必须依法取得省级以上人民政府自然资源主管部门颁发的载有不动产测绘业务中的地籍测绘子项的测绘资质证书,并按照测绘资质证书规定的资质等级、业务范围从事地籍测绘活动。其他任何部门、任何机关发放的载有地籍测绘、地籍勘测业务的资格、许可证或者资质证书,都是违反国家现行测绘地理信息法律规定的行为。

4）监督管理地籍测绘成果质量

加强地籍测绘成果质量的监督管理，是各级自然资源主管部门的基本职责。各级自然资源主管部门要依法履行测绘地理信息成果质量监督管理职能，加强对地籍测绘成果质量的监督检查，依法确认地籍测绘成果，保证地籍测绘成果质量。

5）监督管理地籍测绘标准

自然资源主管部门的一项重要职责就是研究制定地籍测绘技术标准和规范，对地籍测绘过程中是否执行国家技术规范和标准情况进行监督管理。《测绘法》第五条规定：从事测绘活动，应当使用国家规定的测绘基准和测绘系统，执行国家规定的测绘技术规范和标准。因此，各级自然资源主管部门要加强对地籍测绘标准化的管理，确保国家地籍测绘的各项标准、规范得到全面正确的实施。

7.3　房产测绘管理

7.3.1　房产测绘的概念

房产测绘指利用测绘地理信息技术手段测定和表述房屋及其自然状况、权属状况、位置、数量、质量以及利用状况及其属性并对获取的数据、信息、成果进行处理和提供的活动。为加强对房产测绘的管理，建设主管部门和国家自然资源主管部门联合发布了《房产测绘管理办法》，对房产测绘行为和房产测绘管理作出了具体规定。

房产测绘的主要内容包括房产平面控制测量、房产面积预测算、房产面积测算、房产要素调查与测量、房产变更调查与测量、房产图测绘和建立房产信息系统。随着房地产市场的快速发展和现代测绘地理信息技术的广泛应用，房产测绘的技术手段和方法也越来越多，房产测绘的内容也越来越丰富。

7.3.2　房产测绘委托

委托房产测绘的申请人主要包括：

（1）房屋权利申请人。

（2）房屋权利人。

（3）其他利害关系人。

（4）房产行政主管部门。

有下列情形之一的，房屋权利申请人、房屋权利人或者其他利害关系人应当委托房产测绘单位进行房产测绘：

（1）申请产权初始登记的房屋。

（2）自然状况发生变化的房屋。

（3）房屋权利人或者其他利害关系人要求测绘的房屋。

如果在房产管理中需要进行房产测绘，则由房地产行政主管部门委托房产测绘单位进行。

房产测绘委托规定：

（1）委托房产测绘的，委托人与房产测绘单位应当签订书面房产测绘合同。

(2)房产测绘单位应当是独立的经济实体,与委托人不得有利害关系,并依法取得房产测绘资质。

(3)房产测绘所需费用由委托人支付,房产测绘收费标准按照国家有关规定执行。

7.3.3　房产测绘资质管理

从事房产测绘应当依法取得载有不动产测绘业务房产测绘子项的测绘资质证书,并在测绘资质证书规定的业务范围内从事房产测绘活动。需要说明的是,《房产测绘管理办法》中有关房产测绘资质申请、受理的规定,已由国务院发文明确取消,不作为房产测绘资质审批的依据。目前,为简化行政审批程序,方便行政许可申请人,申请房产测绘资质,不需要再征求其他任何部门的意见,也不需要房地产行政主管部门进行初审。

7.3.4　房产测绘成果管理

(1)房产测绘成果包括:房产簿册、房产数据和房产图集等。房产测绘成果是测绘成果的重要组成部分,国家有关测绘成果管理的法律、行政法规等,均适用于房产测绘成果。

(2)《房产测绘管理办法》规定:当事人对房产测绘成果有异议的,可以委托国家认定的房产测绘成果鉴定机构鉴定。用于房屋权属登记等房产管理的房产测绘成果,房地产行政主管部门应当对施测单位的资格、测绘成果的适用性、界址点准确性、面积测算依据与方法等内容进行审核。审核后的房产测绘成果纳入房产档案统一管理。

(3)向国(境)外团体和个人提供、赠送、出售未公开的房产测绘成果资料,委托国(境)外机构印制房产测绘图件,应当按照《测绘法》和《测绘成果管理条例》以及国家安全、保密等有关规定办理。

7.3.5　房产测绘标准化管理

《测绘法》第二十三条规定:城乡建设领域的工程测量活动,与房屋产权、产籍相关的房屋面积的测量,应当执行由国务院住房城乡建设主管部门、国务院测绘地理信息主管部门组织编制的测量技术规范。

《房产测绘管理办法》第三条规定:房产测绘单位应当严格遵守国家有关法律、法规,执行国家房产测量规范和有关技术标准、规定,对其完成的房产测绘成果质量负责。

7.3.6　房产测绘的法律责任

无证从事房产测绘。未取得载明房产测绘业务的测绘资格证书从事房产测绘业务以及承担房产测绘任务超出测绘资格证书所规定的房产测绘业务范围、作业限额的,依照《测绘法》和《测绘资质管理办法》的规定处罚。

违法进行房产测绘的其他情形:

(1)在房产面积测算中不执行国家标准、规范和规定的。

(2)在房产面积测算中弄虚作假、欺骗房屋权利人的。

(3)房产面积测算失误,造成重大损失的。

根据《房产测绘管理办法》,有上述情形之一的,由县级以上人民政府房地产行政主管部门给予警告并责令限期改正,并可处以罚款;情节严重的,由发证机关予以降级或者取消其房产测绘资格。

7.4　海洋测绘管理

7.4.1　海洋测绘的概念和内容

海洋测绘是海洋测量和海洋制图的总称。其任务是对海洋及其邻近陆地和江河湖泊进行测量和调查,获取海洋基础地理信息,编制各种海图和航海资料,为航海、国防建设、海洋开发和海洋研究服务。

根据《测绘资质分类分级标准》,海洋测绘的主要内容有:海域权属测绘、海岸地形测量、水深测量、水文观测、海洋工程测量、扫海测量、深度基准测量、海图编制和海洋测绘监理9项。

7.4.2　海洋测绘的特点

海洋测绘的对象是海洋以及海洋中的各种自然现象和人文现象,海洋测绘有其特殊性:

(1)海洋测绘中的垂直坐标是同船体的平面位置同步测定的,而陆地上所测定点的三维坐标是分别采用不同的方法、不同的仪器设备分别测定的。

(2)海洋测绘工作是在不断运动着的海面上进行的,而陆上的测站点与在海上的测站点相比,可以说是固定不动的。

(3)海洋测绘一般采用声波信号,在陆地测量中一般采用电磁波信号。

(4)在海上测定海底某点的深度是指其低于大地水准面或水深基准面多少,而陆地上测定的是高程,即某点高出大地水准面多少。

(5)陆地地形测量及工程制图大多采用高斯—克吕格投影,而海洋制图还有墨卡托、横轴等角割圆柱(UTM)投影等,尤其是海图投影基本采用墨卡托投影。

7.4.3　海洋测绘管理规定

海洋测绘是测绘地理信息工作的重要组成部分,是自然资源主管部门统一监督管理的重要内容,从事海洋测绘必须依法取得海洋测绘资质。但是,海洋测绘管理有其特殊性。

《测绘法》第四条第三款规定:军队测绘部门负责管理军事部门的测绘工作,并按照国务院、中央军事委员会规定的职责分工负责管理海洋基础测绘工作。

根据《测绘法》规定,在现有的管理体制和法律架构下,海洋基础测绘工作由军队测绘部门按照国务院、中央军事委员会规定的职责分工进行管理。

习　题

一、单项选择题

1.中华人民共和国国界线测绘执行的依据是(　　　)。

A. 中华人民共和国和相邻国家缔结的边界条约或者协定

B. 中华人民共和国参与的有关国际公约

C. 与中华人民共和国相邻国家的现行法律

D. 中华人民共和国承认的国际惯例

2. 拟定省、自治区、直辖市和自治州、县、自治县、市行政区域界线的标准画法图的部门是(　　)。

A. 国务院民政部门和外交部

B. 国务院自然资源主管部门

C. 外交部和国务院自然资源主管部门

D. 国务院民政部门和国务院自然资源主管部门

3.《测绘法》规定,编制全国地籍测绘规划的部门是(　　)。

A. 国务院土地行政主管部门会同国务院发展改革主管部门

B. 国务院测绘地理信息主管部门会同国务院发展改革主管部门

C. 国务院发展改革主管部门会同国务院财政部门

D. 国务院测绘地理信息主管部门会同国务院土地行政主管部门

4. 测量土地的权属界址线,应当按照(　　)确定的权属界线的界址点、界址线 或者提供的有关登记资料和附图进行。

A. 县级以上地方人民政府　　　　　B. 县级以上人民政府

C. 县级以上测绘地理信息主管部门　　D. 县级以上土地行政主管部门

5.《行政区域界线管理条例》规定,经批准变更行政区域界线的,毗邻的各有关人民政府应当按照(　　)进行测绘,埋设界桩,签订协议书。

A. 基础测绘规范　　　　　　　　　B. 相邻人民政府之间达成的协议

C. 勘界测绘技术规范　　　　　　　D. 地籍测绘规范

6.《测绘法》规定,建筑物、构筑物的权属界址线发生变化时,有关当事人应当及时进行(　　)测绘。

A. 工程　　　　　B. 变更　　　　　C. 竣工　　　　　D. 地形

7.《测绘法》规定,与房屋产权、产籍相关的房屋面积测量,应当执行由(　　)负责组织编制的测量技术规范。

A. 国务院建设行政主管部门、国务院标准化行政主管部门

B. 国务院测绘地理信息主管部门、国务院土地行政主管部门

C. 国务院测绘地理信息主管部门、国务院标准化行政主管部门

D. 国务院建设行政主管部门、国务院自然资源主管部门

8. 房屋权利人申请房屋产权初始登记的,应当由(　　)委托房产测绘单位进行房产测绘。

A. 房屋权利人　　　　　　　　　　B. 房地产行政主管部门

C. 土地行政主管部门　　　　　　　D. 产权登记机关

9.《行政区域界线管理条例》规定,因建设、开发等原因需要移动或者增设界桩的,行政区域界线毗邻的各有关人民政府应当协商一致,共同测绘,增补档案资料,并报(　　)备案。

  A. 国务院   B. 省级人民政府

  C. 该行政区域界线的批准机关   D. 国务院民政部门

10. 当事人对房产测绘成果有异议的,可以委托的鉴定机构是( )。

  A. 测绘地理信息主管部门   B. 建设行政主管部门

  C. 测绘产品质量监督检验机构   D. 国家认定的房产测绘成果鉴定机构

11. 中华人民共和国地图的国界线标准样图,由( )拟定。

  A. 外交部和国务院民政部门

  B. 外交部和军队测绘部门

  C. 外交部和国务院自然资源主管部门

  D. 民政部和国务院自然资源主管部门

12. 根据《房产测绘管理办法》,房产测绘单位在房产面积测算中不执行国家标准、规范和规定的,可以对其作出处罚的部门是( )。

  A. 县级以上测绘地理信息主管部门   B. 县级以上房地产行政主管部门

  C. 省级以上测绘地理信息主管部门   D. 省级以上房地产行政主管部门

13. 某乙级房产测绘单位在房产测绘活动中,由于房产面积测算失误,造成重大损失,情节严重。根据《房产测绘管理办法》,依法予以降级或者取消其房产测绘资质的机关是( )。

  A. 所在地省级测绘地理信息行政主管部门

  B. 所在地市级测绘地理信息行政主管部门

  C. 所在地省级房地产行政主管部门

  D. 所在地市级房地产行政主管部门

14. 根据《房产测绘管理办法》,下列关于房产测绘委托的说法中,错误的是( )。

  A. 房产管理中需要的房产测绘,由房地产行政主管部门委托房产测绘单位进行

  B. 委托房产测绘的,应当签订书面房产测绘合同

  C. 房产测绘单位与委托人不得有利害关系

  D. 房产测绘所需费用由房屋产权人支付

二、多项选择题

1. 根据《房产测绘管理办法》,下列房屋中,应当依法委托进行房产测绘的是( )。

  A. 申请产权初始登记的房屋

  B. 自然状况发生变化的房屋

  C. 房屋权利人或者其他利害关系人要求测绘的房屋

  D. 产权发生流转的房屋

  E. 办理抵押登记的房屋

2. 根据《房产测绘管理办法》,用于房屋权属登记等房产管理的房产测绘成果,房地产行政主管部门应当审核的内容是( )。

  A. 施测单位的资质   B. 测绘成果的适用性

  C. 界址点准确性   D. 面积测算依据与方法

E. 成果的完整性

3.根据《省级行政区域界线勘界测绘技术规定(试行)》,下列工作中,属于勘界测绘内容的是(　　)。

A. 界桩的埋设与测定　　　　　　B. 边界线三维模型建立

C. 边界线走向的文字说明　　　　D. 边界线权属测绘

E. 界线详图集的编纂与制印

三、简答题

1.简述《测绘法》关于国界线测绘管理的要点。

2.简述需要委托房产测绘的情形和房产测绘委托的相关规定。

第8章 地图管理

8.1 地图的概念与特征

8.1.1 地图的概念

地图指按一定的数学法则,使用符号系统、文字注记,以图解的、数字的或触觉的形式表示自然地理、人文地理各种要素的载体。它是根据一定的数学法则,将地球(或其他星体)上的自然和人文现象,使用地图语言,通过制图综合,缩小在平面上,反映各种现象的空间分布、组合、联系、数量和质量特征及其在时间中的发展变化。

8.1.2 地图的特征

(1)地图必须遵循一定的数学法则。地图是绘制在平面上的,必须准确地反映它与客观实体在位置、属性等要素之间的关系。

(2)地图必须经过科学概括。缩小了的地图不可能容纳地表所有的现象。地图总是通过一定的比例尺,表示地表自然地理和人文地理各种要素。

(3)地图具有完整的符号系统。地图表现的客体主要是地球表面。地表具有数量极其庞大的、包括自然与社会经济现象的地理信息。只有通过完整的符号系统,才能准确地表达这种现象。

(4)地图是地理信息的载体。地图容纳和储存了数量巨大的信息,而作为信息的载体,可以是传统概念上的纸质地图、实体模型,可以是各种可视化屏幕影像、声像地图,也可以是触觉地图。

8.1.3 地图的分类

随着地图制图理论、技术及制图载体的快速发展,地图的种类越来越多,近年来我国每年出版地图约 2000 多种,印数达 2 亿册(幅)。国家自然资源主管部门在《测绘资质分类分级标准》中将地图划分为:地形图、教学地图、世界政区地图、全国及地方政区地图、电子地图、真三维地图、其他专用地图共 7 类;同时,在《测绘资质分类分级标准》中规定了互联网地图服务和导航电子地图制作的标准。

8.1.4 国家基本比例尺

地图是依照一定的比例关系和制图规则,科学表达自然地理要素或者地表人工设施的形状、大小、空间位置及其属性信息的重要载体。目前,世界上多数国家都根据经济社会发展需要,由国家确定一些比例尺地图作为国家基本比例尺地图,从而为经济社会发展和各项工程建设提供基础保障,并纳入公益性范围。

《测绘法》第十条规定:国家建立全国统一的大地坐标系统、平面坐标系统、高程系统、地心坐标系统和重力测量系统,确定国家大地测量等级和精度以及国家基本比例尺地图的系列和基本精度。具体规范和要求由国务院测绘地理信息主管部门会同国务院其他有关部门、军队测绘部门制定。

我国目前确定的国家基本比例尺地图包括 1∶500、1∶1000、1∶2000、1∶5000、1∶1 万、1∶2.5 万、1∶5 万、1∶10 万、1∶25 万、1∶50 万、1∶100 万,共 11 种。国家基本比例尺地图系列是国家各项经济建设、国防建设和社会发展的基础图,具有使用频率高、内容表示详细、分类齐全、精度高等特点,是我国最具权威性的基础地图。《测绘法》对国家基本比例尺地图作出了具体规定:

(1)国家确定国家基本比例尺地图的系列和基本精度。国家基本比例尺地图系列和基本精度指按照国家规定的测图技术标准、编图技术规范、图式和比例尺系统测量和编制的若干特定规格的地图系列。

(2)国家制定国家基本比例尺地图系列和基本精度的具体规范和要求。

国务院自然资源主管部门在组织制定国家基本比例尺地图系列和基本精度的具体规范和要求时,应当会商国务院其他有关部门、军队测绘部门。

(3)测绘国家基本比例尺地图时,应当执行国家制定的技术规范和标准。根据《测绘法》,测绘国家基本比例尺地图属于国家基础测绘的重要内容。根据《基础测绘条例》规定,从事基础测绘活动,应当使用全国统一的大地基准、高程基准、深度基准、重力基准,以及全国统一的大地坐标系统、平面坐标系统、高程系统、地心坐标系统、重力测量系统,执行国家规定的测绘技术规范和标准。

8.2 地图编制管理

地图编制管理主要包括地图编制内容表示的规定以及对地图编制工作中的地图内容审核、解密处理等方面的相关要求。

8.2.1 地图编制的概念与原则

1)地图编制的概念

地图编制指编制地图的作业过程,包括编辑准备、原图编绘和出版准备三个阶段。由于绘有国界线、行政区域界线的地图具有严密的科学性、严肃的政治性和严格的法定性,因此,国家对地图编制工作十分重视。国务院于 2015 年 12 月 14 日颁布了《地图管理条例》(国务院令第 664 号),自 2016 年 1 月 1 日起执行。《地图管理条例》对地图编制、出版的管理体制、基本原则和内容表示等进行了严格的规定,是目前我国地图编制管理的主要法律依据。

2)地图编制的原则

(1)从事地图编制活动的单位应当依法取得相应的测绘资质证书,并在资质等级许可的范围内开展地图编制工作。

（2）编制地图，应当执行国家有关地图编制标准，遵守国家有关地图内容表示的规定。

（3）编制地图，应当选用最新的地图资料并及时补充或者更新，正确反映各要素的地理位置、形态、名称及相互关系，且内容符合地图使用目的。

（4）编制涉及中华人民共和国国界的世界地图、全国地图，应当完整表示中华人民共和国疆域。

（5）在地图上绘制我国县级以上行政区域界线或者范围，应当符合行政区域界线标准画法图。

（6）在地图上表示重要地理信息数据，应当使用依法公布的重要地理信息数据。

（7）利用涉及国家秘密的测绘成果编制地图的，应当依法使用经国务院自然资源主管部门或者省、自治区、直辖市人民政府自然资源主管部门进行保密技术处理的测绘成果。

8.2.2 地图编制内容规定

公开地图，是指公开出版、销售、传播、登载和展示的地图和涉及地图图形的产品，《地图管理条例》、国家自然资源主管部门发布的《公开地图内容表示规范》等都对公开地图的编制内容进行了规定。

1）公开地图禁止表示的内容

表现地为我国境内的地图不得表示下列内容：

（1）军队指挥机关、指挥工程、作战工程，军用机场、港口、码头，营区、训练场、试验场，军用洞库、仓库，军用信息基础设施，军用侦察、导航、观测台站，军用测量、导航、助航标志，军用公路、铁路专用线，军用输电线路，军用输油、输水、输气管道，边防、海防管控设施等直接用于军事目的的各种军事设施；

（2）武器弹药、爆炸物品、剧毒物品、麻醉药品、精神药品、危险化学品、铀矿床和放射性物品的集中存放地，核材料战略储备库、核武器生产地点及储备品种和数量，高放射性废物的存放地，核电站；

（3）国家安全等要害部门；

（4）石油、天然气等重要管线；

（5）军民合用机场、港口、码头的重要设施；

（6）卫星导航定位基准站；

（7）国家禁止公开的其他内容；

2）公开地图禁止表示的属性

表现地为我国境内的地图不得表示下列内容的属性：

（1）军事禁区、军事管理区及其内部的建筑物、构筑物和道路；

（2）监狱、看守所、拘留所、强制隔离戒毒所和强制医疗所（名称除外）；

（3）国家战略物资储备库、中央储备库（名称除外）；

（4）重要桥梁的限高、限宽、净空、载重量和坡度，重要隧道的高度和宽度，公路的路面铺设材料；

（5）江河的通航能力、水深、流速、底质和岸质，水库的库容，拦水坝的构筑材料和高度，沼泽的水深和泥深；

(6)电力、电讯、通信等重要设施以及给排水、供热、防洪、人防等重要管廊或者管线;

(7)国家禁止公开的其他信息。

8.2.3　地图上界线表示

1)中华人民共和国国界、中国历史疆界和世界各国国界线表示

根据《地图管理条例》第十条规定,在地图上绘制中华人民共和国国界、中国历史疆界、世界各国间边界、世界各国间历史疆界,应当遵守下列规定:

(1)中华人民共和国国界,按照中国国界线画法标准样图绘制。

(2)中国历史疆界,依据有关历史资料,按照实际历史疆界绘制。

(3)世界各国间边界,按照世界各国国界线画法参考样图绘制。

(4)世界各国间历史疆界,依据有关历史资料,按照实际历史疆界绘制。

中国国界线画法标准样图、世界各国国界线画法参考样图,由外交部和国务院自然资源主管部门拟订,报国务院批准后公布。

2)行政区域界线表示

根据《地图管理条例》第十一条规定,在地图上绘制我国县级以上行政区域界线或者范围,应当符合行政区域界线标准画法图、国务院批准公布的特别行政区行政区域图和国家其他有关规定。

行政区域界线标准画法图由国务院民政部门和国务院自然资源主管部门拟订,报国务院批准后公布。

3)中国全图应遵守下列规定

根据原自然资源部发布的《公开地图内容表示规范》,中国全图应遵守下列规定:

(1)准确反映中国领土范围;

(2)中国全图除了表示大陆、海南岛、台湾岛外,还应当表示南海诸岛、钓鱼岛及其附属岛屿等重要岛屿;南海诸岛以附图形式表示时,中国地图主图的南边应当绘出海南岛的最南端;

(3)地图上表示的内容不得影响中国领土的完整表达,不得压盖重要岛屿等涉及国家主权的重要内容。

8.2.4　岛屿的地图表示规定

1)南海诸岛地图表示规定

根据原自然资源部发布的《公开地图内容表示规范》,南海诸岛地图表示应遵守下列规定:

(1)南海诸岛地图的应准确绘出四至范围。

(2)海南省地图,必须包括南海诸岛。南海诸岛既可以包括在正图内,也可以作附图。完整表示海南岛的区域地图,必须附"南海诸岛"附图。

(3)作为中国地图或者其他区域地图的附图时,一律称"南海诸岛";南海诸岛作为海南省地图的附图时,附图名称为"海南省全图"。

(4)南海诸岛作为专题地图的附图时,可简化表示相关专题内容。

(5)南海诸岛地图应当表示东沙、西沙、中沙、南沙群岛以及曾母暗沙、黄岩岛等岛屿岛礁。

（6）对于标注了国名（含邻国国名）的地图，当南海诸岛与大陆同时表示时，中国国名注在大陆上，南海诸岛范围内不注国名，岛屿名称不括注"中国"字样；当图中未出现中国大陆而含有南海诸岛局部时，各群岛和曾母暗沙、黄岩岛等名称括注"中国"字样。

对于未标注任何中国及邻国国名的地图，南海诸岛范围内不注国名，岛屿名称不括注"中国"字样。

（7）南海诸岛的岛礁名称，按照国务院批准公布的标准名称标注。

2）钓鱼岛及其附属岛屿地图表示规定

根据原自然资源部发布的《公开地图内容表示规范》，钓鱼岛及其附属岛屿地图表示应遵守下列规定：

（1）比例尺大于1:1亿，且图幅范围包括钓鱼岛及其附属岛屿的地图，应当表示钓鱼岛及其附属岛屿；

（2）比例尺等于或者小于1:1亿的地图以及未表示国界或者领土范围的地图，可不表示钓鱼岛及其附属岛屿。

归属不明的岛屿，不得明确归属，应当作水域设色、留白色或者不予表示。

8.2.5　地图编制管理

1）地图编制资质管理

根据《测绘法》和《地图管理条例》，从事地图编制必须依法取得测绘资质证书，并在测绘资质证书许可的业务范围内从事地图编制工作。根据《测绘资质管理办法》和《测绘资质分类分级标准》，对于编制地形图、教学地图、世界政区地图、全国及地方政区地图、电子地图、真三维地图和其他专用地图及互联网地图服务的，必须依法取得地图编制资质和互联网地图服务资质。申请互联网地图服务资质的，还必须具有规定数量的经省级以上自然资源主管部门考核合格的地图安全审校人员。

2）地图编制审核管理

地图编制单位编制的地图在公开使用、印刷、出版及展示前，必须按照国家地图编制管理的有关规定，依法送省级以上自然资源主管部门进行审核。

3）解密处理

地图编制单位利用涉及国家秘密的测绘成果编制各类公开地图，在地图送审前，还应当采用国家自然资源主管部门规定的统一方法进行保密技术处理。

8.3　地图出版、展示与登载管理

《测绘法》第三十八条规定：地图的编制、出版、展示、登载及更新应当遵守国家有关地图编制标准、地图内容表示、地图审核的规定。以保证地图质量，维护国家主权、安全和利益。

8.3.1　地图出版

1）地图出版的概念

地图出版是指将编制的地图作品编辑加工，经过复制后由具有法定地图出版资质的专业出版机构向公众发行的活动。

根据国家地图出版的有关法律规定,普通地图由专门地图出版社出版,其他出版社不得出版。中央级专门地图出版社(如中国地图出版社有限公司等),可以按照国务院出版行政管理部门批准的地图出版范围出版各种地图。地方专门地图出版社,按照国务院出版行政管理部门批准的地图出版范围,可以出版除世界性地图、全国性地图以外的各种地图。中央级专业出版社,具备出版地图的专业技术条件的,按照国务院出版行政管理部门批准的地图出版范围,可以出版本专业的专题地图。地方专业出版社具备地图出版专业技术条件的,按照国务院出版行政管理部门批准的地图出版范围,可以出版本专业的地方性专题地图。

2)地图出版管理

《地图管理条例》对地图出版有明确规定:

(1)县级以上人民政府出版行政主管部门应当加强对地图出版活动的监督管理,依法对地图出版违法行为进行查处。

(2)出版单位从事地图出版活动的,应当具有国务院出版行政主管部门审核批准的地图出版业务范围,并依照《出版管理条例》的有关规定办理审批手续。

(3)出版单位根据需要,可以在出版物中插附经审核批准的地图。

(4)任何出版单位不得出版未经审定的中小学教学地图。

(5)出版单位出版地图,应当按照国家有关规定向国家图书馆、中国版本图书馆和国务院出版行政主管部门免费送交样本。

(6)地图著作权的保护,依照有关著作权法律、法规的规定执行。

8.3.2 地图展示

地图展示是指将不同类型的地图利用一定的载体在公开场合进行展出或使用。如附有地图图形的影视广告、标牌、橱窗、宣传背景、票证、壁画,以及文化用品、工艺品、纪念品、玩具等。《地图管理条例》以及《公开地图内容表示若干规定》中,对地图展示都有具体规定。主要体现在以下几个方面:

(1)展示未出版的绘有国界线或者省级行政区域界线地图的,在地图展示前,必须经过省级以上自然资源主管部门审核。

(2)保密地图和内部地图不得以任何形式公开展示。

(3)公开展示的地图不得表示任何国家秘密和内部事项。

8.3.3 地图登载

地图登载指利用数字地图,经可视化处理,通过网络传输的屏幕地图,如互联网地图、车载导航地图、手机地图等。地图登载管理,目的是确保登载的地图不出现质量问题,不出现危害国家主权、安全和利益的政治性问题。《地图管理条例》对互联网地图服务有明确规定:

(1)国家鼓励和支持互联网地图服务单位开展地理信息开发利用和增值服务。县级以上人民政府应当加强对互联网地图服务行业的政策扶持和监督管理。

(2)互联网地图服务单位向公众提供地理位置定位、地理信息上传标注和地图数据库开发等服务的,应当依法取得相应的测绘资质证书。互联网地图服务单位从事互联网地图出版活动的,应当经国务院出版行政主管部门依法审核批准。

(3)互联网地图服务单位应当将存放地图数据的服务器设在中华人民共和国境内,并制定互联网地图数据安全管理制度和保障措施。县级以上人民政府测绘地理信息行政主管部门应当会同有关部门加强对互联网地图数据安全的监督管理。

(4)互联网地图服务需要单位收集、使用用户个人信息的,应当明示收集、使用信息的目的、方式和范围,应当公开收集、使用规则,并经用户同意。不得泄露、篡改、出售或者非法向他人提供用户的个人信息。互联网地图服务单位应当采取技术措施和其他必要措施,防止用户的个人信息泄露、丢失。

(5)互联网地图服务单位用于提供服务的地图数据库及其他数据库不得存储、记录含有按照国家有关规定在地图上不得表示的内容。互联网地图服务单位发现其网站传输的地图信息含有不得表示的内容的,应当立即停止传输,保存有关记录,并向县级以上人民政府自然资源主管部门、出版行政主管部门、网络安全和信息化主管部门等有关部门报告。

(6)任何单位和个人不得通过互联网上传标注含有按照国家有关规定在地图上不得表示的内容。

(7)互联网地图服务单位应当使用经依法审核批准的地图,加强对互联网地图新增内容的核查校对,并按照国家有关规定向国务院测绘地理信息行政主管部门或者省、自治区、直辖市测绘地理信息行政主管部门备案。

(8)互联网地图服务单位对在工作中获取的涉及国家秘密、商业秘密的信息,应当保密。

(9)互联网地图服务单位应当加强行业自律,推进行业信用体系建设,提高服务水平。

8.4 地图审核管理

根据《地图管理条例》第十五条第一款规定,国家实行地图审核制度。地图审核指自然资源主管部门根据地图送审单位和个人的申请,依据国家有关地图编制的技术规范和标准,对地图的内容及其表现形式进行核准的一种行政许可行为。为加强地图审核管理,2006 年国土资源部专门发布了《地图审核管理规定》,2017 年 11 月 20 日国土资源部第 3 次部务会议对《地图审核管理规定》进行修订,并明确规定在中华人民共和国境内公开出版地图,引进地图,展示、登载地图以及在生产加工的产品上附加的地图图形必须依法经过审核。

8.4.1 地图审核的职责权限

《地图审核管理规定》明确国务院自然资源主管部门负责全国地图审核工作的监督管理。省、自治区、直辖市人民政府自然资源主管部门以及设区的市级人民政府自然资源主管部门负责本行政区域地图审核工作的监督管理。国务院自然资源主管部门负责下列地图的审核:

(1)全国地图以及主要表现地为两个以上省、自治区、直辖市行政区域的地图。

(2)香港特别行政区地图、澳门特别行政区地图以及台湾地区地图。

(3)世界地图以及主要表现地为国外的地图。

(4)历史地图。

省、自治区、直辖市人民政府自然资源主管部门负责审核主要表现地在本行政区域范围内的地图。其中，主要表现地在设区的市行政区域范围内不涉及国界线的地图，由设区的市级人民政府自然资源主管部门负责审核。

根据《地图审核管理规定》第五条的规定，在下列情况下，单位和个人（地图审核申请人）应当按照规定向地图审核部门提出地图审核申请：

（1）出版、展示、登载、生产、进口、出口地图或者附着地图图形的产品的。

（2）已审核批准的地图或者附着地图图形的产品，再次出版、展示、登载、生产、进口、出口且地图内容发生变化的。

（3）拟在境外出版、展示、登载的地图或者附着地图图形的产品的。

《地图审核管理规定》第六条同时规定，直接使用自然资源主管部门提供的具有审图号的公益性地图，景区地图、街区地图、公共交通线路图等内容简单的地图，法律法规明确应予公开且不涉及国界、边界、历史疆界、行政区域界线或者范围的地图，可以不送审，但应当在地图上注明地图制作单位名称。

8.4.2 申请资料及审核结果

《地图管理条例》第十六条规定：出版地图的，由出版单位送审；展示或者登载不属于出版物的地图的，由展示者或者登载者送审；进口不属于出版物的地图或者附着地图图形的产品的，由进口者送审；进口属于出版物的地图，依照《出版管理条例》的有关规定执行；出口不属于出版物的地图或者附着地图图形的产品的，由出口者送审；生产附着地图图形的产品的，由生产者送审。

《地图审核管理规定》第十条规定：申请地图审核，应当提交下列材料：

（一）地图审核申请表；

（二）需要审核的地图最终样图或者样品。用于互联网服务等方面的地图产品，还应当提供地图内容审核软硬件条件；

（三）地图编制单位的测绘资质证书。

有下列情形之一的，可以不提供前款第三项规定的测绘资质证书：

（一）进口不属于出版物的地图和附着地图图形的产品；

（二）直接引用古地图；

（三）使用示意性世界地图、中国地图和地方地图；

（四）利用自然资源主管部门具有审图号的公益性地图且未对国界、行政区域界线或者范围、重要地理信息数据等进行编辑调整。

《地图审核管理规定》第十一条规定：利用涉及国家秘密的测绘成果编制的地图，应当提供省级以上自然资源主管部门进行保密技术处理的证明文件。地图上表达的其他专业内容、信息、数据等，国家对其公开另有规定的，从其规定，并提供有关主管部门可以公开的相关文件。

地图审核是一项测绘地理信息行政许可事项，申请地图审核的条件、程序和标准等，都必须按照《行政许可法》《地图管理条例》和《地图审核管理规定》进行。自然资源主管部门应当自受理地图审核申请之日起20个工作日内作出审核决定。予以批准的，核发地图审核批准文件和审图号。不予批准的，核发地图审核不予批准文件并书面说明理由，告知申请人享有依法申请行政复议或者提起行政诉讼的权利。

互联网地图服务审图号有效期为两年,审图号到期,应当重新送审。审核通过的互联网地图服务,申请人应当每六个月将新增标注内容及核查校对情况向作出审核批准的自然资源主管部门备案。互联网地图服务单位应当配备符合相关要求的地图安全审校人员,并强化内部安全审校核查工作。

8.4.3 地图审核内容

1)根据《地图审核管理规定》第十八条,地图审核的主要内容有:

(1)地图表示内容中是否含有《地图管理条例》第八条规定的不得表示的内容。

(2)中华人民共和国国界、行政区域界线或者范围以及世界各国间边界、历史疆界在地图上的表示是否符合国家有关规定。

(3)重要地理信息数据、地名等在地图上的表示是否符合国家有关规定。

(4)主要表现地包含中华人民共和国疆域的地图,中华人民共和国疆域是否完整表示。

(5)地图内容表示是否符合地图使用目的和国家地图编制有关标准。

(6)法律、法规规定需要审查的其他内容。

2)地图审核申请人应履行的义务有:

(1)按照国务院自然资源主管部门或者省级自然资源主管部门出具的地图内容审查意见书和试制样图上的批注意见对地图进行修改。

(2)在正式出版、展示、登载以及生产的地图产品上载明地图审图号。

(3)在地图出版发行、销售前向地图审核部门报送样图一式两份备案。

8.4.4 地图审核的法律责任

根据《地图管理条例》应当送审而未送审的,责令改正,给予警告,没收违法地图或者附着地图图形的产品,可以处罚款;有违法所得的,没收违法所得。

经审核不符合国家有关标准和规定的地图未按照审核要求修改即向社会公开的,责令改正,给予警告,没收违法地图或者附着地图图形的产品,可以处罚款;有违法所得的,没收违法所得;情节严重的,责令停业整顿,降低资质等级或者吊销测绘资质证书,可以向社会通报。

未在地图的适当位置显著标注审图号,或者未按照有关规定送交样本的,责令改正,给予警告;情节严重的,责令停业整顿,降低资质等级或者吊销测绘资质证书。

最终向社会公开的地图与审核通过的地图内容及表现形式不一致,或者互联网地图服务审图号有效期届满未重新送审的,自然资源主管部门应当责令改正、给予警告,可以处3万元以下的罚款。

以上行为若有情节构成犯罪的,依法追究刑事责任。

8.5 互联网地图服务

8.5.1 互联网地图的概念

互联网地图指登载在互联网上或者通过互联网发送的基于服务器地理信息数据库形成

的具有实时生成、交互控制、数据搜索、属性标注等特性的电子地图。通过无线互联网络调用的手机地图等也纳入互联网地图管理范畴。

8.5.2 互联网地图服务资质

从事互联网地图服务,必须依法取得互联网地图服务资质。根据《互联网地图服务专业标准》,互联网地图服务涉及地理位置定位、地理信息上传标注、地图数据库开发。从事互联网地图上述业务活动,必须依据《测绘资质管理办法》依法取得互联网地图资质。

8.5.3 互联网地图管理

互联网地图承载的地理信息是国家重要的基础性、战略性信息资源,具有严肃的政治性、严密的科学性和严格的法定性。《地图管理条例》等法规对互联网地图管理的主要规定如下:

(1)互联网地图服务单位向公众提供地理位置定位、地理信息上传标注和地图数据库开发等服务的,应当依法取得相应的测绘资质证书。

(2)互联网地图服务单位从事互联网地图出版活动的,应当经国务院出版行政主管部门依法审核批准。互联网地图服务单位提供增值服务(包括浏览、搜索、导航、定位、标注、复制、链接、发送、转发、引用、嵌入、下载等)必须使用经自然资源主管部门审核批准的互联网地图。

(3)互联网地图的编制(包括编辑加工、格式转换、质量测评)、更新等活动,必须由取得相应电子地图编制或者导航电子地图制作专业范围测绘资质的单位承担。编制、更新互联网地图,必须遵守公开地图内容表示等有关地图管理规定。

(4)互联网地图服务单位引进的境外地图必须按相关进口地图的规定管理,提供互联网地图服务的数据库服务器不得设在境外(含港澳台地区)。

(5)互联网地图必须由相应互联网地图编制单位按照地图审核有关管理规定送审。未经依法审核批准的互联网地图,一律不得公开登载、传输。互联网地图审图号有效期为2年。在审图号有效期内地图表示内容发生变化或审图号到期前,应重新送审,取得新的审图号。

(6)互联网地图服务单位的地图安全审校人员应认真对用户上传标注的兴趣点和其他新增兴趣点进行审查,确保所有信息符合国家公开地图内容表示等有关规定。

(7)互联网地图服务单位每6个月应将新增兴趣点送交审核批准互联网地图的自然资源主管部门备案。

(8)互联网地图服务单位需要收集、使用用户个人信息的,应当公开收集与使用规则,不得泄露、篡改、出售或者非法向他人提供用户的个人信息。互联网地图服务单位应当采取技术措施和其他必要措施,防止用户的个人信息泄露、丢失。

(9)互联网地图服务单位收集、使用用户个人信息的,应当明示收集、使用信息的目的、方式和范围,并经用户同意。任何单位或个人不得以任何形式进行存储、记录、传播。

(10)互联网地图服务单位用于提供服务的地图数据库及其他数据库不得存储、记录含有按照国家有关规定在地图上不得表示的内容。

（11）互联网地图服务单位发现其网站传输的地图信息含有不得表示的内容的,应当立即停止传输,保存有关记录,并向县级以上人民政府自然资源主管部门、出版行政主管部门、网络安全和信息化主管部门等有关部门报告。

（12）在互联网上登载、复制、发送、转发、引用、嵌入互联网地图,必须在相应页面显著位置标明地图审图号和著作权信息,并应经互联网地图著作权人的同意。任何单位或个人不得复制、链接、发送、转发、引用、嵌入未经依法审核批准的互联网地图。

（13）各级自然资源主管部门要按照属地（互联网信息服务许可证号或备案号）管理原则,强化对互联网地图及其运行系统的日常监管和跟踪检查,建立网络跟踪监管系统,加强对互联网地图服务从业人员培训,依法查处各种违法违规行为。

8.6 地理信息系统工程管理

8.6.1 地理信息系统的概念与特点

1）地理信息系统的概念

地理信息系统（GIS）是一种特定的空间信息系统,是在计算机硬件、软件系统支撑下,对整个或部分地球表层（包括大气层）空间中的有关地理分布数据进行采集、储存、管理、运算、分析、显示和描述的技术系统。地理信息系统处理、管理的对象是多种地理空间实体数据及其相互之间关系,包括空间定位数据、图形数据、遥感影像数据、属性数据等,用于分析和处理一定地理区域内分布的各种现象和过程,以解决复杂的管理、规划决策问题。《测绘资质分类分级标准》中将地理信息系统工程划分为地理信息数据采集、地理信息数据处理、地理信息系统及数据库建设、地面移动测量、地理信息软件开发、地理信息系统工程监理共 6 个专业子项。

2）地理信息系统的特点

（1）地理信息系统的物理外壳是计算机化的技术系统。

（2）地理信息系统的操作对象是空间数据。

（3）地理信息系统的技术优势在于它的数据综合、模拟和分析评价能力。

（4）地理信息系统与测绘学和地理学有着密切的关系。

（5）建立地理信息系统是一种测绘活动。

（6）地理信息系统具有标准化、数字化和多维结构的特点。

3）基础地理信息数据

基础地理信息数据是作为统一的空间定位框架和空间分析基础的地理信息数据。该数据反映和描述了地球表面测量控制点、水系、居民地及设施、交通、管线、境界与政区、地貌、植被与土质、地籍、地名等有关自然和社会要素的位置、形态和属性等信息。

《测绘法》第二十四条规定:建立地理信息系统,应当采用符合国家标准的基础地理信息数据。

《测绘成果管理条例》也明确规定,建立以地理信息数据为基础的信息系统,应当利用符合国家标准的基础地理信息数据。由此可知,判定地理信息系统所采用的基础地理信息数据是否符合国家标准的基础地理信息数据,是各级自然资源主管部门实施地理信息系统工程监管的重要任务。

8.6.2 基础地理信息标准数据的认定

根据《基础地理信息标准数据基本规定》(GB 21139—2007),认定地理信息数据是否属于标准的基础地理信息数据,主要包括基础地理信息数据所采用的数学基础、数据内容、生产过程及数据认定四个方面。

1)数学基础

基础地理信息标准数据的平面坐标系,应采用国家规定的统一坐标系;确有必要时,可采用经依法批准的相对独立的坐标系统。高程系统应采用1985国家高程基准或1956年黄海高程系;确有必要时,可采用与国家高程基准建立联系的独立高程系。深度基准应采用理论最低潮面。

基础地理信息标准数据的比例尺为:1:500、1:1000、1:2000、1:5000、1:1万、1:2.5万、1:5万、1:10万、1:25万、1:50万、1:100万。

基础地理信息标准数据的地图投影方式为1:100万采用正轴等角割圆锥投影;1:2.5万~1:50万采用高斯—克吕格投影,按6度分带;1:500~1:1万采用高斯—克吕格投影,按3度分带,确有必要时,按1.5度分带。基础地理信息标准数据若以图幅为单元,1:500~1:2000分幅与编号按《国家基本比例尺地图图式 第1部分:1:500、1:1000、1:2000地形图图式》(GB/T 20257.1—2017)执行;1:5000~1:100万分幅与编号按《国家基本比例尺地形图分幅和编号》(GB/T 13989—2012)执行。

2)数据内容

基础地理信息标准数据是《基础地理信息要素分类与代码》(GB/T 13923—2022)规定的各级比例尺基础地理信息要素中的一条或多条的组合,并应采用国家标准或测绘地理信息行业标准建立元数据。

(1)测量控制点数据:包括平面控制点、高程控制点、天文点、重力点、GNSS点和其他国家基础测量控制点的位置、属性、点之记等。

(2)水系数据:包括河流、沟渠、湖泊、水库、海洋要素、其他水系要素和水利及附属设施的位置及属性。

(3)居民地及设施数据:包括居民地、工矿及其设施、农业及其设施、公共服务及其设施、名胜古迹、宗教设施、科学观测站和其他建筑物及其设施的位置及属性。

(4)交通数据:包括铁路、城际公路、城市道路、乡村道路、道路构造物及附属设施、水运设施、航道、空运设施和其他交通设施的位置及属性。

(5)管线数据:包括输电线、通信线、油(气、水)输送主管道和城市管线的位置及属性。其中,1:2000以下小比例尺可以不含城市管线数据,1:10万以下小比例尺可以不含输电线数据。

(6)境界与政区数据:包括国界、未定国界、国内各级行政区域界线(省级行政区、地市级行政区、县级行政区和乡级行政区)和其他区域界线(村界和自然保护区界)的位置及属性。

(7)地貌数据:包括等高线、高程点注记、数字高程模型、水域等值线、水下注记点、自然地貌和人工地貌的位置及属性。

(8)植被与土质数据:包括天然和人工植被的位置及属性。土质数据应包括砂地、戈壁、盐碱地、裸土地、荒漠和苔原的位置与属性。

(9)地名数据:包括自然和人文的地理实体名称、位置及属性。

(10)数字正射影像数据:是经过辐射校正和几何校正,并进行投影差改正处理的影像;影像可以是彩色的,也可以是多光谱的,有时附之以主要居民地、地名、境界等矢量数据。

(11)地籍测量数据:包括地籍(子)区、界址线、界址点和其他重要界标设施的位置以及含有坐落、土地使用者或所有者和土地等级信息等的属性。1:2000以下小比例尺可以不含地籍测量数据。

(12)其他数据:包括依法公布的重要地理信息数据和国务院自然资源主管部门依法组织施测的其他基础地理信息数据。

3)生产过程

(1)设计书内容:设计书应依据充分、格式规范,并经项目主管部门审批认可。设计书内容应包括项目来源、目标、工作内容、资料收集与分析利用、技术路线及工艺流程、采用的标准、提交的成果及主要技术指标、质量保障措施和组织实施方案等。

(2)数据源:利用的资料和数据源应符合设计书的要求,有国家标准、行业标准或地方标准的,应符合相应的标准。

(3)技术方法:生产过程中采用的技术方法应符合设计书的要求。其中,采用的基础标准和产品标准应符合现行的相关国家标准。部分有明确要求的作业方法,应遵循相关规定。

(4)生产质量控制:生产质量控制应严格执行过程检查、最终检查和验收制度,以及设计书规定的其他质量控制要求。

(5)质检与验收单位:质量检查由生产单位完成,项目验收由项目主管部门组织或委托有关单位实施。

(6)仪器设备:使用的仪器设备应按照国家有关规定进行检定或校准。

4)数据认定

数据认定是指省级以上自然资源主管部门委托的认定机构证明基础地理信息数据符合相关技术标准的强制性要求的评定活动。

(1)数据认定应上交的材料:包括数据生产单位相应的测绘资质证明文件、数据生产设计书、数据经注册测绘师签字认可的证明文件、经有关主管部门检查验收的文档资料。

(2)分级认定:大地原点,一、二等平面控制点数据,水准原点,一、二等水准点数据,天文点数据,重力点数据,A级、B级卫星定位点数据,1:2.5万~1:100万基础地理信息数据(不含测量控制点数据),重要地理信息数据和国务院自然资源主管部门依法组织施测的其他基础地理信息数据,由国务院自然资源主管部门委托的机构认定,或依法律法规规定的程序审核批准。上述以外的其他等级测量控制点数据,1:500~1:1万基础地理信息数据(不含测量控制点数据),由数据表现地的省级自然资源主管部门委托的机构认定。认定的过程与方法应遵照相应的国家标准执行。

基础地理信息数据是地理信息系统的核心和应用开发的基础,基础地理信息标准数据认定是各级自然资源主管部门一项开创性的、长期性的工作。

习 题

一、单项选择题

1. 关于地图送审的说法,正确的是( )。

    A. 直接使用国务院测绘地理信息主管部门提供的标准画法地图,未对其地图内容进行编辑改动的应当送审,并在地图上注明地图制作单位名称

    B. 直接使用省级测绘地理信息行政主管部门提供的标准画法地图,未对其地图内容进行编辑改动的应当送审,并在地图上注明地图制作单位名称

    C. 直接使用国务院测绘地理信息主管部门或者省级测绘地理信息行政主管部门提供的标准画法地图,未对其地图内容进行编辑改动的,可以不送审,但应当在地图上注明地图制作单位名称

    D. 直接使用国务院测绘地理信息主管部门或者省级测绘地理信息行政主管部门提供的标准画法地图,未对其地图内容进行编辑改动的,使用单位自主决定是否送审

2. 关于公开出版、发行或者展示地图的说法,错误的是( )。

    A. 保密地图经批准后可以公开出版、发行或者展示

    B. 保密地图不得以任何形式公开出版、发行或者展示

    C. 内部地图不得以任何形式公开出版、发行或者展示

    D. 保密地图和内部地图不得以任何形式公开出版、发行或者展示

3. 下列内容中,可以在公开地图上表示的是( )。

    A. 国防、军事设施及军事单位   B. 输电线路电压的精确数据

    C. 航道水深、水库库容的精确数据   D. 国务院公布的重要地理信息数据

4. 下列地图中,由省级自然资源主管部门负责审核的是( )。

    A. 涉及两个以上省级行政区域的地图

    B. 全国性和省、自治区、直辖市地方性中小学教学地图

    C. 引进的境外地图

    D. 省、自治区、直辖市行政区域范围内的地方性地图

5. 下列地图中,不属于国务院测绘地理信息主管部门可以委托省级测绘地理信息主管部门审核的地图是( )。

    A. 涉及国界线的历史地图

    B. 涉及国界线的省级行政区域地图

    C. 世界性和全国性示意地图

    D. 省、自治区、直辖市地方性中小学教学地图

6. 根据《地图编制出版管理条例》,制定中国历史疆界标准样图和世界各国间边界标准样图的部门是( )。

    A. 外交部

B.国务院测绘地理信息主管部门

C.外交部和国务院测绘地理信息主管部门

D.外交部和军队测绘部门

7.根据《地图审核管理规定》,地图审核申请被批准后,申请人应当在地图出版发行、销售前向(   )报送地图样图一式两份备案。

A.国务院测绘地理信息主管部门　　B.省级以上测绘地理信息主管部门

C.地图审核部门　　　　　　　　　D.申请单位上级主管部门

8.根据《地图编制出版管理条例》,出版或者展示未出版的绘有国界线或省、自治区、直辖市行政区域界线的历史地图、界线地图和时事宣传图,应当报(   )审核。

A.国务院测绘地理信息主管部门

B.外交部和国务院出版行政管理部门

C.外交部和国务院测绘地理信息主管部门

D.外交部和军队测绘部门

9.根据《地图审核管理规定》,下列地图中,国务院自然资源主管部门可以委托省级自然资源主管部门审核的是(   )。

A.世界性和全国性地图

B.省、自治区、直辖市地方性中小学教学地图

C.涉及两个以上省级行政区域的地图

D.涉及国界线的省、自治区、直辖市历史地图

10.根据《地图审核管理规定》,下列地图审查内容中,自然资源主管部门不需要审查的是(   )。

A.保密审查　　　　　　　　　　B.国界线、省、自治区、直辖市行政区域界线

C.重要地理要素及名称等内容　　D.公开地图的比例尺、开本、经纬线等

11.根据《地图审核管理规定》,审核使用国家秘密成果编制的地图时,申请人应当提交经(   )进行保密技术处理和使用保密插件的证明文件。

A.国务院保密行政管理部门　　　B.国务院自然资源主管部门

C.军队测绘部门　　　　　　　　D.国务院自然资源主管部门有关机构

二、多项选择题

1.《地图编制出版管理条例》规定,编制地图应当符合的要求是(   )。

A.选用最新的地图资料作为编制基础,并及时补充或者更改现势变化的内容

B.正确反映各要素的地理位置、形态、名称及相互关系

C.按照统一的表示方法绘制

D.具备符合地图使用目的的有关数据和专业内容

E.地图的比例尺符合国家规定

2.根据《地图审核管理规定》,下列地图无明确审核标准和依据时,应当由国务院测绘地理信息主管部门受理会同外交部进行审查的是(   )。

A.引进的境外地图　　　　　　　B.世界性地图

      C.世界性示意地图   D.时事宣传地图

      E.历史地图

  3.根据《公开地图内容表示补充规定(试行)》,下列属性中,属于公开地图不得表示的是(   )。

      A.重要桥梁的承载重量   B.江河的通航能力

      C.水库的库容属性   D.沼泽地的名称属性

      E.高压电线属性

  4.根据《地图审核管理规定》,下列内容中,属于测绘地理信息主管部门地图审核内容的是(   )。

      A.地图编制是否符合国家规定的地图编制标准

      B.地图表示内容是否含有国家有关法律、行政法规规定不得表示的内容

      C.地图所表示的国界线、行政区域界线的准确性

      D.道路名称的准确性

      E.重要地名在地图上的表示

  5.根据《基础地理信息标准数据基本规定》,下列资料中,属于申请基础地理信息标准数据认定时应当提交的材料是(   )。

      A.数据生产单位的测绘资质证明文件

      B.数据生产设计书

      C.数据经注册测绘师签字认可的证明文件

      D.数据生产合同

      E.经有关主管部门检查验收的文档资料

三、简答题

1.简述公开地图禁止表示的属性。

2.简述《测绘法》对国家基本比例尺地图作出的具体规定。

四、论述题

通过对课程的学习,论述在以后的工作中,如何依法进行测绘工作。

第 9 章　测绘质量管理体系

9.1　ISO 9000 质量管理体系基本知识

ISO 9000 是一族标准的统称,ISO 9000 族质量管理体系是由国际标准化组织(ISO)颁发的国际标准,以简单明确的标准形式向世界各国推荐了一套实用的管理方法和管理模式。凡是通过认证的企业,在各项管理系统整合上已达到了国际标准,表明企业能持续稳定地向顾客提供预期和满意的合格产品。我国在 20 世纪 90 年代将 ISO 9000 系列标准转化为国家标准,随后,各行业也将 ISO 9000 系列标准转化为行业标准。

9.1.1　ISO 9000 族标准的由来

ISO 9000 族标准是由 ISO/TC176(国际标准化组织质量管理和质量保证技术委员会)制定的一系列关于质量管理的正式国际标准、技术规范、技术报告、手册和网络文件的统称。该标准族可帮助组织实施并有效运行质量管理体系,是质量管理体系通用的要求或指南。它不受具体的行业或经济部门的限制,可广泛适用于各种类型和规模的组织。国际标准化组织(ISO)先后颁布了 1987 版、1994 版、2000 版、2008 版和 2015 版等版本的 ISO 9000 族标准。我国作为 ISO 组织的成员国,积极参加标准的建立工作。自 1987 年 ISO 9000 族标准发布后,即开始对其进行研究和转换为我国国家标准的工作。ISO 9000 族标准在 1994 年、2000 年和 2008 年换版时,我国均以最快的速度转换为新版的国家标准。

现行 ISO 9000 族质量管理体系标准分为三类:管理体系要求标准、管理体系指导标准、管理体系相关标准。

9.1.2　2000 版 ISO 9000 族标准的核心标准

(1)《质量管理体系　基础和术语》(ISO 9000:2000)。

(2)《质量管理体系　要求》(ISO 9001:2000)。

(3)《质量管理体系　业绩改进指南》(ISO 9004:2000)。

(4)《质量和(或)环境管理体系审核指南》(ISO 19011:2000)。

9.1.3　2015 版 ISO 9000 族标准

2015 版 ISO 9001 标准增加了组织背景环境分析、确定组织目标和战略,增加绩效评估、变更控制管理、领导作用和承诺及组织的知识,增加风险和应急措施以及机遇的管理。首次提出了知识也是一种资源,也是产品实现的支持过程。与 2008 版 ISO 9001 标准相比,2015 版 ISO 9001 标准取消了质量手册、文件化程序等大量强制性文件的要求,合并了文件和记录

（统一称为文件化信息）。

9.1.4 质量管理原则

2000 版 ISO 9001 标准在实践经验和理论分析的基础上，提出了质量管理的 8 项原则，分别是：

（1）以顾客为关注焦点原则。

（2）领导作用原则。

（3）全员参与原则。

（4）过程方法原则。

（5）管理的系统方法原则。

（6）持续改进原则。

（7）基于事实的决策方法原则。

（8）互利的供方关系原则。

2015 版 ISO 9001 标准更新了质量管理原则，具体包括以下 7 个方面：

（1）以顾客为关注焦点。组织依存于顾客，因此组织应当理解顾客当前和未来的需求，满足顾客要求并争取超越顾客期望。

（2）领导作用。各层领导建立统一的宗旨和方向，并且创造全员参与的条件，以实现公司的质量目标。统一的宗旨和方向，以及全员参与，能够使公司将战略、方针、过程和资源保持一致。

（3）全员参与。整个公司内各级人员的胜任、授权和参与，是提高公司创造和提供价值能力的必要条件。为高效管理公司，各级人员得到尊重并参与其中是极其重要的。通过授权、提升和表彰，促进在实现公司质量目标过程中的全员参与。

（4）过程方法。当活动被作为相互联系的功能连贯过程系统进行管理时，可更有效和高效地始终得到预期的结果。质量管理体系是由相互关联的过程所组成。理解体系是如何产生结果的，能够使公司尽可能完善体系和绩效。

（5）改进。成功的公司持续关注改进。改进对于公司保持当前的绩效水平，对其内、外部条件的变化作出反应并创造新的机会都是非常必要的。

（6）循证决策。基于数据和信息的分析和评价的决策更有可能产生期望的结果，决策是一个复杂的过程，总是包含一些不确定因素。它经常涉及多种类型和来源的输入及其解释，而这些解释可能是主观上的。

（7）关系管理。为了持续成功，组织需要管理与供方等相关方的关系。相关方影响公司的绩效，当公司管理与所有相关方的关系尽可能地发挥其在公司绩效方面的作用时，持续成功更有可能实现。

9.2 测绘单位贯标的组织实施

9.2.1 贯标的必要性

测绘单位贯彻质量管理体系标准是一项战略性决策，有利于提高质量管理水平和测绘产品质量,增强自身的竞争能力,适应市场变化需求,拓宽测绘服务领域,增强测绘单位参与市场竞争的能力。

9.2.2 职责与权限

在贯彻质量管理体系标准的过程中,最高管理者应当发挥领导与核心的作用,确保组织内的职责、权限得到规定和沟通。应建立质量方针、质量目标;确保关注顾客的要求;确定适宜的过程;获得必要的资源;调动广大员工积极性和参与精神;在建立、实施和保持质量管理体系以及持续改进等方面发挥作用。

管理者代表应确保质量管理体系所需的过程得到建立、实施和保持;向最高管理者报告质量管理体系的业绩和任何改进的需求;确保在整个组织内提高满足顾客要求的意识。

9.2.3 形成质量管理体系文件需要考虑的因素

在现代测绘地理信息产业发展过程中,测绘单位要具备较强的综合实力,应当建立质量管理体系并形成文件,质量管理体系文件的形成考虑的因素有:

(1)标准的各项要求。

(2)产品的特性及复杂程度。

(3)产品满足法律法规等要求。

(4)组织的管理水平与装备水平。

(5)各级人员的素质与能力。

(6)质量经济性与效率等。

9.2.4 咨询机构选择

测绘单位开展贯标工作,宜选择咨询机构帮助建立质量管理体系,测绘单位选择咨询机构帮助建立质量管理体系时,应考虑以下要素:

(1)具有法律地位的实体,能够独立地承担民事责任。

(2)经国家认证认可监督管理委员会(简称"国家认监委")批准。

(3)熟悉测绘行业,具有对测绘单位开展咨询的业绩。

(4)受测绘地理信息行政、质量和专业技术等部门推荐。

9.2.5 认证机构的选择

测绘单位在质量管理体系建立、实施之后,对认证机构的选择需要考虑的因素有:

(1)顾客是否提出了需获得某一特定认证机构认证的特殊要求。

(2)认证机构是否获得国家认监委批准,业绩与服务是否为测绘单位或测绘单位的顾客所熟悉。

(3)认证机构的认证业务范围是否包括测绘产品。

(4)认证机构是否具有公正地位,认证机构不能从事咨询工作,或与咨询机构形成利益关系,否则会影响认证机构的公正性,损害测绘单位的利益,违反国家或国际有关机构对认证机构管理的基本要求。

（5）认证机构的收费标准和收费情况能否被接受。

（6）了解认证机构实施质量管理体系审核、评定和注册的有关信息，对认可标志和认证证书的使用的限制等。

9.2.6　组织步骤实施

1）组织策划和领导投入阶段

学习、宣贯 ISO 9000 族标准，统一思想、提高认识；领导层决策；成立领导机构和工作班子；分层次进行贯标培训；确定文件编写人员；组织培训骨干队伍，包括文件编写培训；制订工作计划及程序。

2）体系总体设计和资源配备阶段

制订质量方针和质量目标；对现有任务状况进行分析；对现有质量管理体系过程进行识别、分析；质量管理体系总体设计（体系结构、层次、过程及过程网络、接口等）；确定质量管理体系各个过程的要求和控制方法；明确各级人员的职责、权限与工作要求；配置质量管理体系建立、运行和改进所必需的资源。

3）文件编制阶段

依据体系总体设计方案，拟定体系文件的类型、层次、结构和纲目；制订体系文件编制计划；文件编制的调研、讨论、起草、协调，形成草案；文件审定、修改、确认、批准；文件印刷出版和正式颁布；文件的分发、学习和实施准备等。

4）质量管理体系运行和实施阶段

质量手册、程序文件和其他质量文件发放到位；各级人员进行文件的学习；质量管理体系运行和改进等。

5）审核、评审和体系改进阶段

培训内部质量管理体系审核员；制订内部审核计划；在质量管理体系运行期间，开展覆盖体系的内部审核；开展管理评审；采取措施完善质量管理体系；质量管理体系在运行中不断巩固、提高和改进；质量管理体系运行满足要求，向认证机构提出认证申请。

9.3　质量管理体系文件

9.3.1　质量管理体系文件的划分

质量管理体系文件应满足产品与质量目标的实现，质量管理体系文件包括质量方针、质量手册、质量计划、程序文件、规范文件和记录文件等。质量管理体系文件承上启下，相互支持，依存制约，共同构成质量管理体系文件系统。

1）质量方针

质量方针是组织在质量上的追求、宗旨和方向，质量方针体现了组织的质量管理水准，由最高管理者批准颁布，形成文件。

2）质量目标

质量目标是组织在质量上所追求的目的，是质量方针阶段性的要求，应与质量方针保持一致,是明确的可测量考核的指标和目标,通常以文件的形式下达、实施,也可列入质量手册。

3)质量手册

质量手册是向组织内部和外部提供质量管理体系的一致信息文件,是描述组织质量管理体系的纲领性文件,其详略程度由组织自行决定。在合同条件和第三方认证情况下,可作为质量管理体系的证实文件和认证的依据。质量手册应阐述组织的质量管理体系范围,明确对标准和组织要求的程序文件的直接采用或引用,并表述质量管理体系过程之间的相互作用、接口。

4)质量计划

质量计划是针对特定的项目、产品、过程或合同所规定的质量管理、资源提供、作业控制和工作顺序等内容的文件,具有时效性。其内容包括:计划目标、资源提供、活动和过程顺序、控制准则要求、人员职责权限、获得结果证据和计划时限等。

5)程序文件

程序文件是控制质量活动和过程的信息文件,规定了进行某项活动或过程的途径。程序文件须具有操作性,是策划和管理质量活动的基本文件,是质量手册的支持性文件。其内容包括:质量管理体系过程和活动的目的、范围;与过程和活动相关的管理、执行;规定部门和人员的职责、权限;控制活动和过程的顺序、方法、时间、地点,依据的文件和规范,采用的设备和工具,应形成必要的记录以及信息传递的接口和方式等。

6)作业文件

作业文件是针对某种岗位或某个具体工作过程管理控制的文件。通常包括作业指导书、工艺文件、图式、规范、规程、规章、制度、标准、细则、范例、图表和记录格式等。

7)规范文件

规范文件是阐明要求的文件,是质量管理和产品实现的基础和准则。涉及管理活动的可称为程序文件、作业文件、章程、规定和细则等;涉及产品活动和要求的可称为产品规范、工艺规范或规程、图样和技术标准等。

8)记录文件

记录文件是为完成的活动或达到的结果提供客观证据的文件,具有重复性和可追溯性,形成后不可更改。记录有格式化和非格式化两种形式。编制记录表格应考虑:质量管理过程或产品名称、标志、编号;所适用的质量活动或过程、合同、订单的名称和编号,产品实现过程等;需要填制的内容;填制和执行的时间、部门和责任人等。

9.3.2 质量管理体系文件的编制

1)编写原则

(1)系统协调原则。质量管理体系文件应表述、规定和证实质量管理体系的全部结构和质量活动,并具有系统性和协调性。

(2)整体优化原则。质量管理体系文件编写过程也是对质量管理体系的优化过程。

(3)采用过程方法原则。系统地识别和管理组织所应用的过程,包括管理活动、资源提供、产品实现和测量、分析和改进有关的过程,特别是这些过程之间的相互作用。

（4）操作实施和证实检查的原则。质量管理体系文件具备实用性和可操作性,对质量管理体系的适用性和有效性提供证实。

2）编写步骤

（1）领导支持和参与。编写质量管理体系文件工作量大,直接涉及职责权限的分配和协调,其过程是对质量管理体系进行策划和设计。在文件编写过程中,领导直接参与、指导、监督,针对人力、物力、财力等相关资源给予充分支持。

（2）成立文件编写组。应成立专门的文件编写部门或文件编写组,集中培训学习相关标准,搜集相关文件资料,统一思想认识。

（3）文件编写计划的拟定。依据质量管理体系总体规划,对照质量管理体系标准的要求,确定所需的过程以及在各个职能部门开展的质量活动。应列出管理人员在体系中的职责、权限和工作要求,识别质量管理体系过程,编写计划中列出制定质量管理体系的文件清单、人员分工、写作阶段的划分。

（4）文件的起草。依据文件编写计划和分工,收集现行有效的文件和资料,对符合标准要求的应充分肯定和沿用,对不能满足要求的应进行更改、补充或重新制定。使文件起草工作建立在总结经验、教训,优化单位、部门及对应岗位的工作过程基础上。

（5）文件的集中讨论、优化和修改。目的在于使文件之间、章节之间以及内容上的协调,并符合要求;充分征求意见,使质量管理体系文件充分反映有效经验和管理特点。

9.3.3　质量管理体系文件的审核、批准与发布实施

1）审核

优化和修改的质量体系文件应按规定程序组织审核。审核的类型有内部审核（第一方审核）和外部审核（第二方、第三方审核）两类。第一方审核（内审）是由组织自己或以组织的名义进行,用于体系评审等组织内部目的。第二方审核是由组织的相关方,如顾客或其他人员对组织进行的审核,也可以是组织对供方的审核。第三方审核是由外部独立的审核机构（如认证机构）对组织进行的审核。

2）批准

质量手册经最高管理者批准,程序文件和作业文件等由分管领导和部门负责人批准。

3）发布实施

经批准的质量管理体系文件成为法规性文件,发布后实施。

9.4　质量管理体系的认证

9.4.1　认证原则

质量管理体系认证程序主要依据《质量体系审核指南》以及《质量体系认证机构认可基本要求》和《质量体系认证机构认可基本要求的说明》等文件。其基本原则是独立性、公正性和科学性。获认证的测绘单位有义务履行认证机构颁发的有关认证制度,有权使用认证证书和认证标志。

9.4.2 认证程序

(1)提交认证申请书。测绘单位确定认证机构后,提交认证申请书并签订正式认证合同;提交现行有效版本的质量管理体系文件,认证机构审核通过后提出审核意见;测绘单位对现场审核计划和审核组进行确认。

(2)审核组现场审核。审核组组长主持召开首次会议,确认审核计划、介绍审核方法。审核组按照审核计划和分工开展现场审核。审核组组长主持召开末次会议,确认不合格报告、审核报告和改进要求。

(3)审核组提交不合格报告。接受审核的测绘单位应明确在规定的时间内制定纠正措施进行纠正,并报审核组认可;对不合格实施纠正措施,并验证合格;验证合格的证据提交审核机构,接受其书面或现场验证。

(4)明确是否推荐认证。审核组组长在末次会议上应明确表示是否推荐认证,认证机构应根据审核组提交的审核报告及有关信息作出是否批准认证注册的决定。获得通过的,认证机构向测绘单位颁发带有认可标志、认证标志的认证证书。

(5)提出年度监督审核和安排换证复评。认证机构在认证注册及证书有效期内(3年)进行年度监督审核和安排换证复评。监督审核、复评时发现获证测绘单位未能有效地贯彻质量管理体系要求、出现重大产品质量事故或未按规定使用认可标志、认证标志和认证证书的,向获证测绘单位提出限期整改、暂停认证注册、撤销认证注册等处分。

9.5 质量管理体系的运行与持续改进

9.5.1 运行

质量管理体系的运行指测绘单位执行质量管理体系文件,实现其质量方针和质量目标,在测绘生产全过程中与测绘产品质量有关的全部因素始终处于受控状态。质量管理体系的运行包括培训、试运行、整改、运行前准备、正式运行五个阶段。

(1)培训。培训对象包括从事对产品质量有影响的活动的所有人员,即各级管理者、检验人员和生产人员。培训内容主要是提高员工质量意识,宣传贯彻质量体系文件精神,自觉改进落后的习惯、作业和管理方法。

(2)试运行。测绘单位根据自身规模大小及技术复杂程度,选择一个或几个典型部门,或选择一个或几个典型的测绘工程项目进行试运行。试运行的目的是考验质量管理体系文件的有效性和适宜性。

(3)整改。对在试运行中发现的问题进行处理,修正文件中表述不清的文字,以保证新的质量体系能够持续有效地运行。质量体系文件修改后应按规定审批,并适当调整培训计划。若要对组织结构进行调整,则应在最高管理者主持下进行调整,确保在文件发布前完成组织结构调整工作。

(4)运行前准备工作。该阶段包括:体系文件的印刷、装订和受控号发放记录的编制;各种技术文件、计算机软件的审批与发布;各种记录表格的编制、印刷、发放或确认、发布;独立行使职权人员的资格确认和备案;规定需要检验、试验和测量仪器的检验、校准与标识;各种生产项目中遗留问题的处理;组织对质量管理体系文件的学习,各级人员对相关文件的统一正确认识和理解。

(5)正式运行。质量管理体系文件发布之后就进入运行阶段。要保证质量管理体系持续有效运行,必须做到:各种程序文件和作业指导书被测绘职工理解,可有效控制测绘产品质量;严格执行质量管理体系文件的要求,树立正确质量意识,规范作业;认真作好质量记录,采取措施确保所有质量记录真实、准确、齐全;处理好执行文件与技术革新的矛盾;运行初期,在规定的内审频次之外,增加审核验证工作,以验证质量管理体系的适宜性、有效性。

9.5.2 持续改进

测绘单位应利用质量方针、质量目标、审核结果、数据分析、纠正和预防措施以及管理评审,持续改进质量管理体系的有效性。

1)纠正措施

纠正措施包括:评审不合格;通过调查分析确定不合格的原因;评价确保不合格不再发生的措施需求;确定并实施所需求的纠正措施;跟踪记录所采取的纠正措施的结果;评审所采取的纠正措施的有效性。

2)预防措施

预防措施包括:确定潜在的不合格并分析其原因;确定防止不合格发生的预防措施的需求;确定并实施所需的预防措施;跟踪并记录所采取的预防措施的结果;评价所采取的预防措施的有效性。

习　题

一、单项选择题

1. 下列选项中,不属于 2015 版 ISO 9000 族标准提出的质量管理 7 项原则的是(　　)。
   A. 以顾客为关注焦点　　　　　　　　B. 质量第一原则
   C. 领导作用原则　　　　　　　　　　D. 全员参与原则

2. 根据《测绘生产质量管理规定》,下列职责中,属于测绘单位质量主要负责人职责的是(　　)。
   A. 建立本单位的质量保证体系并保证其有效运行
   B. 编制年度质量计划,贯彻技术标准及质量文件
   C. 组织实施内部质量审核工作
   D. 处理生产过程中的重大技术问题和质量争议

3. 根据《质量管理体系　要求》,测绘单位质量管理体系评审的主要负责人是(　　)。
   A. 最高管理者　　　　　　　　　　　B. 管理者代表
   C. 技术负责人　　　　　　　　　　　D. 质量负责人

4. 根据《测绘生产质量管理规定》,下列职责中,不属于测绘单位法定代表人质量管理职

责的是(　　)。

A. 签发质量手册　　　　　　　　　B. 确定本单位的质量方针

C. 确定本单位的质量目标　　　　　D. 签发作业指导书

5. 根据《质量管理体系　要求》，下列内容中，不属于质量手册必要组成部分的是(　　)。

A. 质量管理体系的范围

B. 为质量管理体系编制的形成文件的程序或对其引用

C. 质量管理体系过程之间的相互作用的表述

D. 质量管理体系审核与认证材料

6. 测绘单位确定开展贯标工作，一般应选择(　　)帮助建立适合特性、可操作性的质量管理体系。

A. 测绘地理信息行政主管部门　　　B. 认证认可监督委员会

C. 质量管理咨询机构　　　　　　　D. 质量技术监督部门

7. 根据《质量管理体系　要求》，下列关于不合格品控制的说法中，正确的是(　　)。

A. 不合格品得到纠正后即可交付使用

B. 经有关授权人员批准，适用时经顾客批准，让步使用、放行或接收不合格品

C. 不合格品的销毁可不作记录

D. 不合格品在交付或开始使用后发现，确保收回时可不作记录

8. 根据《质量管理体系　要求》，下列措施中，不属于质量预防措施的是(　　)。

A. 确定不合格的原因　　　　　　　B. 评价防止不合格发生的措施的需求

C. 确定并实施所需的措施　　　　　D. 评审所采取的预防措施的有效性

9. 根据《测绘生产质量管理规定》，测绘单位的质量方针和质量目标由(　　)确定。

A. 总工程师　　　　　　　　　　　B. 管理者代表

C. 法定代表人　　　　　　　　　　D. 质量主管负责人

二、多项选择题

1. 2015 版 ISO 9000 质量管理体系标准的质量管理原则是(　　)。

A. 强制管理原则　　　　　　　　　B. 循证决策原则

C. 过程方法原则　　　　　　　　　D. 以顾客为关注焦点原则

E. 全员参与原则

2. 按照《质量管理体系　要求》，质量管理体系文件主要包括(　　)。

A. 质量手册

B. 形成文件的质量方针和质量目标

C. 形成文件的程序和记录

D. 文件采用的形式或类型的媒介

E. 组织确定的为确保其过程有效策划运行和控制所需的文件

3. 下列标准中，属于 2000 版 ISO 9000 族标准核心标准的是(　　)。

A.《质量管理体系　基础和术语》(ISO 9000)

B.《质量管理体系　要求》(ISO 9001)

C.《质量体系　生产、安装和服务的质量保证模式》(ISO 9002)

D.《质量管理体系　业绩改进指南》(ISO 9004)

E.《质量和(或)环境管理体系审核指南》(ISO 19011)

4.根据《测绘生产质量管理规定》,测绘单位的法定代表人的质量管理职责包括( )。

A.确定本单位的质量方针和质量目标

B.建立本单位的质量体系并保证有效运行

C.签发有关的质量文件及作业指导书

D.对提供的测绘产品承担产品质量责任

E.处理生产过程中的重大技术问题和质量争议

5.根据《测绘生产质量管理规定》,下列质量管理职责中,属于单位质量主管负责人职责的是( )。

A.签发质量手册　　　　　　　　　　B.签发有关的质量文件及作业指导书

C.组织编制测绘项目技术设计书　　　D.处理生产过程中的质量争议

E.审定测绘产品的交付验收

6.根据《质量管理体系　要求》,持续改进质量管理体系的有效性,应采取的措施包括( )。

A.质量方针和目标　　　　　　　　　B.数据分析

C.纠正措施　　　　　　　　　　　　D.预防措施

E.外部文件

三、简答题

1.简述2015版ISO 9000质量管理体系标准提出的质量管理的原则。

2.简述测绘单位质量管理体系的认证原则与认证程序。

四、论述题

测绘单位贯彻质量管理体系标准有利于提高质量管理水平和测绘产品质量,论述测绘单位如何贯彻质量管理体系标准。

第10章 测绘项目合同管理

10.1 合 同 内 容

合同是平等主体的自然人、法人和其他组织之间设立、变更、终止民事权利义务关系的协议。测绘合同订立时,应在平等协商的基础上对合同的条款进行规约,应遵循公平的原则确定各方的权利和义务,并且必须遵守国家的相关法律法规。

鉴于测绘项目种类繁多,其规模、工期及质量要求存在较大的差异,所以合同的订立也存在一定的差异,合同内容也不尽相同。测绘项目合同中较为重要的内容主要包括测绘范围、测绘内容、技术依据和质量标准、工程费用及其支付方式、项目实施进度安排、双方的义务、提交成果及验收方式等。

10.1.1 测绘范围

测绘合同中必须明确该测绘项目所涉及的工作地点、具体的地理位置、测区边界和所覆盖的测区面积等内容。测绘范围尤其是测绘边界必须有明确的、精细的界定,测绘边界是测绘项目完工和验收的一个重要参考依据,测绘边界可以用自然地物或人工地物的边界线来描述,也可以由委托方在中小比例尺地图上以标定测区范围的概略地理坐标来确定。

10.1.2 测绘内容

合同中的测绘内容是直接规约受托方所必须完成的实际测绘任务,它不仅约定所需开展的测绘任务种类,也包括具体应完成任务的数量。测绘内容必须用准确简洁的语言加以描述,必须明确地逐一罗列出所需完成的任务及需提交的测绘成果种类、等级、数量及质量,测绘内容是项目验收及成果提交的重要依据。

10.1.3 技术依据和质量标准

技术依据和质量标准是明确测绘项目所依据的国家相关技术规范,合同中需明确约定所采用的技术依据、成果质量等级及其检查验收标准。一般情况下,技术依据及质量标准的确定需在合同签订前由当事人双方协商认定,并是现行的有效标准;未作协商的,应注明按照本行业相关规范及技术规程执行。此外,要约定测绘项目生产实施及测绘成果的数据基准,包括平面控制基准和高程控制基准。

10.1.4 工程费用及其支付方式

测绘合同中工程费用的计算应注明所采用的国家正式颁布的收费依据或收费标准,并罗列出本项目涉及的全部收费分类细项,根据各细项的收费单价及其估算的工程量得出该细项的工程费用。除直接的工程费用外,可能还包括其他费用,都需在费用预算列表中逐一罗列。

费用的支付方式由甲乙双方参照行业惯例协商确定,一般按照工程进度(或合同执行情况)分阶段支付,包括首付款、项目进行中的阶段性付款及尾款几个部分。视项目规模大小不同,阶段性付款可以为一次或多次。阶段性付款的阶段划分一般由甲乙双方约定,可以按阶段标志性成果来划分,也可以按照完成工程进度的百分比来划分。

10.1.5 项目实施进度安排

项目进度安排对项目承接方有指导作用,是评价承接方是否按计划执行项目以及是否达到约定的阶段性目标的重要依据,也是阶段性工程费用结算的重要依据。项目进度安排应尽可能详细,一般应将拟定完成的工程内容罗列出来,标明每项工作计划完成的具体时间,以及预期的阶段性成果。对工程内容出现时间重叠和交错的情形,应按照完成的工程量进行阶段性分割。

10.1.6 甲乙双方的义务

测绘项目的完成需要甲乙双方共同协作及努力,甲乙双方应尽的义务也必须在测绘合同中予以明确陈述。其中,甲方应尽义务主要包括:

(1)向乙方提交该测绘项目相关的资料。

(2)完成对乙方提交的技术设计书的审定工作。

(3)保证乙方的测绘队伍顺利进入现场工作,并对乙方进场人员的工作、生活提供必要的条件。

(4)保证工程款按时到位。

(5)允许乙方内部使用执行本合同所生产的测绘成果等。

乙方的义务主要包括:

(1)根据甲方的有关资料和本合同的技术要求完成技术设计书的编制,并交甲方审定。

(2)组织测绘队伍进场作业。

(3)根据技术设计书要求确保测绘项目如期完成。

(4)允许甲方内部使用乙方为执行本合同所提供的属乙方所有的测绘成果。

(5)未经甲方允许,乙方不得将本合同标的全部或部分转包给第三方。

在合同中一般还需对各方拟尽义务的部分条款进行时间约束,以保证限期完成或达到要求。

10.1.7 提交成果及验收方式

合同中必须对项目完成后拟提交的测绘成果进行详细说明,并逐一罗列出成果名称、种类、技术规格、数量及其他需要说明的内容。

成果的验收方式须由双方协商确定,一般应根据提交成果的不同类型进行分类验收。如果有项目监理方,则由委托方、项目承接方和项目监理方共同完成项目成果的质量检查及验收工作。

10.1.8　其他内容

除了上述内容外,合同中还需包括:

(1)对违约责任的明确规定。

(2)对不可抗拒因素的处理方式。

(3)争议的解决方式及办法。

(4)防范和化解风险(如外业测绘的环境风险、经济风险、委托方的资信风险等)的措施。

(5)测绘成果的版权归属和保密约定。

(6)合同未约定事宜的处理方式及解决办法等。

10.2　合同的评审

10.2.1　合同评审的目的

在投标、签订合同或接受任务订单之前,测绘单位应该对标书、合同或任务订单进行合同评审,合同评审是为了有效避免或减少合同内容存在制约承包方的不利因素,降低风险,以便于项目验收和款项结算,从而获取较高效益。

10.2.2　合同评审的方式

合同评审主要有授权审批、会签、会议评审等方式,可根据测绘项目的分类(如基础测绘、专业测绘)、规模大小、技术复杂程度分别选用。

10.2.3　合同评审的内容

(1)法律法规要求。测绘合同应该根据《民法典》《测绘法》和有关法律法规来签订。

(2)质量技术要求。测绘合同中必须明确项目所执行的技术标准、采用的测绘基准,以及测绘成果的等级、精度等指标要求。

(3)人力资源保障要求。根据测绘项目的专业类型和工程量大小,估计需要配备的人力资源,包括项目负责人、技术负责人以及其他各类不同专业技术人员,评估测绘单位是否具备满足项目合同的技术能力。

(4)工程量。要针对测绘合同规定的工程量,评估与承包单位的测绘资质是否相符,避免出现超资质范围作业。

(5)成果(或产品)交付期限。测绘项目的工期一般都比较紧张,要根据承包单位的实际情况,客观评估其生产能力是否能够确保成果(或产品)按期交付。

(6)价款和结算方式。测绘工程价格和结算方式对于承包单位来说是测绘合同的重中之重,测绘单位要认真测算成本,寻求有利的结算方式。

(7)设备保障情况。评估测绘单位现有设备是否能够满足测绘工程的要求,包括各类硬件、软件的配备及符合情况。

（8）发包单位资信情况。主要评估项目发包单位履行合同责任的能力，包括负责提供资料、设施、按时支付工程款等。

10.3 合同的订立与履行

10.3.1 合同的订立

合同的订立又称缔约，指两方以上当事人通过协商而建立合同关系的行为，是当事人为设立、变更、终止权利义务关系而进行协商、达成协议的过程。当事人可以参照各类合同的示范文本订立合同，譬如参照国家测绘地理信息主管部门发布的《测绘合同》示范文本等，也可以在遵守《民法典》的基础上由双方协商制定相应的合同。

订立测绘合同时一定要根据具体的项目及相关条件（技术及其他约束条件），明确约定有关合同标的（包括测绘范围、数量、质量等方面）以及报酬和履约期限等，以保证合同能够被正常执行，保障合同双方的权益。

10.3.2 合同的履行

合同的履行指合同规定义务的执行，即当事人执行合同义务的行为。主要包括三个方面的内容：

（1）项目承揽方按要求完成测绘工作。

（2）测绘项目委托单位按时交付项目酬金。

（3）合同约定的附加工作和额外测绘工作及其酬金给付。

10.3.3 合同的违约与责任

合同违约指违反合同债务的行为，也称为合同债务不履行。合同债务，既包括当事人在合同中约定的义务，又包括法律直接规定的义务，还包括根据法律原则和精神所要求的当事人必须遵守的义务。合同违约仅指违反合同债务这一客观事实，不包括当事人及有关第三人的主观过错。除合同违约免责条件与条款之外的违约行为，可按合同约定进行正常的索赔。

10.4 合同的变更

10.4.1 合同变更的概念

有效成立的测绘合同在尚未履行完毕之前，双方当事人协商一致而使测绘合同内容发生改变，双方签订变更后的测绘合同的过程称为合同变更。测绘合同内容变更包括测绘的范围、测绘的内容、测绘的工程费用、项目进度、提交的成果等的变更。

10.4.2 测绘合同变更的条件

（1）原测绘合同关系的有效存在。测绘合同变更是在原测绘合同的基础上，通过当事人双方的协商或者法律的规定改变原测绘合同关系的内容。

（2）当事人双方协商一致，不损害国家及社会公共利益。在协商变更合同的情况下，变更合同的协议必须符合相关法律的有效要件，任何一方不得采取欺诈、胁迫的方式来欺骗或强制他方当事人变更合同。

（3）合同非要素内容发生变更。合同变更仅指合同的内容发生变化，不包括合同主体的变更。合同内容发生变化是合同变更不可或缺的条件。合同变更必须是非实质性内容的变更，变更后的合同关系与原合同关系应当保持同一性。

（4）须遵循法定形式。合同变更必须遵守法定的方式。一般来说，合同变更要及时进行书面确认和必要的备案，包括签订补充协议。

10.4.3 合同变更的效力

（1）合同变更的实质在于使变更后的合同代替原合同。因此，合同变更后，当事人应按变更后的合同内容履行。

（2）仅对合同未履行部分发生法律效力，即合同变更没有溯及力。合同变更原则上向将来发生效力，未变更的权利义务继续有效，已经履行的债务不因合同的变更而失去合法性。

（3）不影响当事人请求赔偿的权利。原则上，提出变更的一方当事人对对方当事人因合同变更所受损失应负赔偿责任。

10.5 成 本 预 算

10.5.1 成本预算的概念

测绘单位取得与甲方签订的测绘合同后，财务部门根据合同规定的指标、项目施工技术设计书、测绘生产定额、测绘单位的承包经济责任制及有关的财务会计资料等编制测绘项目成本预算。成本预算方式依赖于所在单位的机构组织模式、分配机制和相关的会计制度等。

测绘项目成本预算一般分为以下两种情况：

（1）项目是生产承包制的，其成本预算由生产成本预算和应承担的期间费用预算组成。

（2）项目是生产经营承包制的，其成本预算由生产成本预算、应承担承包部门费用预算和应承担的期间费用预算组成。

10.5.2 成本预算的内容

成本预算的主要内容包括生产成本和经营成本。

1）生产成本

生产成本即直接用于完成特定项目所需的直接费用，主要包括直接人工费、直接材料费、交通差旅费、折旧费等。实行项目承包(或费用包干)的情形则只需计算直接承包费用和折旧费等内容。

2)经营成本

除去直接的生产成本外,成本预算还应包含维持测绘单位正常运作的各种费用分配,主要包括两大类:

(1)员工福利及他项费用。包括按工资基数计提的福利费、职工教育经费、住房公积金、养老保险金、失业保险金等分配记入项目的部分。

(2)机构运营费用。包括业务往来费、办公费、仪器购置、维护及更新费、工会经费、社团活动费、质量及安全控制成本、基础设施建设费等反映测绘单位正常运作的费用分配记入项目的部分。

习　　题

一、单项选择题

1.下列选项中,不属于测绘项目合同内容的是(　　)。

 A.测绘内容、范围　　　　　　　　　　B.技术依据和质量标准

 C.工程费用　　　　　　　　　　　　　D.测绘技术设计

2.下列选项中,不属于测绘合同变更条件的是(　　)。

 A.合同要素内容发生变更

 B.原测绘合同关系的有效存在

 C.当事人双方协商一致,不损害国家及社会公共利益

 D.须遵循法定形式

3.测绘工程费结算的主要依据是(　　)。

 A.测绘工程成本预算　　　　　　　　　B.测绘生产成本费用定额

 C.测绘合同　　　　　　　　　　　　　D.测绘工程产品价格

4.按照《测绘合同》示范文本,乙方向甲方交付全部测绘成果的时间是(　　)。

 A.测绘生产工作完成后　　　　　　　　B.测绘成果验收通过后

 C.测绘成果整理结束后　　　　　　　　D.测绘工程费结清后

5.根据《测绘合同》示范文本,下列关于测绘合同的说法中,错误的是(　　)。

 A.合同由双方代表签字,加盖双方公章或合同专用章即生效

 B.合同执行过程中的未尽事宜,双方可协商签订补充协议

 C.因合同发生争议,未能达成调解和书面仲裁协议的,双方可向人民法院起诉

 D.测绘项目全部成果交接完毕后,合同终止

6.根据《测绘合同》示范文本,如果甲乙双方签订合同后,发现乙方擅自转包合同标的,甲方有权解除合同,并可要求乙方偿付的违约金数额为(　　)。

 A.预算工程费的30%　　　　　　　　　B.定金的2倍

 C.工程款总额的20%　　　　　　　　　D.已付工程款的2倍

二、多项选择题

1. 根据《测绘合同》示范文本规定,下列选项中,属于测绘项目合同乙方义务的是( )。

A. 组织测绘队伍进场

B. 作业根据技术设计书要求确保测绘项目如期完成

C. 编制技术设计书

D. 完成对技术设计书的审订工作

E. 乙方可以将本合同标的全部或部分转包给第三方

2. 根据《测绘合同》示范文本规定,下列关于乙方违约责任说法错误的是( )。

A. 合同签订后,如乙方擅自中途停止或解除合同,乙方应向甲方双倍返还定金

B. 在甲方提供了必要的工作、生活条件,并且保证了工程款按时到位,乙方未能按合同规定的日期提交测绘成果时,应向甲方赔偿拖期损失费。偿付预算工程费30%的违约金

C. 乙方提供的测绘成果质量不合格的,乙方应负责无偿予以重测或采取补救措施,以达到质量要求

D. 乙方擅自转包本合同标的的,甲方有权解除合同,并可要求乙方偿付预算工程费50%的违约金

E. 对于甲方提供的图纸和技术资料以及属于甲方的测绘成果,乙方有保密义务,不得向第三人转让,否则,甲方有权要求乙方按本合同工程款总额的20%赔偿损失

3. 甲乙双方签订了一份测绘合同,根据《民法典》,下列情况发生时,甲方可以解除合同的是( )。

A. 因不可抗拒力致使不能实现合同目的的

B. 在履行期限届满之前,乙方明确表示不履行合同主要内容

C. 乙方延迟履行合同内容,经催告后在合理期限内仍未履行

D. 乙方有违法行为致使测绘资质证书被依法吊销

E. 乙方管理层发生重大人事变动

三、简答题

1. 简述测绘合同变更的条件。

2. 简述测绘项目成本预算的内容。

第11章 测绘项目技术设计 与组织实施

11.1 测绘技术设计基本规定

测绘技术设计的目的是为测绘项目制定切实可行的技术方案,保证测绘成果(或产品)符合技术标准,满足顾客要求,并获得最佳的社会效益和经济效益。因此,每个测绘项目作业前都应进行技术设计。

11.1.1 测绘技术设计文件

测绘技术设计文件是为测绘成果(或产品)固有特性和生产过程(或体系)提供规范性依据的文件,是设计形成的结果。设计文件主要包括项目设计书、专业技术设计书以及相应的技术设计更改文件。

11.1.2 测绘技术设计过程

为了确保测绘技术设计文件满足规定要求的适宜性、充分性和有效性,测绘技术的设计活动应按照一定的设计过程进行。这个过程是一组将设计输入转化为设计输出的相互关联或相互作用的活动,主要包括设计策划、设计输入、设计输出、设计评审、验证(必要时)、审批和更改。

1)设计策划

技术设计实施前,承担设计任务的单位相关技术负责人对测绘项目技术设计进行策划,并对整个设计过程进行控制。设计策划的内容包括:设计过程中职责、权限的划分,设计的主要阶段如设计评审、验证、审批活动的安排,各设计小组之间的接口以及测绘项目的名称、编号、委托单位、策划依据、策划人员等。设计策划应根据需要决定是否进行设计验证。

2)设计输入

设计输入又称设计依据,是与成果(或产品)、生产过程(或体系)要求有关的、设计输出必须满足的要求或依据的基础性资料。其主要包括:适用的法律、法规以及国际、国家或行业标准,测绘合同或任务书、顾客书面或口头对测绘成果(或产品)功能和性能方面的要求,顾客提供的或本单位收集的测区信息、测绘成果(或产品)资料及踏勘报告等。设计输入由技术设计负责人确定并形成书面文件,由设计策划负责人或单位总工程师审核其适宜性和充分性。

3)设计输出

设计输出是设计过程的结果,其表现形式为测绘技术设计文件。

4)设计评审

设计评审是为确定设计输出达到规定目标的适宜性、充分性和有效性所进行的活动。其评审依据是设计输入的内容。评审的内容主要包括送审的技术设计文件或设计更改内容及有关说明。

5)设计验证

设计验证是通过提供客观证据对设计输出满足输入要求的认定。一般是在设计中采用了新技术、新方法和新工艺时开展此项工作。

6)设计审批

设计审批是根据设计策划安排,依据技术输入、设计评审和验证报告等对技术设计文件进行审批。设计审批的方法:承担测绘任务的法人单位进行全面审核,并在技术设计文件和(或)产品样品上签署意见并签名(或章)后,一式二～四份报测绘任务的委托单位审批。

7)设计更改

技术设计文件一经批准,不得随意更改。当确实需要更改或补充有关的技术规定时,应对更改或补充内容进行评审、验证和审批后,方可实施。

11.1.3　测绘技术设计的分类

测绘技术设计分为项目设计和专业技术设计。项目设计是对测绘项目进行的综合性整体设计。项目设计一般由承担项目的法人单位负责编写。专业技术设计是对测绘专业活动的技术要求进行设计,是在项目设计基础上按照测绘活动内容进行的具体设计,是指导测绘生产的主要技术依据。专业技术设计一般由具体承担相应测绘专业任务的法人单位负责编写。对于工作量较小的项目,可根据需要将项目设计和专业技术设计合并为项目设计。

11.1.4　测绘技术设计原则

(1)测绘技术设计应依据设计输入内容,充分考虑顾客的要求,引用适用的国家、行业或地方的相关标准或规范,重视社会效益和经济效益。

(2)测绘技术设计方案应先考虑整体而后局部,而且应考虑未来发展。要根据作业区的实际情况,考虑作业单位的资源条件(如人员的技术能力和软件、硬件配置等),挖掘潜力,选择最适用的方案。积极采用适用的新技术、新方法和新工艺。

(3)测绘技术设计应认真分析和充分利用已有的测绘成果(或产品)和资料。对于外业测量,必要时应进行实地勘察并编写踏勘报告。应重视数据安全措施,明确规定数据安全和备份方面的要求。

11.1.5　测绘技术设计编写要求

技术设计的编写要内容明确、文字简练。对标准或规范中已有明确规定的,一般可直接引用,并根据引用的内容标明所引用标准或规范名称、日期以及引用的章、条编号,且应在其引用文件中列出;对于作业生产中容易混淆和忽视的问题,应重点描述。名词、术语、公式、符号、代号和计量单位等应与有关法规和标准一致。技术设计书的幅面、封面格式和字体、字号等应符合相关要求。

11.2 测绘技术设计的准备工作和主要内容

技术设计实施前,承担设计任务的单位或部门的总工程师或技术负责人负责对测绘技术设计进行策划,并对整个设计过程进行控制,必要时也可指定相应的技术人员负责。

11.2.1 测绘技术设计的准备工作

测绘技术设计的准备工作主要包括收集资料和测区踏勘调查。

1)收集资料

测绘技术设计前,需要收集作业区的自然地理概况和已有资料情况。根据测绘项目的具体内容和特点,需要说明作业区的地形、地貌特征,作业区气候情况及作业区内其他需要说明的情况。对于收集到的资料,需要说明其数量、形式、质量,并说明已有资料的可利用性和利用方案等。

2)踏勘调查

为了保证技术设计的可行性和可操作性,根据项目的具体情况实施踏勘调查,并编写出踏勘报告。踏勘报告包括以下主要内容。

(1)概述:主要说明作业区的行政区划、经济水平、踏勘时间、人员组成及分工、踏勘线路及范围。

(2)自然情况:作业区的自然地理情况,对作业有影响的气象情况,土壤、植被的种类和分布情况。

(3)人文情况:作业区居民的风俗习惯和语言情况,居民地的分布情况以及作业组驻地建议,作业区治安、卫生情况及预防措施。

(4)人力资源及后勤保障:作业区劳动力供给情况,生活用品、粮食、饮水、燃料供应情况,测绘项目需要的材料等的获取或采购情况,交通情况。

(5)可利用成果资源:测区主要交通、水系、山体、居民地、管线和境界等的结合图,作业区已有成果成图及其质量情况,测量标志完好情况,作业区及图幅的困难类别。

(6)补充作业区信息:除上述内容外,有必要补充说明的作业区信息。

(7)结论性建议:根据踏勘结果,对技术设计方案和作业给出的针对性建议。

11.2.2 测绘技术设计的主要内容

测绘项目设计书是测绘项目实施的指导性文件,测绘项目设计书应包含以下内容。

1)概述

说明项目来源、内容和目标、作业区范围和行政隶属、任务量、完成期限、项目承担单位和成果(或产品)接收单位等。

2)作业区自然地理概况和已有资料情况

(1)作业区自然地理概况。说明与测绘作业有关的作业区自然地理概况。

(2)已有资料情况。说明已有资料的数量、形式、主要质量情况和评价;说明已有资料利用的可能性和利用方案等。

3）引用文件

说明所引用的标准、规范或其他技术文件。

4）成果（或产品）主要技术指标和规格

说明成果（或产品）的种类及形式、坐标系统、高程基准、重力基准、时间系统，比例尺、分带、投影方法，分幅编号及其空间单元，数据基本内容、格式、精度及其他技术指标等。

5）设计方案

（1）软件和硬件配置要求：硬件规定生产所需要的主要测绘仪器和数据处理、存储、传输等设备，以及必要的交通工具、主要物资、通信联络设备等。软件指生产过程中应用的主要软件。

（2）技术路线及工艺流程：项目实施的主要生产过程和这些过程之间的输入、输出的接口关系。可采用文字或图表等形式表达。

（3）技术规定：包括各专业活动的主要过程、作业方法和技术、质量要求，采用新技术、新方法、新工艺的依据和技术要求。

（4）上交和归档成果：规定成果数据的内容、组织、格式，存储介质，包装形式和标志及其上交和归档的文档资料的类型（技术设计文件、技术总结、质量检查验收报告、必要的文档簿、重要的过程作业记录）和数量。

（5）质量保证措施和要求：包括组织管理措施、资源保证措施、质量控制措施、数据安全措施等。

6）进度安排和经费预算

（1）进度安排：划分作业区的困难类别，分别计算各工序的工作量，按照计划投入的生产力量，分别列出年度计划和各工序的衔接计划。

（2）经费预算：根据设计方案和进度安排编制分年度（或分期）经费和总经费计划。

7）附录

需进一步说明的技术要求，有关的设计附图、附表等。

11.3　专业技术设计书的编写

根据专业测绘活动内容的不同，专业技术设计书可分为大地测量、工程测量、摄影测量与遥感、野外地形数据采集及成图、地图制图与印刷、界线测绘、基础地理信息数据库建设等专业技术设计。现仅以大地测量和地理信息数据库建设两个专项为例，阐述技术设计的主要内容。

11.3.1　大地测量

1）任务概述

说明任务的来源、目的、任务量、测区范围和行政隶属等基本情况。

2）测区自然地理概况和已有资料情况

（1）测区自然地理概况：说明与设计方案或作业有关的测区自然地理概况，内容包括测区地理特征、居民地、交通、气候情况和困难类别等。

（2）已有资料情况：说明已有资料的数量、形式、施测年代、采用的坐标系统、高程和重力基准、资料的主要质量情况和评价、利用的可能性和利用方案等。

3）引用文件

所引用的标准、规范或其他技术文件。

4）主要技术指标

说明作业或成果的坐标系统、高程基准、重力基准、时间系统、投影方法、精度或技术等级，以及其他主要技术指标等。

5）设计方案

设计方案主要规定：作业所需的主要器材类型与数量、精度指标及应用软件等；规定作业的主要过程、各工序作业方法和精度质量要求；上交和归档成果及其资料的内容和要求；有关附录等。大地测量各种测量工作的设计方案详见表11-1。

大地测量中各种测量工作的设计方案　　　　　　　　　　表11-1

工 作 事 项	设计方案要点
选点、埋石	（1）规定作业所需的主要装备、工具、材料。 （2）规定作业的主要过程、各工序作业方法和精度质量要求。 ①选点：测量线路、标志布设的基本要求；点位选址、重合利用旧点的基本要求；需要联测点的踏勘要求；点名及其编号规定；选址作业中应收集的资料等。 ②埋石：测量标志、标石材料的选取要求；石子、砂、混凝土的比例；标石、标志、观测墩的数学精度；埋设的标石、标志及附属设施的规格、类型；测量标志的外部整饰要求；埋设过程中需获取的相应资料（地质、水文、照片等）及其他应注意的事项；路线图、点之记绘制要求；测量标志保护及其委托保管要求等。 （3）上交和归档成果及其资料的内容和要求。 （4）有关附录
平面控制测量 （GNSS 测量）	（1）规定 GNSS 接收机的类型、数量、精度指标及相关专业应用软件。 （2）规定作业的主要过程、各工序作业方法和精度要求。包括：观测网的精度等级和其他技术指标；观测作业各过程的方法和技术要求；观测成果记录的内容和要求；外业成果检查（验）、整理、预处理的内容和要求；基线向量解算方案和数据质量检核的要求；平差方案、高程计算方案；补测与重测的条件和要求；交通工具、主要物资供应方式、通信联络方式，以及其他特殊要求。 （3）上交和归档成果及其资料的内容和要求。 （4）有关附录
平面控制测量 （三角测量和导线测量）	（1）规定测量仪器的类型、数量、精度指标及相关专业应用软件等。 （2）规定作业的主要过程、各工序作业方法和精度质量要求。包括：确定的锁（网或导线）的名称、等级、图形、点的密度、已知点的利用和起始控制情况；规定觇标类型和高度、标石的类型；水平角和导线边的测定方法和限差要求；三角点、导线点的高程测量方法、新旧点的联测方案；数据的质量检核、预处理及其他要求；其他特殊要求，如拟定所需的交通工具、主要物资及其供应方式、通信联络方式，以及其他特殊情况下的应对措施等。 （3）上交和归档成果及其资料的内容和要求。 （4）有关附录

工 作 事 项	设计方案要点
高程控制测量	(1)规定测量仪器的类型、数量、精度指标及相关专业应用软件等。 (2)规定作业的主要过程、各工序作业方法和精度要求。包括:测站设置基本要求;观测、联测、检测及跨越障碍的测量方法;观测的时间、气象条件及其他要求;观测记录的方法和成果整饰的要求;说明需要联测的气象站、水文站、验潮站和其他水准点;外业成果计算、检核的质量要求;成果重测和取舍的要求;成果的平差计算方法、采用软件和高差改正等技术要求;其他特殊要求,如拟定所需的交通工具、主要物资及其供应方式、通信联络方式,以及其他特殊情况下的应对措施。 (3)上交和归档成果及其资料的内容和要求。 (4)有关附录
重力测量	(1)规定测量仪器的类型、数量、精度指标及相关专业应用软件等。 (2)规定作业的主要过程、各工序作业方法和精度要求。包括:重力控制点和加密点的布设和联测方案;重力点平面坐标和高程的施测方案,说明已知重力点的利用和联测情况;测量成果检查、取舍、补测和重测的要求以及其他相关技术要求;其他特殊要求,如拟定所需的交通工具、主要物资及其供应方式、通信联络方式,以及其他特殊情况下的应对措施。 (3)上交和归档成果及其资料的内容和要求。 (4)有关附录
大地测量数据处理	(1)规定计算所需的软件、硬件配置及其检验和测试要求。 (2)规定数据处理的技术路线或流程。 (3)规定各过程作业要求和精度质量要求。包括:对已知数据和外业成果资料的统计、分析和评价;数据预处理和计算的内容和要求,如采用的平面、高程、重力基准和起算数据;平差计算的数学模型、计算方法和精度要求;程序编制和检验的要求;精度分析、精度评定的方法和要求;数据量检查的要求;上交成果内容、形式、打印格式和归档要求等

11.3.2　基础地理信息数据库建设

1)任务概述

说明任务来源、管理框架、建设目标、系统功能、预期结果、完成期限等基本情况。

2)已有资料情况

说明数据来源,数据范围,数据产品类型、格式、精度,数据组织,主要质量指标和基本内容等质量情况;结合数据入库前的检查、验收报告或其他有关文件,说明数据的质量情况和利用方案。

3)引用文件

所引用的标准、规范或其他技术文件。

4)成果(或产品)规格和主要技术指标

说明数据库范围、内容、数学基础、分幅编号、成果(或产品)的空间单元、数据精度、格式及其他重要技术指标。

5)设计方案

(1)规定数据库建设的技术路线和流程,明确其主要过程及其接口。

(2)系统软件和硬件的设计,规定数据库建设的操作系统、数据库管理系统及有关的制图软件;数据库输入设备、输出设备和数据处理、存储等设备的功能要求或型号、主要技术指标等;规划网络结构(如网络拓扑结构、网线、网络连接设备等)。

(3)数据库概念模型设计,规定数据库的系统构成、空间定位参考、空间要素类型及其关系、属性要素类型及其关系等。

(4)数据库逻辑设计,规定要素分类与代码、层(块)、属性项及值域范围以及数据安全性控制技术要求等。

(5)数据库物理设计,描述数据库类型(如关系型数据库、文件型数据库),软件、硬件平台,数据库及其子库的命名规则、类型、位置及数据量等。

(6)其他技术规定,如用户界面形式、安全备份要求及其他安全规定等。

(7)数据库管理和应用的技术规定。

(8)数据库建设的质量控制环节和检查要求(包括对数据入库前的检查和整理要求)。

(9)上交和归档成果及其资料的内容和要求。

(10)有关附录。

11.4 测绘项目组织实施

11.4.1 项目目标管理

测绘项目的目标是在规定的工期内尽量降低成本、保证质量地完成项目合同中所要求的所有测绘任务。项目目标包括工期目标、成本目标和质量目标。

1)工期目标

工期目标就是在项目合同规定的时间内完成整个项目,工期目标可分解为各个工序的工期目标,各工序的工期目标集合起来就构成整个项目的工期目标。

2)成本目标

成本目标就是完成项目所需花费的目标数额,也可称为成本预算。成本可分解为人工成本、设备折旧或租用成本、消耗材料成本三大类。这三类成本可按工序进一步分解,全部工序的成本目标加起来就构成整个项目的工期目标。

3)质量目标

质量目标就是期望项目最终能够达到的质量等级。质量等级分为优秀、良好和合格。衡量项目质量有详细的质量指标体系。

11.4.2 项目资源配置

人员和设备是完成项目的主要条件,项目每个工序都要求配备合适的人员和设备。

1)人员配置

测绘项目人员配置分为项目负责人、管理人员、技术人员、质量控制人员、后勤服务人员等。

(1)项目负责人

一般由院长(总经理)担任,全面负责本项目生产计划的实施,包括技术管理、质量控制、资料的安全保密管理等工作。

（2）管理人员

①项目生产管理一般由生产院长（项目经理）担任，全面负责整个项目的工作，包括经费控制、进度控制、质量控制、人员管理等工作。

②中队（部门）生产管理一般由中队长（部门经理）担任，全面负责整个中队（部门）的生产工作，也包括经费控制、进度控制、质量控制、人员管理等工作。

③作业组生产管理一般由各生产作业组长担任，只负责作业组的进度、质量和人员管理，一般不负责经费管理。

（3）技术人员

①项目技术管理一般由总工程师担任，是测绘项目的最高技术主管，负责整个项目的技术工作。

②中队（部门）技术管理一般由中队（部门）工程师担任，全面负责整个中队（部门）的技术工作。

③作业组技术管理一般由各生产作业组工程师担任，负责全组的技术工作，也可兼做作业员的工作。

④质量管理人员。质量管理一般由质量控制部门人员负责，对每一道工序进行质量检查。

⑤后勤服务人员。后勤服务人员包含资料员、设备管理员、安全保障人员、后勤保障人员等。

2）设备配置

目前，测绘设备分为外业设备和内业设备两类。外业设备包括水准仪、全站仪、GNSS 接收机、航空摄影机；内业设备包括数字摄影测量工作站、数字成图系统。另外还有相应的控制网平差、数字成图软件及相关计算设备。测绘项目要根据其项目类型、范围大小、技术路线、作业方法等配备数量与精度合适的仪器设备和软件。

11.4.3　测绘项目实施管理

测绘项目的实施目标是对测绘生产过程进行有效控制，保证测绘生产能按生产进度计划正常进行，最终测绘成果能够满足项目委托方的要求，创造测绘项目最大的经济效益与社会效益。其主要包括工程进度控制、资金预算控制和质量控制。

1）工程进度控制

（1）人员按计划落实的控制监督

人员按计划落实的控制监督主要包括：作业现场组织机构（如生产管理部门、质量检查部门、后勤保障部门）是否齐全，是否与投标方案中拟定的组织结构一致；作业现场的主要作业人员是否与投标文件中拟定的参与项目生产的人员相一致，人员数量、素质能否满足实际工作的需求，是否经过岗位培训。

（2）仪器设备落实的控制监督

仪器设备落实的控制监督主要包括：投入生产使用的仪器设备是否与开工前准备使用的仪器一致；作业现场仪器设备总量是否满足本项目工作的需要；生产作业所应用的仪器设备是否经过测绘仪器计量部门的检定，检定结果是否符合要求；所使用的平差计算、数据处理和绘图软件等能否符合项目委托方的要求。

(3)完成进度与计划的符合情况检查

①进度安排是否符合测绘项目总进度计划和各个工序分目标的要求,是否符合合同中规定的开工、竣工时间。

②实施阶段总进度计划中的项目是否有遗漏,工程准备阶段的时间是否满足整体开工的必要配备条件。

③工序安排是否合理,是否符合生产工艺的要求。

④总包、分包分别编制的实施阶段进度计划是否相协调,各项分工与计划是否合理。

⑤对于项目委托方需要提供的施工条件(资金、基础资料等)在测绘实施阶段进度计划中安排得是否明确、合理,是否有造成因项目委托方违约而导致工程延期的可能。

(4)影响生产进度完成计划的因素

①在估计项目的特点及项目实现的条件时,过高或过低地估计了有利因素。例如资金的保障情况、测区内的作业条件等。

②在项目实施过程中各有关方面工作上的失误。例如项目委托方设计要求的变更、作业顺序的调整等。

③不可预见事件的发生。例如极端天气、连续阴雨等因素。

2)资金预算控制

(1)资金控制的含义

资金控制不是单一的目标控制,而是与质量控制、进度控制同步进行的。资金控制应具有全面性,项目的全部费用都应纳入控制范围。坚持技术与经济相结合的措施,力争做到经济指标合理基础上的技术先进、技术指标先进条件下的经济合理。

(2)资金控制的内容

测绘项目的资金控制管理贯穿于项目的全过程,主要包括如下内容。

①分析测绘项目资金预算的科学合理性:资金预算要符合项目本身的特点,涵盖整个测绘项目的全部费用。

②检查资金预算执行与工程进度的符合性:资金预算的执行应随着工程进度的推进而逐步执行。工程实施的每个阶段的资金执行情况都应符合最初的资金预算成本,如出现偏差应及时调整,以使项目资金的实际支出与预算尽量符合。当有不可抗力情况出现或测绘项目计划调整较大、预算资金需要进行调整时,可将调整后的预算资金方案上报项目委托方,经项目委托方批准后,按新的资金预算方案执行。

③核查资金预算执行内容的完整性:测绘项目的全部费用应纳入执行范围,不能出现项目支出漏项。测绘项目资金执行要包含生产成本和经营成本测算,以及各个项目工序的预算资金测算,并与资金预算总额保持一致。

3)质量控制

(1)质量控制的重要性

实施阶段的质量控制是测绘项目质量控制的重点,它是生产单位对该项目的预期投入(主要是人员、设备、作业环境等)、生产过程和生产出来的测绘成果进行的控制,以期按标准达到预定的成果质量目标。

质量控制的重要性主要体现在以下几个方面：

①质量控制是项目委托方快速获得收益的前提。

②质量控制是生产单位提供满足项目委托方要求成果的有力保障。

③质量控制有利于生产进度计划的顺利实施。

④质量控制是目标控制的核心。

（2）质量控制的基本依据

质量控制的基本依据主要包括以下几项：

①测绘合同。

②经审批的技术设计书或作业指导书。

③国家及地方政府颁布有关测绘的法律、法规和规范性文件。

④有关的国家标准、行业标准、地方标准。

（3）质量控制的方法

测绘项目主要通过"二级检查、一级验收"的方法，对项目各个工序的过程成果和最终成果进行有效质量控制。对于大型的测绘项目，要进行试生产。

①试生产：生产开工时要做好试生产。通过试生产，完善作业流程与检查流程，加强过程检查的质量控制，保证各生产过程均处于受控状态，为后续项目的大规模展开提供可靠的生产流程、技术支持与质量控制的依据。

②工序（过程）成果质量控制：工序（过程）成果泛指测绘生产过程中各工序生产出来的阶段性成果，该成果可能是测绘最终成果的组成部分，也可能是生产过程的一个过程产品。工序质量的检查检验，就是对工序操作及其完成产品的质量进行实际而及时的检查，并将所检查的结果同该工序的质量特性的技术标准进行比较，从而判断是否合格或优良。只有作业过程中的中间产品质量都符合要求，才能保证最终测绘成果的质量。

③二级检查：二级检查是指测绘单位作业部门的过程检查、质量管理部门的最终检查。二级检查的特点为：作业人员必须自检；作业人员之间进行互检；不同工序之间的材料交接和转换必须进行交接检查；检查出来的问题及其处理要有相应的整改记录。

④一级验收：一级验收是指由项目发包单位或其委托的成果质量检验单位对测绘成果质量进行验收。

习　　题

一、单项选择题

1. 下列单位中，负责测绘项目技术设计的是（　　）。

　A. 承担项目的法人单位　　　　　　B. 项目质检单位

　C. 项目委托单位　　　　　　　　　D. 项目监理单位

2. 关于测绘项目技术设计文件实施条件的说法，正确的是（　　）。

　A. 报项目委托单位备案　　　　　　B. 报项目委托单位审批

　C. 报项目设计负责人审批　　　　　D. 报项目承担单位批准

3. 根据现行《测绘技术设计规定》,下列内容中,属于测绘技术设计应遵循的基本原则的是( )。

    A. 充分考虑顾客要求,引用适用的国家、行业或地方相关标准

    B. 优先采用成本最低、经济效益最高的设计方案

    C. 优先采用纯内业作业的设计方案

    D. 优先采用作业单位最熟悉的设计方案

4. 某市 1:2000 地形图数字航空摄影测量成图项目,其数字航空摄影地面分辨率应设计为( )m。

    A. 0.09   B. 0.18   C. 0.26   D. 0.32

5. 某单位承担了某丘陵地区 1 万 km² 1:5000 比例尺彩色数字正射影像地图生产任务,下列测绘技术方案中,不需要外业控制测量的是( )。

    A. IMU/GPS 辅助数字航空摄影 + 像控测量 + 空三加密 + 数字摄像测量 DEM、DOM 生产❶

    B. 无人机低空摄影 + 像控测量 + 空三加密 + 数字摄影测量 DEM、DOM 生产

    C. 1m 分辨率多光谱卫星摄像订购 + 像控测量 + 1:1 万地形图数字化生产 DEM + 卫星影像正射纠正 DOM 生产

    D. 1m 分辨率多光谱卫星摄像订购 + 像控测量 + 卫星影像立体测量 DEM、DOM 生产

6. 根据现行《测绘技术设计规定》,下列内容中,不属于测绘项目技术设计书内容的是( )。

    A. 进度安排和经费预算   B. 设计方案

    C. 质量评价   D. 引用文件

7. 根据现行《测绘技术设计规定》,下列内容中,不属于大地测量专业技术设计内容的是( )。

    A. 测区自然地理概况和已有资料情况   B. 选点、埋石设计方案

    C. 平面控制测量设计方案   D. 大地测量数据质量检查报告

8. 根据现行《测绘技术设计规定》,测绘项目设计书中的"质量保证措施和要求"不包括( )。

    A. 组织管理措施   B. 工期保障措施

    C. 质量控制措施   D. 数据安全措施

9. 某地计划开展测绘航空摄影工作。下列内容中,与项目经费预算无关的是( )。

    A. 航摄区域地理位置和范围   B. 航摄资料用途及成图比例尺

    C. 航摄单位资质等级   D. 航摄比例尺

10. 下列因素中,不属于测绘单位在确定测绘工程项目中投入的主要测绘仪器设备数量和品种(指标)时应考虑的因素是( )。

    A. 项目的规模、内容和困难程度   B. 项目的技术要求

    C. 项目的工期要求   D. 项目的经费来源

---

❶ IMU 表示惯性测量单元;DEM 表示数字高程模型;DOM 表示数字正射影像。

11. 下列项目中,不属于测绘项目承担单位的项目目标管理内容的是(　　)。

    A. 成本目标   B. 工期目标

    C. 质量目标   D. 投资目标

12. 在为大比例尺地形图全野外数字测图项目配置生产设备资源时,下列设备中,通常不会选择的是(　　)。

    A. 全站仪   B. 水准仪

    C. GPS 测量系统   D. 数字摄影测量系统

13. 下列因素中,不属于测绘项目人力资源配置方案主要决定因素的是(　　)。

    A. 工作内容   B. 项目工期   C. 合同价款   D. 技术要求

14. 下列文件中,不属于测绘生产质量控制基本依据的是(　　)。

    A. 技术标准和规范   B. 项目合同文件

    C. 技术设计文件   D. 技术总结文件

二、多项选择题

1. 1:2000 地形图数字航空摄影测量任务,一般应编制的专业技术设计是(　　)。

    A. 航空摄影测量内业专业技术设计   B. 基础控制测量专业技术设计

    C. 数字航空摄影专业技术设计   D. 权属调查专业技术设计

    E. 航空摄影测量外业专业设计

2. 下列关于测绘技术设计文件实施的说法中,正确的是(　　)。

    A. 专业技术设计书经项目承担单位评审、验证和审批后,即可实施

    B. 技术设计更改单报项目委托单位备案后,即可实施

    C. 技术设计更改单经项目承担单位评审、验证和审批后,即可实施

    D. 专业技术设计书经项目委托单位审批后,即可实施

    E. 项目技术设计书经项目委托单位审批后,即可实施

3. 根据现行《测绘技术设计规定》,下列文件中,属于测绘技术设计文件的是(　　)。

    A. 项目设计书   B. 专业技术设计书

    C. 设计评审意见   D. 设计审批意见

    E. 技术设计更改单

4. 根据现行《测绘技术设计规定》,下列工作中,由承担项目的法人单位负责实施的是(　　)。

    A. 技术策划   B. 技术设计

    C. 设计评审   D. 设计验证

    E. 设计审定

5. 下列选项中,属于经营成本的是(　　)。

    A. 员工福利   B. 部门费用

    C. 直接生产费用   D. 机构运营费用

    E. 设备折旧费

三、简答题

1. 简述测绘项目技术设计的原则。
2. 简述测绘项目技术设计的主要内容。

四、论述题

论述如何编写大地测量项目的专业技术设计书。

第12章 测绘项目安全生产

12.1 测绘生产安全管理要求

12.1.1 测绘生产单位的职责

测绘生产单位应坚持安全第一、预防为主、综合治理的方针,遵守《中华人民共和国安全生产法》等有关安全生产的法律、法规,建立、健全安全生产管理机构、安全生产责任制度和安全保障及应急救援预案,配备相应的安全管理人员,完善安全生产条件,强化安全生产教育培训,加强安全生产管理,确保安全生产。测绘生产单位应根据本部门、各工种和作业区域的实际特点,制定安全生产操作细则,指导和规范职工安全生产作业。测绘作业单位应设置安全员,安全员须经过安全生产知识和安全管理能力培训,具备与所从事的测绘专业活动相应的安全生产知识和管理能力。

12.1.2 作业人员的职责

作业人员应遵守本单位的安全生产管理制度和操作细则,爱护和正确使用仪器、设备、工具及安全防护装备,服从安全管理,了解作业场所、工作岗位存在的危险因素,做好各项安全防范措施;外业人员还应掌握必要的野外生存、避险和相关应急技能。

12.2 外业生产安全

12.2.1 出测前的准备

(1)针对生产情况,对进入测区的所有作业人员进行安全意识教育和安全技能培训。

(2)了解测区有关危害因素,包括动物、植物、微生物、流行传染病、自然环境、人文地理、交通、社会治安等状况,拟订具体的安全生产措施。

(3)按规定配发劳动防护用品,根据测区具体情况添置必要的小组及个人的野外救生用品、药品、通信或特殊装备,并应检查有关防护用品及装备的安全可靠性。

(4)掌握人员身体健康情况,进行必要的身体健康检查,避免作业人员进入与其身体状况不适应的地区作业。

(5)组织赴疫区、污染区和有可能散发毒性气体地区作业的人员学习防疫、防污染、防毒知识,并注射相应的疫苗和配备防污染、防毒装具。对于发生高致病的疫区,应禁止作业人员进入。

(6)所有作业人员都应该熟练使用通信、导航定位等安全保障设备,以及掌握利用地图或地物、地貌等判定方位的方法。

12.2.2 行车、饮食和住宿安全

1)行车安全的基本要求

(1)驾驶员应严格遵守《中华人民共和国道路交通安全法》等有关法律、法规、安全操作规程和安全运行的各种要求,具备野外环境下驾驶车辆的技能,掌握所驾驶车辆的构造、技术性能、技术状况、保养和维修的基本知识或技能。

(2)驾驶员应了解所运送物品的性能,保证人员和物品的安全。运送易燃易爆危险品时,应防止碰撞、泄漏,严禁危险物品与人员混装运送。

(3)货运汽车车厢内载人,应按公安交通部门的有关规定执行。行车时人要坐在安全位置上,人身不能超过车厢以外。车厢以外的任何部位严禁坐人和站人。

2)行车前的准备

(1)编制行车计划,明确负责人。单车行驶,应配有押车人员。

(2)外业生产车辆应配备必要的检修工具和通信设备。

(3)驾驶员应检查各车辆部件是否灵敏,油、水是否足够,轮胎充气是否适度;应特别注意检查传动系统、制动系统、方向系统、灯光照明等主要部件是否完好。发现故障即行检修,禁止勉强出车。

(4)机动车载货不得超过行驶证上核定的载质量。运送的物资、器材须装牢、捆紧,其重量要分布均匀。

(5)在戈壁、沙漠和高原等人烟稀少、条件恶劣的地区应采用双车作业,作业车辆应加固,要配备适宜的轮胎,每车应有双备胎。

3)行车安全

(1)途中停车休息或就餐,应锁好车门,关闭玻璃窗。

(2)夜间行车要保持灯光完好,降低行驶速度,确切判断地形及行进方向。

(3)遇有暴风骤雨、冰雹、浓雾等恶劣天气时应停止行车。视线不清时不得继续行车。

(4)在雨、雪或泥泞、冰冻地带行车时应慢速,必要时应安装防滑链,避免紧急制动。遇陡坡时,助手或乘车人员应下车持三角木随车跟进,以备车辆下滑时抵挡后轮。

(5)高温炎热天气行车应注意检查油路、电路、水温、轮胎气压;在频繁制动的路段行车应防止制动片温度过高,导致制动失灵。

(6)高原山区行车特别注意油压表、气压表及温度表。气压低时应低挡位行驶,少用制动,严禁滑行。遇到危险路段(如落石、滑坡、塌陷等),要仔细观察,谨慎驾驶。

(7)沙土地带行车应停车观察,选择行驶路线,低挡位匀速行驶,避免中途停车。若沙土松软,难以通过,应事先采取铺垫等措施。

(8)车辆穿越河流时,要慎重选择渡口,了解河床地质、水深、流速等情况,采取防范措施安全渡河。

(9)收测时应对车辆进行安全检查,制订行车计划,禁止夜间行车和疲劳驾驶。

4）饮食安全

（1）禁止食用霉烂、变质和被污染过的食物，禁止食用不宜识别的野菜、野果、野生菌菇等野生植物；禁止酒后生产作业；不接触和食用死、病畜肉；禁止饮用有异味、异色和被污染的地表水和井水。

（2）生熟食物应分别存放，并应防止动物侵害食物。

（3）使用煤气、天然气等灶具应保证连接件和管道完好，防止漏气和煤气中毒。禁止点燃灶具后人离开。

5）住宿安全

（1）应尽量借宿民房或招待所，对住宿的房屋应进行安全性检查，了解住宿环境和安全通道位置。禁止入宿存在安全隐患的房屋。

（2）应注意用电安全。便携式发电机应置于通风条件下使用，做到人、机分开，专人管理。应防止发电机漏电和超负荷运行对人员造成伤害。

（3）使用煤油灯应安装防风罩。人离开房间或休息时，应及时熄灭煤油灯或蜡烛。取暖使用柴灶或煤炉前应先进行检修，防止着火和煤气中毒。

（4）野外宿营要备好防寒、防潮、照明、通信等生活保障物品。

（5）搭设帐篷时应了解地形情况，选择干燥避风处，避开滑坡、雷击、崩陷、山洪、高辐射、觇标、枯树、大树、独立岩石、河边、干涸湖、输电设备及线路等危险地带。

（6）帐篷周围应挖排水沟。在草原、森林地区，周围应开辟防火道。

（7）治安情况复杂或野兽经常出没的地区，应设专人值勤。

（8）禁止在草料旁堆放油料、易燃物品，禁止在仓库、木料场、木质建筑及其他易燃物体附近用火。

12.2.3　外业作业环境

1）外业作业一般要求

（1）应持有效证件和公函与有关部门进行联系。在进入军事要地、边境、民族地区、林区、自然保护区或其他特殊防护地区作业时，应事先征得有关部门同意，了解当地民情和社会治安等情况，遵守所在地的风俗习惯及有关的安全规定。

（2）进入单位、居民宅院进行测绘时，应先出示相关证件，说明情况再进行作业。

（3）遇雷电天气应立刻停止作业，选择安全地点躲避，禁止在山顶、开阔的斜坡上、大树下、河边等区域停留，避免遭受雷电袭击。

（4）在高压输电线路、电网等区域作业时，应采取安全防范措施，避免人员和标尺、测杆、棱镜支杆等测量设备靠近高压线路，防止触电。

（5）外业作业时，应携带所需的装备、水和药品等，必要时应设立供应点，保证作业人员的饮食供给。野外一旦发生水、粮和药品短缺，应及时联系补给或果断撤离，以免发生意外。

（6）外业作业时，所携带的燃油应使用密封、非易碎容器单独存放、保管，防止暴晒。洒过易燃油料的地方要及时处理。

（7）进入沙漠、戈壁、沼泽、高山、高寒人烟稀少地区或原始森林地区作业前，须认真了解掌握该地区的水源、居民、道路、气象、方位等情况，并及时记入随身携带的工作手册。应配备必要的通信器材,以保持个人与小组、小组与中队的联系;应配备必要的判定方位的工具,如导航定位仪器、地形图等。必要时要请熟悉当地情况的向导带路。

(8)外业测绘必须遵守各地方、各部门相关的安全规定,如在铁路和公路区域应遵守交通管理部门的有关安全规定;进入草原、林区作业必须严格遵守《森林防火条例》《草原防火条例》及当地的安全规定;下井作业前必须学习相关的安全规程,掌握井下工作的一般安全知识,了解工作地点的具体要求和安全保护规定。

(9)安全员必须随时检查现场的安全情况,发现安全隐患立即整改。

(10)外业测绘严禁单人夜间行动。在发生人员失踪时必须立即寻找,并应尽快报告上级,同时与当地公安部门取得联系。

2)城镇地区

(1)在城镇地区人、车流量大的街道上作业时,必须穿着颜色醒目的安全警示反光马甲,应设置安全警示标志牌(墩),必要时还应安排专人担任安全警戒员。

(2)迁站时要撤除安全警示标志牌(墩),应将器材纵向肩扛行进,防止发生意外。

3)铁路、公路区域

(1)沿铁路、公路作业时,应穿着色彩醒目的安全警示反光马甲。

(2)在电气化铁路附近作业时,禁止使用铝合金标尺、镜杆,防止触电。

(3)在桥梁和隧道附近以及公路弯道和视线不清的地点作业时,应事先设置安全警示标志牌(墩),必要时安排专人担任安全指挥。

(4)工间休息应离开铁路、公路路基,选择安全地点休息。

4)沙漠、戈壁地区

(1)作业小组应配备容水器、绳索、地图资料、导航定位仪器、风镜、药品、色彩醒目的工作服和睡袋等。

(2)在距水源较远的地区作业,应制订供水计划,必要时可分段设立供水站。

(3)应随时注意天气变化,防止沙漠寒潮和沙暴的侵袭。

5)沼泽地区

(1)应配备必要的绳索、木板和长约1.5m的探测棒。

(2)过沼泽地时,应组成纵队行进,禁止单人涉险。遇有繁茂绿草地带应绕道而行。发生陷入沼泽的情况时要冷静,及时采取妥善的救援、自救措施。

(3)应注意保持身体干燥清洁,防止皮肤溃烂。

6)人烟稀少或草原、林区

(1)在人烟稀少或草原、林区作业应携带手持导航定位仪器及地形图,着装要扎紧领口、袖口、衣摆和裤脚,防止蛇、虫等叮咬。要特别注意配备防止蛇、虫叮咬的面罩及药品,并注射森林脑炎疫苗。

(2)行进路线及点位附近,均应设置能够为本队人员所共同识别的明显标志。

(3)禁止夜间单人外出,特殊情况确需外出时,应两人以上。应详细报告自己的去向,并要携带电源充足的照明和通信器材,以保持随时联系;同时,宿营地应设置灯光引导标志。

7)高原、高寒地区

(1)进入高海拔区域前要进行气候适应训练,掌握高原作业基本知识。

（2）应佩戴防寒装备并保证充足的给养，配置氧气袋（罐）及高原反应防治专用药品，注意防止感冒、冻伤和紫外线灼伤。在高海拔区域一旦发生高原反应、感冒、冻伤等情况时，应立即采取有效的救治措施。

（3）在冰川、雪山作业时，应戴雪镜、穿色彩醒目的防寒服。

（4）应按选定路线行进。遇无道路情况时，应选择缓坡迂回行进；遇悬崖、绝壁、滑坡、崩陷、积雪较深及容易发生雪崩等危险地带时应该绕行，无安全防护保障不得强行通过。

8）涉水、渡河

（1）涉水、渡河前，应观察河道宽度，探明河水深度、流速、水温及河床砂石等情况，了解上游水库和电站放水情况。根据以上情况选择安全的涉水地点，并应做好涉水时的防护措施。

（2）水深在 0.6m 以内、流速不超过 3m/s，或者流速虽然较大但水深在 0.4m 以内时允许徒涉。水深过腰、流速超过 4m/s 的急流，应采取保护措施涉水过河，禁止独自一人涉水过河。

（3）遇较深、流速较大的河流，应绕道寻找桥梁或渡口。通过轻便悬桥或独木桥时，要检查木质是否腐朽，若可使用，应逐人通过，必要时应架防护绳。

（4）骑牲畜涉水时，一般只限于水深 0.8m 以内，应逆流斜上，不应中途停留。要了解牲畜的水性，必要时对牲畜蹄采取防滑措施。

（5）乘小船或其他水运工具时，应检查其安全性能，并雇佣有经验的水手操纵，严禁超载。

（6）暴雨过后要特别注意有无山洪的到来，严禁在无安全防护保障的条件下和河流暴涨时渡河。

9）水上

（1）作业人员应穿救生衣，避免单人上船作业。

（2）应选择租用配有救生圈、绳索、竹竿等安全防护救生设备和必要的通信设备的船只，行船应听从船长指挥。

（3）租用的船只必须满足平稳性、安全性的要求，并具有营业许可证。雇用的船工必须熟悉当地水性并有载客的经验。

（4）风浪太大的时段不能强行作业。对水流湍急的地段要根据实地具体情况采取相应安全防护措施后方可作业。

（5）海岛、海边作业时，应注意涨落潮时间，避免事故发生。

10）地下管线

（1）无向导协助，禁止进入地下管道作业。

（2）作业人员必须佩戴防护帽、安全灯，身穿安全警示工作服，应配备通信设备，并保持与地面人员的通信畅通。

（3）在城区或道路上进行地下管线探测作业时，应在管道口设置安全隔离标志牌（墩），安排专人担任安全警戒员；打开窨井盖作实地调查时，井口要用栅栏圈围起来，必须有专人看管且不允许离开。夜间作业时，应设置安全警示灯。工作完毕必须清点人员，确保井下没有留人的情况下及时盖好窨井盖。

（4）对规模较大的管道，在下井调查或施放探头、电极导线时，严禁明火，并应进行有害、有毒及可燃气体的浓度测定，有害、有毒及可燃气体超标时应打开连续的三个井盖排气通风半小时以上,确认安全并采取保护措施后方可下井作业。

(5)禁止选择输送易燃易爆气体管道作为直接法或充电法作业的充电点。在有易燃易爆隐患环境下作业时,应使用具备防爆性能的测距仪、陀螺经纬仪和电池等设备。

(6)使用大功率电器或设备时,作业人员应具备安全用电和触电急救的基础知识。工作电压超过 36V 时,供电作业人员应使用绝缘防护用品,接地电极附近应设置明显的警告标志,并设专人看管。雷电天气禁止使用大功率仪器设备作业。井下作业的所有电气设备外壳都应接地。

(7)进入企业厂区进行地下管线探测的作业人员,必须熟悉该厂安全保护规定。

11)高空

(1)患有心脏病、高血压、癫痫、眩晕、深度近视等高空禁忌证的人员,以及酒后人员禁止从事高空作业。

(2)现场作业人员应佩戴安全防护带和防护帽,不得赤脚。作业前,要认真检查攀登工具和安全防护带,保证完好。安全防护带要高挂低用,不能打结使用。

(3)应事先检查树、杆、梯、站台以及觇标等各部位结构是否牢固,有无损伤、腐朽和松脱,存在安全隐患的应经过修补后才能作业。到达工作位置后要选坚固的枝干、桩作为依托并扣好安全防护带后再开始作业;返回地面时严禁滑下或跳下。高楼作业时,应了解楼顶的设施和防护情况,避免在楼顶边缘作业。

(4)传递仪器和工具时,禁止抛投。使用的绳索要结实,滑轮转动要灵活,禁止使用断股或未经检查的绳索,防止脱落伤人。

(5)造(维修)标、拆标工作应由专人统一指挥,分工明确,密切配合。在行人通过的道路或居民地附近造(维修)标、拆标时,必须将现场围好,悬挂"危险"标志,禁止无关人员进入现场。作业场地半径不得小于 15m。

12.3 内业生产安全

创造安全、舒适的内业工作环境,是保障内业工作顺利进行的重要条件,测绘单位应分析、评估内业生产环境的安全情况,制定生产安全细则,确保生产安全。

12.3.1 作业场所

(1)照明、噪声、辐射等环境条件应符合作业要求。

(2)计算机等生产仪器设备的放置,应有利于减少放射线对作业人员的危害。各种设备与建(构)筑物之间,应留有满足生产、检修需要的安全距离。

(3)作业场所中不应随意拉设电线,谨防电线、电源漏电。通风、取暖、空调、照明等用电设施要有专人管理、检修。

(4)面积大于 100m² 的作业场所的安全出口应不少于两个,并严禁堵塞、占用疏散通道和安全出口。安全出口、通道、楼梯等应设明显标志和应急照明设施。

(5)作业场所应按照《中华人民共和国消防法》规定配备灭火器具,小于 40m² 的重点防火区域,如资料、档案、设备库房等,也应配置灭火器具。应定期进行消防设施和安全装置的有效期和能否正常使用的检查,保证安全有效。

(6)作业场所应配置必要的安全(警告)标志,如配电箱(柜)警告标志、资料重地严禁烟火标志、严禁吸烟标志、119火警电话标志、120急救电话标志、安全应急示意图、上下楼梯警告线以及生产区玻璃隔断墙安全警告线等警示标志,且保证标志完好清晰。

(7)禁止在生产作业场所吸烟和在作业区域内饮水。禁止使用明火或明火取暖。使用电器取暖或烧水,不用时应切断电源。

(8)严禁携带易燃易爆物品进入生产和办公区。作业区禁止堆放与工作无关的物品。

12.3.2　安全操作

(1)各种仪器设备的安装、检修和使用,须符合安全要求。凡对人体可能构成伤害的危险部位,都要设置安全防护装置。所有电力动力设备,必须按照规定埋设接地网,要保持接地良好。

(2)测绘生产仪器设备须有专人管理,并进行定期的检查、维护和保养,禁止仪器设备带故障运行。

(3)作业人员应熟悉操作规程,必须严格按有关规程进行操作。作业前要认真检查所要操作的仪器设备是否处于安全状态。未经批准,无关人员不得动用各类仪器设备。

(4)禁止用湿手拉合电闸或开关电钮。饮水时,应远离仪器设备,防止泼洒造成电路短路。

(5)擦拭、检修仪器设备应首先断开电源,并在电闸处挂置明显警示标志。修理仪器设备,一般不准带电作业,由于特殊情况而不能切断电源时,必须采取可靠的安全措施,并且须有两名电工现场作业。

(6)因故停电时,凡用电的仪器设备,应立即断开电源。

12.4　测绘仪器设备安全管理

12.4.1　测绘仪器设备管理制度

(1)根据单位仪器设备情况,设立专门的仪器管理人员(或部门),负责仪器设备的保管、维护、检校和一般鉴定、修理。

(2)仪器设备必须建立技术档案,其内容包括仪器规格、性能、附件、精度鉴定、损伤记录、修理记录及移交验收记录等。

(3)仪器设备的借用、转借、调拨、大修、报废等应有一定的审批手续。

(4)外业队使用的仪器设备必须由专人管理、使用。作业队的负责人应经常了解仪器设备维护、保养、使用等情况,及时解决有关问题。

(5)仪器出入库必须有严格的检查和登记制度。

12.4.2　测绘仪器设备的保管

1)对仪器库房的基本要求

(1)测量仪器库房应是耐火建筑。

（2）库房内的温度不能有剧烈变化，最好保持室温在 12～16℃。

（3）库房应有消防设备，但不能用一般酸碱式灭火器，宜用液体二氧化碳灭火器或者四氯化碳灭火器及其他新型灭火器。

2）测绘仪器的三防措施

生霉、生雾、生锈是测绘仪器的"三害"。需按不同仪器的性能要求采取必要的防霉、防雾、防锈措施，确保仪器处于良好状态。

（1）测绘仪器防霉措施

应将仪器光学零件外露表面清刷干净后再盖镜头盖，并使仪器外表清洁后方能装箱密封保管；仪器箱内应放入适当的防霉剂。外业仪器一般情况下 6 个月（湿热季节或湿热地区 1～3 个月）应对仪器的光学零件外露表面进行一次全面的擦拭，内业仪器一般一年（湿热季节或湿热地区 6 个月）须对仪器未密封的部分进行一次全面的擦拭。检修时须彻底擦拭仪器外表和内部，对产生霉斑的光学零件表面彻底除霉，修复装配后应恢复密封状态。作业中暂时停用的电子仪器每周至少通电 1h。

（2）测绘仪器防雾措施

每次清擦完光学零件表面后应用干棉球擦拭一遍除去表面潮气。每次测区作业终结后应对仪器的光学零件外露表面进行擦拭。调整或操作仪器时勿用手心对准光学零件表面。外业仪器一般情况下 6 个月（湿热季节或湿热地区 3 个月）须对仪器的光学零件外露表面进行一次全面擦拭，内业仪器一般 1 年（湿热季节或湿热地区 3～6 个月）应对仪器外表面进行一次全面清洁，并用电吹风机烘烤光学零件外露表面（温度升高不得超过 60℃）。除雾后或新配置的光学零件表面须用防雾剂进行处理，一旦发现水性雾，应用烘烤或吸潮的方法清除，发现油性雾应用清洗剂擦拭干净并进行干燥处理。严禁使用吸潮后的干燥剂。长期不用的仪器的外露光学零件经干燥后，垫一层干燥脱脂棉再盖镜头盖。

（3）测绘仪器防锈措施

凡测区作业终结收测时，须将金属外露面的临时保护油脂全部清除干净，涂上新的防锈油脂。外业仪器一般情况下 6 个月（湿热季节或湿热地区 1～3 个月）须对仪器外露表面的润滑防锈油脂进行一次更换，内业仪器一般应在 1 年（湿热季节或湿热地区 6 个月）须将仪器所用临时性防锈油脂全部更换一次，如发现锈蚀现象必须立即除锈。保管室在不能保证恒温恒湿的环境要求时，须做到室内通风、干燥、防尘。

12.4.3 测绘仪器设备安全运送

（1）长途搬运仪器时，应将仪器装入专门的运输箱内。若无防振运输箱，而又需运输较精密的仪器时，应把装有仪器的箱子装入特别套箱内，并用刨花或纸团等材料紧紧填实仪器箱与套箱内包面之间的空隙。

（2）短途搬运仪器时，除特别怕振的仪器设备外，一般可不装入运输箱内，但需要专人护送。

（3）运送仪器要防止日晒雨淋，放置仪器设备的地方要安全妥当、清洁和干燥。

12.4.4 测绘仪器设备的使用

（1）仪器开箱前应将仪器箱平放在地上。开箱后应注意看清楚仪器从箱中安放的状态。

仪器从箱中取出前应先松开各制动螺栓。提取仪器时要用手托住仪器的基座,握持支架将仪器轻轻取出,严禁用手提望远镜和横轴。仪器及所用部件取出后应及时合上箱盖。仪器箱放在测站附近并不许坐人。作业完毕后应将所有微动螺栓退回到正常位置,并用擦镜纸或软毛刷除去仪器上表面的灰尘,双手托持仪器,按出箱时的位置放入原箱。盖箱前应将各制动螺栓轻轻旋紧,检查附件齐全后可轻合箱盖,箱盖吻合后方可固紧。

(2)架设仪器时先将三脚架架稳并大致对中,然后放上仪器并立即拧紧中心连接螺栓。

(3)安置仪器前应检查三脚架的牢固性,作业过程中仪器要随时有人防护。

(4)仪器在搬站时可视情况决定是否要装箱。搬站时应把仪器的所有制动螺栓略微拧紧,仪器脚架必须竖直拿稳。

(5)仪器在野外使用时必须用伞遮住阳光。仪器望远镜的物镜和目镜的表面不能受太阳直射,并要避免灰、沙及雨水的侵袭。

(6)仪器发生故障时要立即检修,不应勉强带病使用。

(7)应保持光学元件清洁,不要轻易拆开仪器。

(8)在潮湿环境中作业结束后,要用软布擦干仪器表面的水分或灰尘后才能装箱,回到驻地后立即干燥仪器。

(9)所有仪器在连接外部设备时,应注意相对应的接口、电极连接是否正确,确认无误后方可开启主机和外围设备。拔插接线时不要抓住线就往外拔,也不要边摇晃插头边拔插。数据传输线、GNSS 监控器天线等在收线时应盘成圈收藏,以免折断。

12.5　地理信息数据安全管理

12.5.1　基础地理信息数据管理保护

地理信息数据用来表示与空间地理分布有关信息的数据。基础地理信息数据是地理信息数据中的核心内容。对基础地理信息数据的安全保护,除了数据安全生产外,还应包括数据归档、存储、运输、维护、提供、销毁的全部过程。

1)归档内容

(1)基础地理信息数据成果包括其最终数据成果、重要的阶段性数据成果、重要的原始数据成果和数据说明文件。如数据成果包含元数据,应随同数据成果一起归档。数据说明文件应包含数据背景、数据组织、应用方式及联系方式。

(2)文档材料包括项目立项文件、项目实施文件、项目总结文件及项目成果文件。文档材料有电子文件形式的,应一并归档。

(3)相关软件包括在基础地理信息数据成果形成过程中开发的特定数据管理软件、演示软件。与软件相关的技术手册、使用手册等有关材料应同时归档。

(4)档案目录数据指与归档材料相关的档案目录数据。

2)归档要求

(1)档案形成单位应在项目完成后两个月内完成归档。

(2)基础测绘数据成果应与文档材料一同归档。

（3）归档的基础地理信息数据应为最终版本。

（4）归档后，如果档案形成单位又对基础地理信息数据成果进行了更新（即补充或完善），应将更新后的数据成果及时归档，以替换原归档的数据成果。

（5）文档材料归档一份，数据成果复制品归档两份。

（6）归档的数据成果和相关软件，一般不压缩、不加密。如进行了压缩和加密，应将解压缩软件和密钥、加密和解密软件同时归档。

3）归档检验

档案形成单位和接收单位须对归档材料进行检验，并填写基础地理信息数据建（归）档检验登记表一式两份，双方各持一份。

4）移交手续

档案形成单位须填写基础地理信息数据档案移交文件一式两份，经交接单位双方签字盖章后，双方各持一份。

5）归档介质

（1）归档的两份数据档案应采用相同类型和型号的归档介质。

（2）同一项目的数据档案应存储在同种载体介质上。

（3）归档工作之前，光盘必须在工作环境放置至少 2h；磁带必须在工作环境中放置至少 24h。

6）储存环境

（1）温度选定范围为 17～20℃；相对湿度选定范围为 35%～45%。

（2）库房及装具应使用耐火材料，库房内及附近不得有易燃物品，库房内不得有明火，并配有 CO_2 型灭火器。

（3）库房内的设备要避免水淹，介质架最低一层搁板应高于地面 30cm 以上。

（4）磁带应放在距钢筋房柱或类似结构物 10cm 以外处。

（5）磁带与磁场源（永久磁铁、电动机、变压器等）之间的距离不得少于 76mm。

（6）不得将任何磁性材料及其制品（包括磁化杯、保健磁铁、磁铁图钉等）带入库房。

（7）库房应远离强磁场，并应有必要的磁屏蔽装置和检测措施。

（8）库房门窗应有密闭措施，不允许阳光直接照射数据载体。库房内应尽量减少灰尘对环境的污染。介质装具应洁净无尘。

（9）库房内无腐蚀性气体，并保证通风良好。

（10）库房内照明应采用防爆、防紫外线灯具。不允许有紫外线直接照射数据载体。

7）异地储存

（1）归档的两份数据档案介质应异地储存。

（2）异地储存的距离应大于 100km，最佳距离为 500km 以上。

（3）数据档案应自入馆之日起 60 天内完成异地存储工作。

（4）凡取回的异地储存的数据档案，应在数据档案离开储存地之日起的 60 天内重新完成异地储存工作。

（5）异地储存介质的读检原则上应在储存地进行。

（6）异地储存所在地单位负责异地数据档案的安全、保密、环境和卫生等工作。

(7)异地储存的数据档案的管理权属于原数据档案管理单位,未经授权,任何单位和个人不能擅自复制和提供利用。

8)介质维护

(1)数据档案管理单位应定期对所有磁介质进行维护并建立相应的登记制度,对数据档案磁介质的检查(倒带、读检)、复制、介质更换、销毁等日常工作进行记录,并存档复查。

(2)数据档案管理单位每年应读检不低于5%的数据档案。

(3)如果数据档案在当年进行过读取操作(如数据查阅、提供利用等),则当年可以不对这些介质进行倒带和读检。

(4)归档后的数据档案介质不得外借,只能提供数据复制介质。

9)数据维护

(1)出现介质故障或出现损坏迹象时,应更换介质。介质更换的更新拷贝工作应在30天内完成。

(2)如果软件平台能够反映介质的读写错误,则当累计读写错误达10次时,应停止使用该介质,并将数据复制迁移到新的一份介质上。

(3)线性磁带应每10年迁移一次,光盘应每5年迁移一次。

(4)数据档案管理单位应保证介质的可读性,适时将数据迁移到新的介质上。

(5)数据档案管理单位应尽可能保证数据的可用性。数据档案进行转存新格式拷贝后,原数据档案应继续保存3年。

(6)数据档案由原格式向新格式的转存之前应进行鉴定。转存新格式时可以请求其他单位(或原项目单位)协助实施。转存新格式后应在数据说明文件的第一部分"数据背景"中反映数据档案的变化情况。

(7)日常数据维护工作应对数据的检查、复制、格式转存、数据迁移、清除等日常工作进行记录,并存档备查。

10)运输要求

(1)数据载体运输时应轻拿轻放,做好防潮、防尘、防紫外线直射、防振、防重压等措施。

(2)运输时要防止数据载体之间的相互滑动和碰撞。

(3)要保证容器不会对数据载体造成污染,并在容器外层标明放置方向。

(4)运输过程中避免巨大的温度变化。对于已使用磁带的温度范围要求为 5 ~ 32℃ ,相对湿度范围为 20 ~ 80% ;对于未被使用磁带的温度要求为 - 23 ~ 49℃,相对湿度范围为 20% ~ 80% 。

11)销毁

(1)数据档案在销毁之前应进行鉴定,并按有关规定办理销毁手续。

(2)经数据迁移后废弃的原介质,除数据转存新格式情况外,原数据档案的介质不需鉴定,经审批后直接销毁。

(3)销毁数据档案时,应对包括异地储存在内的两份数据档案同时销毁。

(4)当销毁磁带上的数据档案时,如果磁带还有再利用价值,可对磁带进行消磁(如果磁带技术允许)或全容量写操作,不得只进行初始化。否则应对磁带载体进行物理销毁。

(5)当销毁光盘上的数据档案时,须连同光盘一起销毁。

（6）数据档案逻辑或物理销毁后，应从计算机系统中将其彻底清除。

（7）数据档案销毁时应有数据档案管理单位派员监销，防止泄密。

12.5.2　测绘成果保密措施

1）建立保密管理制度

涉密单位应当建立保密管理领导责任制，设立保密工作机构，配备保密管理人员，根据接触、使用、保管涉密测绘成果的人员情况，对核心涉密人员、重要涉密人员和一般涉密人员实行分类管理。

2）强化安全保密措施

（1）要依照国家有关规定，对生产、加工、提供、传递、使用、复制、保存和销毁涉密测绘成果进行严格登记管理。

（2）要确定涉密测绘成果保密要害部门、部位，明确岗位责任，设置安全可靠的保密防护措施。

（3）应对涉密计算机信息系统采取安全保密防护措施，不得使用无安全保密保障的设备处理、传输、存储涉密测绘成果。

（4）加强涉密计算机和存储介质的管理，禁止将涉密载体作为废品出售或处理。

3）规范成果提供使用行为

（1）县级以上测绘地理信息行政主管部门要依法履行提供涉密测绘成果的行政审批职能，明确规定申请、受理、审批、提供、使用等环节的具体要求，并向社会公布。

（2）法人或者其他组织申请使用涉密测绘成果的，应当具有明确、合法的使用目的和范围，具备成果保管、保密的基本设施与条件，按管理权限报测绘成果所在地的县级以上测绘地理信息行政主管部门审批。

（3）测绘成果保管单位负责接收和保管本地区涉密测绘成果，并按照批准文件向用户提供。其他任何单位，不得擅自提供涉密测绘成果。

（4）经审批获得的涉密测绘成果只能用于被许可的使用目的和范围。如果需要用于其他目的，则应另行办理审批手续。任何单位和个人不得擅自复制、转让或转借涉密测绘成果。

（5）委托第三方承担成果开发、利用任务的，第三方必须具有相应的成果保密条件、承担相关保密责任；委托任务完成后，必须及时回收或监督第三方按保密规定销毁涉密测绘成果及其衍生产品。

（6）涉密测绘成果严格实行"管""用"分开，成果保管单位不得擅自使用涉密测绘成果。确因工作需要使用的，必须办理审批手续。

（7）涉密测绘成果及其衍生产品，未经国家测绘地理信息主管部门或者省、自治区、直辖市测绘地理信息行政主管部门进行保密技术处理的，不得公开使用，严禁在公共信息网络上登载、发布、使用。

12.5.3　依法对外提供测绘成果

（1）凡涉及对外提供我国涉密测绘成果的，要依法报国家测绘地理信息主管部门或者省、自治区、直辖市测绘地理信息行政主管部门审批后再对外提供。

（2）外国的组织或者个人经批准在中华人民共和国领域内从事测绘活动的，所产生的测绘成果归中方部门或单位所有；未经国家测绘地理信息主管部门批准不得向外方提供，不得以任何形式将测绘成果携带或者传输出境。

（3）严禁任何单位和个人未经批准擅自对外提供涉密测绘成果。

12.6　测绘生产突发事故应急处理

测绘单位应建立测绘生产突发事故应急处理预案，预案应包括组织体系（应急领导机构、应急执行机构、机构内部的隶属关系），突发事故的应急处理、责任等。

12.6.1　事故报告

安全事故一经发生或发现，现场人员要在第一时间报警。随后，自作业组开始，利用应急通信设备逐级上报事故情况。安全事故报告时限为：泄密事故应在发生或发现后24h内报告；轻伤事故应在发生或发现后2h内报告；其他事故应在发生或发现后立即报告。

12.6.2　预案启动

单位应急领导小组接到报告后，认为符合安全事故标准的，应宣布启动预案。对于较轻微的安全事故，应急领导小组指挥应急处理工作；对于较严重的安全事故，应急领导小组派员至前线指挥应急处理工作。预案一经启动，前线应急领导小组及其成员必须按照责任分工立即就位，按照单位应急领导小组的指挥协同行动；相关作业队、作业组及作业人员必须无条件服从应急指挥人员的命令，全力投入应急处理工作。

12.6.3　事故救援

（1）救援基本要求

应急救援工作以最大限度地减少人员伤亡和经济损失为目标，遵循统一指挥、分工负责、以人为本、损失最小的方针，按照现场自救与外部救援相结合的原则实施救援。事故发生现场的人员应立即停止生产，在第一时间采取先行控制措施开展自救，立即抢救受伤人员和物资，疏散危险区域人员，控制事故扩大，并保护好事故现场。现场负责人及时向上级简要汇报案情、后果及先行处理情况，关注事故的发展和事故处理进展情况，随时向上级报告。作业队接到现场报告后，及时向前线应急领导小组和单位应急领导小组报告，指挥安全保障组、临近作业组赴现场施救。单位应急领导小组指挥前线应急领导小组，协调当地医疗、消防、公安等部门，以及武警部队、友邻作业队伍等外部救援力量开展救援，派出事故处理人员协调事故善后工作。

（2）人员受困事故处置

现场负责人立即收缩队伍，组织现场人员进行自救，尽量向路边靠拢，逐级上报事故情况（现场位置、受困原因、涉及的人员、脱困方案和救援需求）。作业队及救援组及时制订救援计划，指挥救援力量携带救援器材及保障用品前往现场营救。若有需要，及时向地方政府和当地武警部队请求援助。

（3）人员失踪事故处置

现场负责人立即收缩队伍,组织现场人员尽量利用通信设备与失踪人员取得联系,按照失踪人员行进路线向最后发出信息的方向循迹搜寻,逐级上报事故情况(失踪人员、失踪位置、救援计划和救援需求)。作业队及救援组及时向地方政府和当地武警部队请求援助,及时制订救援计划,指挥救援力量前往现场营救,尽一切可能找到失踪人员。

（4）意外伤害事故处置

现场负责人立即组织现场人员进行抢险、救护,随队医生实施急救,并监护伤员转运至就近医院。紧急时拨打"120"或"110"电话求助。现场负责人逐级上报事故情况(灾害类型、现场位置、涉及的人员、抢险方案和救援需求),并组织现场人员撤离危险地带。作业队立即组织力量,迅速赶赴现场处置。

（5）交通事故处置

现场负责人立即组织现场人员抢救,随队医生实施急救,并监护伤员集中转运至就近医院。如果需要,向急救中心呼救并派人到主要路口引导车辆。现场负责人组织保护事故现场,及时向交通事故受理中心报警,逐级上报现场情况,配合当地公安、保险等部门勘查、清理现场。

（6）火灾事故处置

现场负责人立即组织力量采取措施扑救,尽力控制火情,防止火灾蔓延,尽量确保人员安全,降低财产损失;若火势无法控制,应及时将现场人员疏散至安全区域。现场负责人及时向消防中心报警,逐级上报火灾现场情况(方位、火势、火灾范围、抢险人员数量、灭火措施以及伤亡情况等),协助消防部门开展灭火及现场勘验工作。

（7）中毒事故处置

现场负责人立即安排随队医生实施急救,组织人员以最快速度将中毒人员送往就近医院;如果需要,向急救中心呼救。现场负责人组织事故现场保护,逐级上报事故情况。根据事态严重程度,经单位应急领导小组同意,报告地方卫生管理部门并配合调查。

（8）疫病感染事故处置

现场负责人立即向当地疾病控制中心报警,配合防疫部门将被感染者送入定点医院,对与被感染者有密切接触的人员进行医学排查,必要时进行隔离观察,对驻地及相关设施进行全面消毒。现场负责人逐级上报事故情况。若存在疫情暴发的风险,作业队应及时撤离至安全区休整。

（9）泄密事故处置

涉密测绘成果资料及涉密数据载体遗失后,现场负责人立即组织力量寻找。若确认已被盗,应及时向公安部门报警,保护现场,配合侦查。现场负责人及时向上级报告涉密物品的密级、种类、数量、范围、发生环节、涉及人员、预计后果或影响程度、已采取措施等有关情况。事关机密、绝密事项时,经单位应急领导小组同意,作业队向当地保密工作部门和国家安全部门报案并协助调查处理。

12.6.4 事故善后

事故救援结束后,在单位应急领导小组的协调下,按照规定对事故中的伤亡人员、救援参与人员、紧急调集单位或个人的物资分别给予抚恤、补助、补偿,并做好保险理赔和伤亡人员家属的安抚工作。前线应急领导小组及作业队做好职工情绪稳定工作,注意维护正常的工作秩序,积极配合事故调查组开展事故调查工作。未经单位应急领导小组的授权,任何人不得接受新闻媒体采访或以个人名义发布消息,以避免因消息失真而导致不良影响。

习　题

一、单项选择题

1. 下列选项中,不属于测绘仪器保养维护的"三防"措施的是(　　)。

  A. 防锈　　　　　　B. 防霉　　　　　　C. 防雾　　　　　　D. 防摔

2. 现行《测绘作业人员安全规范》规定,野外测绘人员在人烟稀少的地区或者林区、草原地区作业时,必须携带的装备是(　　)。

  A. 手持导航定位仪器及地形图　　　　　B. 帐篷

  C. 安全警示标志牌　　　　　　　　　　C. 汽车

3. 下列情形中,对地理信息数据安全造成不利影响最大的是(　　)。

  A. 异地备份　　　　B. 数据复制　　　　C. 数据转存　　　　D. 硬盘损坏

4. 根据现行《测绘作业人员安全规范》,下列关于水上作业的说法中,错误的是(　　)。

  A. 应租用配有救生和通信设备的船只　　B. 应租用具有营业许可证的船只

  C. 风浪太大的时段不能强行作业　　　　D. 单人上船作业应穿救生衣

5. 根据现行《测绘作业人员安全规范》,下列内业生产安全操作要求中,错误的是(　　)。

  A. 所有用电动力设备,应埋设接地网,保持接地良好

  B. 因故停电时,凡用电的仪器设备应保持原状,不得改变开关状态

  C. 作业前要认真检查所要操作的仪器设备是否处于安全状态

  D. 由于特殊情况带电修理仪器设备时,须有两名电工现场作业

6. 野外测绘人员沿铁路、公路区域作业,尤其是在电气化铁路附近作业时,下列设备中,禁止使用的是(　　)。

  A. 安全警示牌　　　　　　　　　　　　B. 铝合金标尺、镜杆

  C. 导航定位设备　　　　　　　　　　　D. 带有安全警示反光的马夹

7. 根据现行《基础地理信息数据档案管理与保护规范》,下列关于基础地理信息数据存储格式的说法中,错误的是(　　)。

  A. 应采用国家标准格式　　　　　　　　B. 应采用通用格式

  C. 严禁采用非通用格式　　　　　　　　D. 采用非通用格式时,应附操作软件

8. 根据现行《基础地理信息数据档案管理与保护规范》,基础地理信息数据异地储存的最佳距离为(　　)km 以上。

  A. 200　　　　　　　B. 300　　　　　　　C. 400　　　　　　　D. 500

9. 根据现行《测绘作业人员安全规范》,在人员稀少、条件恶劣环境下作业时,下列要求中,错误的是(　　)。

A. 作业车载重不得超重　　　　　　　B. 加固作业车可单车作业

C. 作业车应有双备胎　　　　　　　　D. 气压低时作业车应低挡行驶

10. 根据现行《测绘作业人员安全规范》,下列常见病中,在高海拔地区作业时不必一经发现即采取治疗措施的是( )。

A. 紫外线灼伤　　B. 感冒　　　　C. 高原反应　　D. 冻伤

11. 根据现行《基础地理信息数据档案管理与保护规范》,基础地理信息数据磁带应放在距钢筋房柱或类似结构物( )cm 以外处。

A. 5　　　　　　B. 10　　　　　　C. 20　　　　　　D. 30

12. 根据现行《基础地理信息数据档案管理与保护规范》,下列关于归档介质的要求中,正确的是( )。

A. 同一项目的数据档案应存储在不同的载体介质上

B. 归档的两份数据档案应采用不同类型和型号的归档介质

C. 档案管理单位同时认可磁带和光盘作为归档介质时,两份数据应分别采用磁带和光盘作为归档介质

D. 归档介质应有标志,至少应标注档号、条形码和密级

13. 根据现行《基础地理信息数据档案管理与保护规范》,对归档材料进行检验时,对数据成果的检验内容不包括( )检验。

A. 成果内容的完整性　　　　　　　　B. 成果内容的正确性

C. 数据有效性　　　　　　　　　　　D. 病毒

14. 根据现行《测绘作业人员安全规范》,下列对内业生产场所的要求中,错误的是( )。

A. 各种设备和建(构)筑物之间,应留有满足生产、检修需要的安全距离

B. 作业场所中不得随意拉设电线,防止电线、电源漏电

C. 作业场所禁止使用电器取暖或烧水

D. 面积大于100m² 的作业场所至少布设两个安全出口

15. 根据现行《测绘作业人员安全规范》,下列对外业作业人员的操作要求中,错误的是( )。

A. 进入单位、居民宅院测绘时,应先出示相关证件,说明情况后进行作业

B. 遇雷电天气应立刻停止作业,禁止在斜坡、大树下躲避

C. 迁站时要拆除安全警示标志牌,应将仪器横向肩扛行进,防止意外发生

D. 在电气化铁路附近作业时,应使用绝缘性好的标尺、镜杆

二、多项选择题

1. 根据现行《测绘作业人员安全规范》,测绘人员应当事先征得有关部门的同意,了解当地民情和社会治安等情况后,方可进入作业地区的是( )。

A. 军事要地　　　　　　　　　　　　B. 边境、民族地区

C. 城市建设区　　　　　　　　　　　D. 林区、自然保护区

E. 基本农田保护区

2. 根据现行《测绘作业人员安全规范》,下列内业生产作业场所的安全措施中,正确的是( )。

A. 配置必要的安全警示标志　　　　B. 按消防规定配备灭火器具

C. 划设专门的吸烟区域　　　　　　D. 保持安全出口和通道的畅通

E. 配备专人管理和检修用电设备

3. 根据现行《基础地理信息数据档案管理与保护规范》,基础地理信息数据成果的数据说明文件包括( )。

A. 档案目录数据　　B. 数据背景　　　C. 数据组织　　　D. 应用方式

E. 联系方式

4. 根据《测绘安全生产管理暂行规定》,测绘队(院)安全生产委员会的职责是( )。

A. 制定安全生产管理工作规划

B. 组织建立并落实安全生产责任制

C. 组织开展安全生产大检查,防止事故及职业病的发生

D. 对存在事故隐患的单位,发出《事故隐患整改意见书》,令其限期整改

E. 组织对伤亡事故的调查和处理

三、简答题

1. 简述如何依法对外提供我国涉密测绘成果。
2. 简述在高原、高寒地区进行外业生产的注意事项。

四、论述题

结合所学内容,谈谈如何保证测绘项目生产安全。

第13章　测绘成果质量检查与验收

13.1　检查验收的术语

13.1.1　检查验收的概念

检查验收是指为了评定测绘成果质量,严格按照相关技术细则或技术标准,通过观察、分析、判断和比较,适当结合测量、试验等方法对测绘成果质量进行的符合性评价。

13.1.2　相关术语

(1)单位成果:为实施检查与验收而划分的基本单位。

(2)批成果:同一技术设计要求下生产的同一测区的、同一比例尺(或等级)单位成果集合。

(3)批量:批量成果中单位成果的数量。

(4)样本:从批成果中抽取的用于评定批成果质量的单位成果集合。

(5)样本量:样本中单位成果的数量。

(6)全数检查:对批成果中全部单位成果逐一进行的检查。

(7)抽样检查:从批成果中抽取一定数量样本进行检查。

(8)质量元素:说明质量的定量、定性组成部分。即成果满足规定要求和使用目的的基本特性。质量元素的适用性取决于成果的内容以及成果规范,并非所有的质量元素适用于所有的成果。

(9)质量子元素:质量元素的组成部分,描述质量元素的一个特定方面。

(10)检查项:质量子元素的检查内容。说明质量的最小单位,质量检查和评定的最小实施对象。

(11)详查:对单位成果质量要求的全部检查项进行的检查。

(12)概查:对单位成果质量要求中的部分检查项进行的检查。部分检查项一般指重要的、特别关注的质量要求或指标,或系统性的偏差、错误。

(13)错漏:检查项的检查结果与要求存在的差异。根据差异的程度,将其分为 A、B、C、D 四类。A 类,极重要检查项的错漏;B 类,重要检查项的错漏,或检查项的严重错漏;C 类,较重要检查项的错漏,或检查项的较重错漏;D 类,一般检查项的轻微错漏。

(14)高精度检测:检测的技术要求高于生产的技术要求。

(15)同精度检测:检测的技术要求与生产的技术要求相同。

(16)简单随机抽样:从批成果中抽取样本时,使每一个单位成果都以相同概率构成样本,可采用简单随机抽取单位成果的方法。

(17)分层随机抽样:将批成果按作业工序或生产时间段、地形类别、作业方法等分层后,根据样本量分别从各层中随机抽取 1 个或若干个单位成果组成样本。

13.2　成果质量检查验收基本规定

13.2.1　检查验收制度

"二级检查、一级验收"是指测绘地理信息成果应依次通过测绘单位作业部门的过程检查、测绘单位质量管理部门的最终检查和项目管理单位组织的验收或委托具有资质的质量检验机构进行质量验收。具体要求如下:

(1)过程检查采用全数检查。过程检查应逐单位成果进行详查,检查出的错误修改后应通过复查方可提交最终检查。

(2)最终检查一般采用全数检查,涉及野外检查项的可采用抽样检查,样本以外的应实施内业全数检查。最终检查不合格的单位成果应退回处理并重新进行最终检查;最终检查合格的单位成果,检查出的错误修改后应通过复查方可提交验收。最终检查完成后,编写检查报告。检查报告随成果一并提交验收。

(3)验收一般采用抽样检查。质量检验机构应对样本进行详查,必要时可对样本以外的单位成果的重要检查项进行概查。

(4)各级检查验收工作应独立、按顺序进行,不得省略、代替或颠倒顺序。

(5)最终检查应审核过程检查记录,验收应审核最终检查记录,审核中发现的问题作为资料质量错漏处理。

13.2.2　检查验收依据

成果质量检查验收的依据主要包括有关法律法规,国家标准、行业标准,技术设计书,测绘任务书、合同书和委托验收文件等。

13.2.3　提交检查验收的资料

测绘项目提交的成果资料必须齐全,主要包括:

(1)项目设计书、专业技术设计书、技术总结等。

(2)文档簿、质量跟踪卡等。

(3)数据文件,包括图廓内外整饰信息文件、元数据文件等。

(4)作为数据源使用的原图或复制的底图。

(5)图形或影像数据输出的检查图或模拟图。

(6)技术规定或技术设计书规定的其他文件资料。

除上述资料外,提交验收时,还应包括检查报告。

13.2.4　数学精度检测

图类单位成果的数学精度检测包括高程精度检测、平面位置精度检测及相对位置精度检测等,检测时选择的检测点(边)应分布均匀、位置明显。检测点(边)数量视地物复杂程度、比例尺等具体情况确定,每幅图一般应该选取 20～50 个点(边)进行检测。

按单位成果统计数学精度,困难时可以适当扩大统计范围。在允许中误差 2 倍以内(含 2 倍)的误差值均应参与数学精度统计,超过允许中误差 2 倍的误差视为粗差。同精度检测时,在允许中误差 $2\sqrt{2}$ 倍以内(含)的误差值均应参与数学精度统计,超过允许中误差 $2\sqrt{2}$ 倍的误差视为粗差。检测点(边)数量少于 20 时,以误差的算术平均值代替中误差;大于 20 时,按中误差统计。高精度检测时,中误差按式(13-1)计算。

$$M = \pm \sqrt{\frac{\sum\limits_{i-1}^{n} \Delta_i^2}{n}} \tag{13-1}$$

式中:M——成果中误差;

$\quad n$——检测点(边)总数;

$\quad \Delta_i$——检测点(边)的检测值与原观测值的较差。

同精度检测时,中误差按式(13-2)计算:

$$M = \pm \sqrt{\frac{\sum\limits_{i-1}^{n} \Delta_i^2}{2n}} \tag{13-2}$$

符号含义同上。

13.2.5　检查验收记录与报告

检查验收记录包括质量问题及其处理记录、质量统计记录等。最终检查、验收工作完成后,应分别编写检查、验收报告,并随测绘成果一起归档。

13.2.6　质量问题处理

过程检查、最终检查中发现的质量问题均应进行改正。验收中发现有不符合技术标准、技术设计书或其他有关技术规定的成果时,应及时提出处理意见,交测绘单位进行改正。当问题较多或性质较重时,可将部分或全部成果退回测绘单位或部门重新处理,然后再进行验收。

经验收判为合格的批,测绘单位或部门要对验收中发现的问题进行处理,然后进行复查。经验收判为不合格的批,要将检验批全部退回测绘单位或部门进行处理,然后再次申请验收。再次验收时应重新抽样。

过程检查、最终检查工作中,当对质量问题的判定存在有分歧时,由测绘单位总工程师裁定;验收工作中,当对质量问题的判定存在分歧时,由委托方或项目管理单位裁定。

13.3　抽样检查程序

抽样检查的程序包括组成批成果、确定样本量、抽取样本、检验、质量评定、编制报告等环节。

（1）组成批成果

批成果应由同一技术设计要求下生产的同一测区的、同一比例尺（或等级）单位成果汇集而成。生产量较大时，可根据生产时间的不同、作业方法不同或作业单位不同等条件分别组成批成果，实施分批检验。

（2）确定样本量

抽样检查时根据检验批的批量确定样本量，具体见表13-1。

批量与样本量对照 表 13-1

批　　量	样 本 量	批　　量	样 本 量
1～20	3	121～140	12
21～40	5	141～160	13
41～60	7	161～180	14
61～80	9	181～200	15
81～100	10	>201	分批次提交，批次数应最小，各批次的批量应均匀
101～120	11		

注：当样本量不小于批量时，则全数检查

（3）抽取样本

抽取的样本应分布均匀，一般采用简单随机抽样，也可根据生产方式或时间、等级等采用分层随机抽样，以"点""景""测段""幢"或"区域网"等为单位在检验批中抽取，按样本量从批成果中提取相应数量的样本，并提取单位成果的全部有关资料。

项目设计书、专业技术设计书、生产过程中的补充规定，技术总结、检查报告及检查记录，仪器检定证书和检验资料复印件，其他需要提供的文档资料等按 100% 提取样本原件或复印件。

（4）检验

根据成果质量的内容与特性，分别采用详查、概查的方式检验，并统计存在的各种错漏数量、错误率、中误差等。

（5）质量评定

质量评定包括单位成果质量评定、样本质量评定和批成果质量评定。

（6）编制报告

质量检验报告主要包括：检验工作成果概况、检验依据、抽样情况、检验内容及方法、主要质量问题及处理、质量统计及质量综述、附件（附图、附表）。

13.4 质量评分方法

13.4.1 数学精度评分方法

数学精度按表13-2的规定采用分段直线内插的方法计算质量分数；多项数学精度评分

时,单项数学精度得分均大于 60 分时,取其算术平均值或加权平均。

数学精度评分标准　　　　　　　　　　　　　　　　表 13-2

数学精度值	质量分数 S
$0 \leqslant M \leqslant 1/3 \times M_0$	$S = 100$
$1/3 \times M_0 < M \leqslant 1/2 \times M_0$	$90 \leqslant S < 100$
$1/2 \times M_0 < M \leqslant 3/4 \times M_0$	$75 \leqslant S < 90$
$3/4 \times M_0 < M \leqslant M_0$	$60 \leqslant S < 75$

表 13-2 中,M_0 为允许中误差的绝对值,按式(13-3)计算;M 为成果中误差的绝对值;S 为质量分数(分数值根据数学精度的绝对值所在区间进行内插)。

$$M_0 = \sqrt{m_1^2 + m_2^2} \tag{13-3}$$

式中:m_1——规范或相应技术文件要求的成果中误差;

　　　m_2——检测中误差(高精度检测时取 $m_2 = 0$)。

13.4.2　成果质量错漏扣分标准

成果质量错漏扣分标准按表 13-3 执行。

成果质量错漏扣分标准　　　　　　　　　　　　　　　　表 13-3

差 错 类 型	扣 分 值
A 类	42
B 类	$12/t$
C 类	$4/t$
D 类	$1/t$

注:一般情况下取 $t = 1$。需要进行调整时,以困难类别为原则,按《测绘生产困难类别细则》进行调整(平均困难类别 $t = 1$)。

13.4.3　质量子元素评分方法

将质量子元素得分预置为 100 分,根据表 13-3 的要求对相应质量子元素中出现的错漏逐个扣分。S_2 的值按式(13-4)计算。

$$S_2 = 100 - \left(a_1 \times \frac{12}{t} + a_2 \times \frac{4}{t} + a_3 \times \frac{1}{t} \right) \tag{13-4}$$

式中:S_2——质量子元素得分;

a_1、a_2、a_3——质量子元素中相应的 B 类错漏、C 类错漏、D 类错漏个数;

　　　t——扣分值调整系数。

13.4.4　质量元素评分方法

采用加权平均法计算质量元素得分,质量子元素的权值需查阅现执行的相关国家标准确定。质量元素得分 S_1 的值按式(13-5)计算。

$$S_1 = \sum_{i=1}^{n} (S_{2i} \times p_i) \tag{13-5}$$

式中: S_1——质量元素得分;

S_{2i}——相应质量子元素得分;

p_i——相应质量子元素的权;

n——质量元素中包含的质量子元素个数。

13.4.5 单位成果质量评分

采用加权平均法计算单位成果质量得分,质量元素的权值需查阅现执行的相关国家标准确定。单位成果质量得分 S 的值按式(13-6)计算。

$$S = \sum_{i=1}^{n} (S_{1i} \times p_i) \tag{13-6}$$

式中: S——单位成果质量得分;

S_{1i}——质量元素得分;

p_i——相应质量元素的权;

n——单位成果中包含的质量元素个数。

13.5 成果质量评定

测绘单位评定单位成果质量和批成果质量等级。验收单位根据样本质量等级核定批成果质量等级。

13.5.1 单位成果质量评定

单位成果质量等级分为优、良、合格、不合格,见表13-4。

单位成果质量等级评定标准 表13-4

质 量 等 级	质量得分 S
优	$S \geqslant 90$
良	$75 \leqslant S < 90$
合格	$60 \leqslant S < 75$
不合格	$S < 60$

当单位成果出现以下情况之一时,即判定为不合格。

(1)单位成果中出现 A 类错漏。

(2)单位成果高程精度检测、平面位置精度检测及相对位置精度检测,任一项粗差比例超过5%。

（3）质量子元素质量得分小于60分。

13.5.2 样本质量评定

当样本中出现不合格单位成果时,评定样本质量为不合格。

全部单位成果合格后,根据单位成果的质量得分,按算术平均方式计算样本质量得分 S,按表13-5评定样本质量等级。

样本质量等级评定标准 表13-5

质 量 等 级	质量得分 S
优	$S \geq 90$
良	$75 \leq S < 90$
合格	$60 \leq S < 75$

13.5.3 批质量判定

1）最终检查批成果质量评定

最终检查批成果合格后,按以下原则评定批成果质量等级。

优:优良品率达到90%以上,其中优级品率达到50%以上;

良:优良品率达到80%以上,其中优级品率达到30%以上;

合格:未达到上述标准的。

2）验收批成果质量核定

验收单位根据评定的样本质量等级核定批成果质量等级。当测绘单位未评定批成果质量等级,或验收单位评定的样本质量等级与测绘单位评定的批成果质量等级不一致时,以验收单位评定的样本质量等级作为批成果质量等级。

3）批成果质量判定

批成果质量判定的质量等级分为批合格、批不合格。以下情形均判为批不合格:

（1）生产过程中使用未经计量检定或检定不合格的测量仪器的。

（2）详查和概查未同时合格的。

（3）当详查或概查中发现伪造成果现象或技术路线存在重大偏差的。

13.6 测绘成果的质量元素及检查项

测绘成果种类繁多。本节以大地测量和工程测量主要测绘成果的质量元素和检查项为例对测绘成果的质量元素及检查项进行说明,其他测绘项目成果的质量元素和检查项可根据项目实施的技术方法和成果类型综合确定。

13.6.1 大地测量

大地测量类成果主要包括 GPS 测量成果、水准测量成果、重力测量成果,以及大地测量计算成果等。

（1）GPS 测量成果

GPS 测量成果的质量元素和检查项见表 13-6。

GPS 测量成果的质量元素和检查项 表 13-6

质量元素		检 查 项
元素	子元素	
数据质量	数学精度	（1）点位中误差与规范及设计书的符合情况； （2）边长相对中误差与规范及设计书的符合情况
	观测质量	（1）仪器检验项目的齐全性，检验方法的正确性； （2）观测方法的正确性，观测条件的合理性； （3）GPS 点水准联测的合理性和正确性； （4）归心元素、天线高测定方法的正确性； （5）卫星高度角、有效观测卫星总数、时段中任一卫星有效观测时间、观测时段数、时段长度、数据采样间隔、PDOP（位置精度因子）值、钟漂、多路径效应等参数的规范性和正确性； （6）观测手簿记录和注记的完整性和数字记录、划改的规范性； （7）数据质量检验的符合性； （8）规范和设计方案的执行情况；成果取舍和重测的正确性、合理性
	计算质量	（1）起算点选取的合理性和起始数据的正确性； （2）起算点的兼容性及分布的合理性； （3）平差计算方法的正确性； （4）数据使用的正确性和合理性； （5）各项外业验算项目的完整性、各项指标的符合性
点位质量	选点质量	（1）点位布设及点位密度的合理性； （2）点位观测条件的符合情况； （3）点位选择的合理性； （4）点之记内容的齐全、正确性
	埋石质量	（1）埋石坑位的规范性和尺寸的符合性； （2）标石类型和标石埋设规格的规范性； （3）标志类型、规格的正确性； （4）标石质量，如坚固性、规格等； （5）托管手续内容的齐全、正确性
资料质量	整饰质量	（1）点之记和托管手续、观测手簿、计算成果等资料的规整性； （2）技术总结、检查报告格式的规范性； （3）技术总结、检查报告整饰的规整性
	资料完整性	技术总结、检查报告、上交资料的齐全性和完整情况

（2）水准测量成果

质量元素水准测量成果的质量元素和检查项见表 13-7。

水准测量成果的质量元素和检查项　　　　　　　　表 13-7

质量元素		检 查 项
元素	子元素	
数据质量	数学精度	(1)每千米偶然中误差的符合性; (2)每千米全中误差的符合性
	观测质量	(1)测段、区段、路线闭合差的符合性; (2)仪器检验项目的齐全性、检验方法的正确性; (3)测站观测误差的符合性; (4)对已有水准点和水准路线联测和接测方法的正确性; (5)观测和检测方法的正确性; (6)观测条件选择的正确、合理性; (7)成果取舍和重测的正确、合理性; (8)记簿计算正确性、注记的完整性和数字记录、划改的规范性
	计算质量	(1)环闭合差的符合性; (2)外业验算项目的齐全性,验算方法的正确性; (3)已知水准点选取的合理性和起始数据的正确性
点位质量	选点质量	(1)水准路线布设及点位密度的合理性; (2)路线图绘制的正确性; (3)点位选择的合理性; (4)点之记内容的齐全、正确性
	埋石质量	(1)标石类型的正确性; (2)标石埋设规格的规范性; (3)托管手续内容的齐全、正确性
资料质量	整饰质量	(1)观测、计算资料整饰的规整性; (2)成果资料、技术总结、检查报告整饰的规整性
	资料完整性	技术总结、检查报告内容及上交资料的齐全性和完整性

（3）重力测量成果

重力测量成果的质量元素和检查项见表 13-8。

重力测量成果的质量元素和检查项　　　　　　　　表 13-8

质量元素		检 查 项
元素	子元素	
数据质量	数学精度	重力联测中误差、重力点平面位置中误差、重力点高程中误差符合性
	观测质量	(1)仪器检验项目的齐全性、检验方法的正确性; (2)重力测线安排的合理性,联测方法的正确性; (3)重力点平面坐标和高程测定方法的正确性; (4)成果取舍和重测的正确、合理性; (5)记簿计算正确性、注记的完整性和数字记录、划改的规范性; (6)外业观测误差与限差的符合性; (7)外业验算的精度指标与限差的符合性
	计算质量	(1)外业验算项目的齐全性;外业验算方法的正确性; (2)重力基线选取的合理性;起始数据的正确性

质量元素		检 查 项
元素	子元素	
点位质量	选点质量	(1)重力点布设位密度的合理性; (2)重力点位选择的合理性; (3)点之记内容的齐全、正确性
	埋石质量	(1)标石类型的规范性和标石质量情况; (2)标石埋设规格的规范性; (3)照片资料的齐全性;托管手续的完整性
资料质量	整饰质量	(1)观测、计算资料整饰的规整性; (2)成果资料、技术总结、检查报告整饰的规整性
	资料完整性	技术总结、检查报告内容及上交成果资料的齐全性

（4）大地测量计算成果

大地测量计算成果的质量元素和检查项见表13-9。

大地测量计算成果的质量元素和检查项　　　　　　　表13-9

质量元素		检 查 项
元素	子元素	
成果正确性	数学模型	(1)采用基准的正确性; (2)平差方案及计算方法的正确、完备性; (3)平差图形选择的合理性; (4)计算、改算、平差、统计软件功能的完备性
	计算正确性	(1)外业观测数据取舍的合理、正确性;仪器常数及检定系数选用的正确性; (2)相邻测区成果处理的合理性; (3)计量单位、小数取舍的正确性; (4)起算数据、仪器检验参数、气象参数选用的正确性; (5)计算图、表编制的合理性; (6)各项计算的正确性
成果完整性	整饰质量	各种计算资料、成果资料的、技术总结、检查报告的规整性
	资料完整性	(1)成果表编辑或抄录的正确、全面性; (2)技术总结或计算说明内容的全面性; (3)精度统计资料的完整性;上交成果资料的齐全性

13.6.2　工程测量质量元素和检查项

工程测量成果主要包括平面控制测量成果、高程控制测量成果、大比例尺地形图、线路测量成果、变形测量成果、施工测量成果等,其质量元素和检查项如下:

（1）平面控制测量成果

平面控制测量成果的质量元素和检查项见表13-10。

平面控制测量成果的质量元素和检查项   表 13-10

质量元素		检 查 项
元素	子元素	
数据质量	数学精度	点位中误差、边长相对中误差与规范及设计书的符合情况
	观测质量	(1)仪器检验项目的齐全性、检验方法的正确性; (2)观测方法的正确性,观测条件的合理性; (3)GPS 点水准联测的合理性和正确性; (4)归心元素、天线高测定方法的正确性; (5)卫星高度角、有效观测卫星总数、时段中任一卫星有效观测时间、观测时段数、时段长度、数据采样间隔、PDOP 值、钟漂、多路径影响等参数的规范性和正确性; (6)观测手簿记录和注记的完整性和数字记录、划改的规范性,数据质量检验的符合性; (7)水平角和导线测距的观测方法,成果取舍和重测的合理性和正确性; (8)天顶距(或垂直角)的观测方法、时间选择,成果取舍和重测的合理性和正确性; (9)规范和设计方案的执行情况;成果取舍和重测的正确性、合理性
	计算质量	(1)起算点选取的合理性和起始数据的正确性; (2)起算点的兼容性及分布的合理性; (3)平差计算方法的正确性; (4)数据使用的正确性和合理性; (5)各项外业验算项目的完整性、各项指标的符合性
点位质量	选点质量	(1)点位布设及点位密度的合理性; (2)点位满足观测条件的符合情况; (3)点位选择的合理性;点之记内容的齐全、正确性
	埋石质量	(1)埋石坑位的规范性和尺寸的符合性; (2)标石类型和标石埋设规格的规范性; (3)标志类型、规格的正确性; (4)托管手续内容的齐全、正确性
资料质量	整饰质量	(1)点之记和托管手续、观测手簿、计算成果等资料的规整性; (2)技术总结、检查报告整饰的规整性
	资料完整性	技术总结、检查报告及上交资料的齐全性和完整情况

(2)高程控制测量成果

高程控制测量成果的质量元素和检查项见表 13-11。

高程控制测量成果的质量元素和检查项   表 13-11

质量元素		检 查 项
元素	子元素	
数据质量	数学精度	(1)每千米高差中数偶然中误差的符合性; (2)每千米高差中数全中误差的符合性; (3)相对于起算点的最弱点高程中误差的符合性
	观测质量	(1)仪器检验项目的齐全性、检验方法的正确性; (2)测站观测误差的符合性;测段、区段、路线闭合差的符合性; (3)对已有水准点和水准路线联测和接测方法的正确性; (4)观测和检测方法的正确性;观测条件选择的正确、合理性; (5)成果取舍和重测的正确、合理性; (6)记簿计算正确性、注记的完整性和数字记录、划改的规范性

续上表

质量元素		检 查 项
元素	子元素	
数据质量	计算质量	(1)外业验算项目的齐全性,验算方法的正确性; (2)已知水准点选取的合理性和起始数据的正确性;环闭合差的符合性
点位质量	选点质量	(1)水准路线布设、点位选择及点位密度的合理性; (2)水准路线图绘制的正确性;点位选择的合理性; (3)点之记内容的齐全、正确性
	埋石质量	(1)标石类型的规范性和标石质量情况; (2)标石埋设规格的规范性; (3)托管手续内容齐全性
资料质量	整饰质量	(1)观测、计算资料整饰的规整性、各类报告、总结、附图、附表、簿册整饰的完整性; (2)成果资料、技术总结、检查报告整饰的规整性
	资料完整性	(1)技术总结、检查报告编写内容的全面性及正确性; (2)提供成果资料项目的齐全性

(3)大比例尺地形图

大比例尺地形图的质量元素和检查项见表13-12。

大比例尺地形图的质量元素和检查项　　　　表13-12

质量元素		检 查 项
元素	子元素	
数学精度	数学基础	(1)坐标系统、高程系统的正确性; (2)各类投影计算、使用参数的正确性; (3)图根控制测量精度;图廓尺寸、对角线长度、格网尺寸的正确性; (4)控制点间图上距离与坐标反算长度较差
	平面精度	(1)平面绝对位置中误差; (2)平面相对位置中误差; (3)接边精度
	高程精度	(1)高程注记点高程中误差; (2)等高线高程中误差; (3)接边精度
数据及结构 正确性		(1)文件命名、数据组织正确性; (2)数据格式的正确性; (3)要素分层的正确性、完备性; (4)属性代码的正确性; (5)属性接边质量
地理精度		(1)地理要素的完整性与正确性; (2)地理要素的协调性; (3)注记和符号的正确性; (4)综合取舍的合理性; (5)地理要素接边质量

质量元素		检 查 项
元素	子元素	
整饰质量		(1)符号、线划、色彩质量,注记质量; (2)图面要素协调性; (3)图面、图廓外整饰质量
附件质量		(1)元数据文件的正确性、完整性; (2)检查报告、技术总结内容的全面性及正确性; (3)成果资料的齐全性; (4)各类报告、附图(接合图、网图)、附表、簿册整饰的规整性

(4)线路测量成果

线路测量成果的质量元素和检查项见表13-13。

线路测量成果的质量元素和检查项　　　　　　　表13-13

质量元素		检 查 项
元素	子元素	
数据质量	数学精度	(1)平面控制测量、高程控制测量、地形图成果数学精度; (2)点位或桩位测设成果数学精度; (3)断面成果精度与限差的符合情况
	观测质量	(1)仪器检验项目的齐全性、检验方法的正确性; (2)技术设计和观测方案的执行情况; (3)成果取舍和重测的正确、合理性; (4)手工记簿计算的正确性、注记的完整性和数字记录、划改的规范性; (5)电子记簿记录程序正确性和输出格式的标准化程度; (6)各项观测误差与限差的符合情况
	计算质量	(1)验算项目的齐全性和验算方法的正确性; (2)平差计算及其他内业计算的正确性
点位质量	选点质量	(1)控制点布设及点位密度的合理性; (2)点位选择的合理性
	埋石质量	(1)标石类型的规范性和标石质量情况; (2)标石埋设规格的规范性; (3)点之记、托管手续内容的齐全、正确性
资料质量	整饰质量	观测、计算资料整饰的规整性,技术总结、检查报告整饰的规整性
	资料完整性	(1)技术总结、检查报告内容的全面性; (2)提供项目成果资料的齐全性、各类报告、总结、图、表、簿册整饰的规整性

(5)变形测量成果

变形测量成果的质量元素和检查项见表13-14。

变形测量成果的质量元素和检查项 表 13-14

质量元素		检 查 项
元素	子元素	
数据质量	数学精度	(1)基准网精度; (2)水平位移、垂直位移测量精度
	观测质量	(1)仪器设备的符合性; (2)规范和设计方案的执行情况; (3)各项限差与规范或设计书的符合情况; (4)观测方法的规范性,观测条件的合理性; (5)成果取舍和重测的正确性、合理性; (6)观测周期及中止观测时间确定的合理性; (7)数据采集的完整性、连续性
	计算分析	(1)计算项目的齐全性和方法的正确性; (2)平差结果及其他内业计算的正确性; (3)成果资料的整理和整编; (4)成果资料的分析
点位质量	选点质量	基准点、观测点布设及点位密度、位置选择的合理性
	造埋质量	(1)标石类型、标志构造的规范性和质量情况; (2)标石、标志埋设的规范性
资料质量	整饰质量	(1)观测、计算资料整饰的规整性; (2)技术报告、检查报告整饰的规整性
	资料完整性	(1)技术报告、检查报告内容的全面性; (2)提供成果资料项目的齐全性; (3)技术问题处理的合理性

(6)施工测量成果

施工测量成果的质量元素和检查项见表 13-15。

施工测量成果的质量元素和检查项 表 13-15

质量元素		检 查 项
元素	子元素	
数据质量	数学精度	(1)控制测量精度; (2)点位或桩位测设成果数学精度
	观测质量	(1)仪器检验项目的齐全性、检验方法的正确性; (2)技术设计和观测方案的执行情况; (3)水平角、天顶距、距离观测方法的正确性,观测条件的合理性; (4)成果取舍和重测的正确、合理性; (5)手工记簿计算的正确性、注记的完整性和数字记录、划改的规范性; (6)电子记簿记录程序正确性和输出格式的标准化程度; (7)各项观测误差与限差的符合情况
	计算质量	(1)验算项目的齐全性和验算方法的正确性; (2)平差计算及其他内业计算的正确性

续上表

质量元素		检 查 项
元素	子元素	
点位质量	选点质量	(1)控制点布设及点位密度的合理性; (2)点位选择的合理性
	造埋质量	(1)标石类型的规范性和标石质量情况; (2)标石埋设规格的规范性; (3)点之记内容的齐全、正确性; (4)托管手续内容的齐全性
资料质量	整饰质量	(1)观测、计算资料整饰的规整性; (2)技术总结、检查报告整饰的规整性
	资料完整性	(1)技术总结、检查报告内容的全面性; (2)提供成果资料项目的齐全性

习 题

一、单项选择题

1. 根据现行《测绘成果质量检查与验收》,测绘成果应当通过( )的最终质量检查。
   A. 作业组　　　　　　　　　　　B. 作业队(室)
   C. 测绘单位　　　　　　　　　　D. 项目管理单位

2. 根据现行《测绘成果质量检查与验收》,某测绘成果数学精度允许中误差为20cm,用高精度检测得到的成果中误差为±10cm,则该成果的数学精度得分为( )分。
   A. 75　　　　　B. 80　　　　　C. 90　　　　　D. 100

3. 关于大比例尺地形图数字产品的质量特性构成内容的说法,正确的是( )。
   A. 数学精度、数据及结构正确性、地理精度、整饰质量、附件质量
   B. 平面精度、高程精度、数据及结构正确性、整饰质量、附件质量
   C. 平面精度、高程精度、要素精度、整饰质量、附件质量
   D. 平面精度、要素精度、整饰质量、数据及格式正确性、附件质量

4. 关于水准测量成果计算质量主要检查项的说法,正确的是( )。
   A. 外业手簿计算正确性、起算数据正确性、平差模型选择
   B. 环闭合差、外业手簿计算正确性、已知水准点选取合理性、平差模型选择
   C. 环闭合差、外业手簿计算正确性、已知水准点选取合理性、数学模型设计
   D. 环闭合差、外业手簿计算正确性、已知水准点选取合理性、起算数据正确性

5. 测绘单位生产的测绘产品经最终检查并按照现行《测绘产品质量评定标准》评定产品质量后,负责最终测绘产品质量核定的机构是( )。
   A. 测绘地理信息行政主管部门　　　B. 测绘单位
   C. 验收单位　　　　　　　　　　　D. 监理单位

6. 现行《测绘产品检查验收规定》规定,测绘产品验收工作的组织实施机构是(　　)。

    A. 项目承担单位　　　　　　　　　　B. 所在地测绘地理信息行政主管部门

    C. 项目委托单位　　　　　　　　　　D. 项目验收委员会

7. 测绘成果质量"二级检查"指的是(　　)。

    A. 作业员的自检与作业员之间的互检

    B. 作业部门的过程检查与质量管理部门的最终检查

    C. 作业部门质检员的检查与单位技术负责人的抽检

    D. 测绘单位质量管理部门的检查与验收

8. 根据现行《测绘成果质量检查与验收》,下列内容中,不属于空中三角测量成果质量元素检查项的是(　　)。

    A. 内业加密点的平面位置精度　　　　B. 内业加密点的高程精度

    C. 区域网间接边精度　　　　　　　　D. 空三加密点埋石质量

9. 根据现行《数字测绘成果质量检查与验收》,下列方法中,不属于数字测绘成果质量检查的主要检查方法的是(　　)。

    A. 外业巡查　　　　　　　　　　　　B. 参考数据比对

    C. 内部检查　　　　　　　　　　　　D. 野外实测

10. 根据现行《测绘成果质量检查与验收》,下列内容中,不属于地籍图成果质量元素的是(　　)。

    A. 平面精度　　　　　　　　　　　　B. 高程精度

    C. 地籍要素质量　　　　　　　　　　D. 整饰质量

11. 根据现行《测绘成果质量检查与验收》,图类单位成果数学精度检测采用同精度检测时,超过允许中误差(　　)倍的误差视为粗差。

    A. 2　　　　　　　　B. 3　　　　　　　　C. $2\sqrt{2}$　　　　　　　　D. $\sqrt{2}$

12. 根据现行《测绘成果质量检查与验收》,下列检验方法中,不属于成果质量检查与验收检验方法的是(　　)。

    A. 概查检查　　　　　　　　　　　　B. 全数检查

    C. 抽样检查　　　　　　　　　　　　D. 联合检查

13. 根据现行《测绘成果质量检查与验收》,下列要素中,不属于图类单位测绘成果数学精度检测项的是(　　)。

    A. 地理精度　　　　　　　　　　　　B. 平面位置精度

    C. 相对位置精度　　　　　　　　　　D. 高程精度

14. 根据现行《测绘成果质量检验与验收》,在抽样检查的情况下,样本质量得分 S 为(　　)。

    A. 单位成果质量得分的加权平均值　　B. 单位成果质量得分的算术平均值

    C. 单位成果质量得分的最小值　　　　D. 单位成果质量得分的最大值

15. 根据现行《测绘成果质量检查与验收》,下列关于质量问题处理的说法中,正确的是(　　)。

    A. 经验收判为合格的批,测绘单位对验收中发现的问题进行处理,不需复查

B. 过程检查、最终检查中发现的质量问题应改正,直至检查无误为止

C. 验收过程中,当对质量问题的判断存在分歧时,由测绘单位总工程师裁定

D. 经验收判为不合格的批,要将检验批全部退回测绘单位处理,再次验收时不需要重新抽样

16. 测绘产品验收工作应当在( )后进行。

A. 经最终检查合格 　　　　　　　　B. 经委托方同意

C. 经过程检查合格 　　　　　　　　D. 经测绘地理信息行政主管部门同意

17. 测绘产品检查过程中,当检查人员与被检查单位(或人员)在质量问题的处理上有分歧时,负责裁定质量分歧的是( )。

A. 测绘单位质量管理机构

B. 测绘单位法定代表人

C. 测绘单位总工程师

D. 测绘地理信息行政主管部门质量管理机构

18. 测区面积为 49km² 的 1∶1000 地形测图项目,进行野外实地检查时,抽样检查的样本量应为( )幅。

A. 20 　　　　　　　　B. 10 　　　　　　　　C. 15 　　　　　　　　D. 50

二、多项选择题

1. 下列选项中,属于数字测绘成果质量元素的是( )。

A. 位置精度 　　　　　　　　　　B. 时间精度

C. 属性精度 　　　　　　　　　　D. 影像/栅格质量

E. 图面质量

2. 根据现行《测绘产品检查验收规定》,可以作为测绘产品检查验收依据的文件是( )。

A. 有关的测绘任务书 　　　　　　B. 有关的法规和技术标准

C. 测绘项目承担单位的质量管理制度 　　D. 技术设计书和有关技术规定

E. 测绘项目合同书或委托检查验收文件

3. 下列情形中,测绘成果质量可直接判定为批不合格的情形是( )。

A. 伪造成果 　　　　　　　　　　B. 重要成果资料不全

C. 测绘仪器未经计量检定 　　　　D. 未提供质量检查报告

E. 技术设计存在严重错误

4. 根据现行《测绘成果质量检查与验收》,单位成果质量评定为不合格的情况是( )。

A. 单位成果出现 A 类错漏 　　　　B. 质量子元素质量得分小于 60 分

C. 高程精度检测粗差比例超过 5% 　　D. 平面位置精度检测粗差比例超过 3%

E. 相对位置精度检测粗差比例超过 3%

5. 根据现行《基础地理信息城市数据库建设规范》,数据入库前检查的依据包括( )。

A. 数据生产的数据检查报告 　　　　B. 数据生产技术总结

C. 数据库设计中对数据的技术要求　　　D. 数据生产技术设计书

E. 数据库测试报告

6. 根据现行《测绘成果质量检查与验收》,下列水准测量成果错漏中,属于 A 类错漏的是( )。

A. 原始记录中划改"毫米"　　　B. 对结果影响达到毫米级的计算错误

C. 仪器测前测后未进行检验　　　D. 标石规格不符合规定

E. 成果取舍、重测不合理

三、简答题

1. 简述测绘成果质量验收中抽样检查的程序。

2. 简述判定测绘成果质量批不合格的情形。

四、论述题

论述工程测量类成果中平面控制测量和高程控制测量成果的质量元素及检查项。

第14章 测绘项目技术总结

14.1 测绘技术总结基本规定

14.1.1 测绘技术总结的概念

测绘技术总结是在测绘任务完成后,对项目实施过程中执行测绘技术设计文件和技术标准、规范等的情况,技术设计方案实施中出现的主要技术问题和处理方法,成果(或产品)质量、新技术的应用等进行分析研究、认真总结,并作出客观描述和评价。测绘技术总结为用户(或下个工序)对成果(或产品)的合理使用提供方便,为测绘单位持续改进质量提供依据,同时也为测绘技术设计、有关技术标准和技术规定的定制提供资料。

14.1.2 测绘技术总结的分类

测绘技术总结分为专业技术总结和项目总结。其中,专业技术总结是测绘项目中所包含的各测绘专业活动在其成果(或产品)检查合格后,分别总结撰写的技术文档。项目总结是一个测绘项目在其最终成果(或产品)检查合格后,在各专业技术总结的基础上,对整个项目所作的技术总结。对于工作量较小的项目,可根据需要将项目总结和专业技术总结合并为项目总结。

14.1.3 测绘技术总结编写的依据

测绘技术总结的编写依据主要包括:
(1)测绘任务书或合同的有关要求,顾客书面要求或口头要求的记录,市场的需求或期望。
(2)测绘技术设计文件、相关的法律、法规、技术标准和规范。
(3)测绘成果(或产品)的质量检查报告。
(4)现有生产过程和产品的质量记录和有关数据,以往测绘技术设计、测绘技术总结提供的信息。
(5)其他有关文件和资料。

14.1.4 测绘技术总结的编写与审核

项目总结由承担项目的法人单位负责编写或组织编写;专业技术总结由具体承担相应测绘专业任务的法人单位负责编写。具体的编写工作通常由单位的技术人员承担。

技术总结编写完成后,单位总工程师或技术负责人应对技术总结编写的客观性、完整性等进行审查并签字,并对技术总结编写的质量负责。

14.1.5　测绘技术总结的编写要求

(1)内容真实全面、重点突出。说明和评价技术要求的执行情况时,不应简单抄录设计书的有关技术要求;应重点说明作业过程中出现的主要技术问题和处理方法、特殊情况的处理及其达到的效果、经验、教训和遗留问题等。

(2)文字应简明扼要,公式、数据和图表应准确,名词、术语、符号和计量单位等均应与有关法规和标准一致。

(3)测绘技术总结的幅面、封面格式以及字体、字号等应符合相关要求。

14.2　测绘技术总结的主要内容

项目总结是一个测绘项目在其最终成果(或产品)检查合格后,在各专业技术总结的基础上,对整个项目所作的技术总结,通常由概述、技术设计执行情况、测绘成果(或产品)质量说明与评价、上交和归档的成果(或产品)及资料清单共四部分组成。

14.2.1　概述

测绘技术总结的概述部分需概要说明以下几项内容:

(1)项目来源、内容、目标、工作量,专业测绘任务的划分、内容和相应任务的承担单位,成果(产品)交付与接收情况等。

(2)项目执行情况的说明。主要包括生产任务的安排与完成情况,统计有关的作业定额和作业率,经费执行情况等。

(3)作业区概况和已有资料的利用情况。

14.2.2　技术设计执行情况

技术设计执行情况部分的主要内容包括:

(1)说明生产所依据的技术性文件,包括项目设计书、专业技术设计书、技术设计更改文件以及有关的技术标准和规范等。

(2)说明项目总结所依据的各专业技术总结。

(3)说明项目设计书和有关的技术标准、规范的执行情况,并说明项目设计书的技术更改情况。

(4)重点描述出现的主要技术问题和处理方法、特殊情况的处理及其达到的效果等。

(5)说明项目实施中质量保障措施的执行情况。

(6)当生产过程中采用新技术、新方法、新材料时,应详细描述和总结其应用情况。

(7)总结项目实施中的经验、教训和遗留问题,并对今后生产提出改进意见和建议。

14.2.3　测绘成果(或产品)质量说明与评价

说明和评价项目最终测绘成果(或产品)的质量情况并进行必要的精度统计,说明成果

(或产品)达到的技术指标,说明最终测绘成果(或产品)质量检查报告的名称和编号。

14.2.4　上交和归档的成果(或产品)及资料清单

上交和归档测绘成果及资料清单部分主要说明,上交和归档的成果(或产品)的形式和数量,以及一起上交和归档的资料文档清单。主要包括:

(1)测绘成果(或产品):说明测绘成果(或产品)的名称、数量、类型等。

(2)文档资料:包括项目设计书及有关的设计变更文件、项目总结、质量检查报告等。必要时也包括项目包含的专业技术设计书及其有关的专业设计变更文件和专业技术总结以及其他作业过程中形成的重要记录。

(3)其他需要上交和归档的资料。

14.3　各专业技术总结的主要内容

专业技术总结是测绘项目中所包含的各测绘专业活动在其成果(或产品)检查合格后,分别总结撰写的技术文档,由概述、技术设计执行情况、成果(或产品)质量说明评价、上交和归档的成果(或产品)及资料清单四部分组成。

本节主要以大地测量、工程测量、摄影测量与遥感和地理信息系统 4 个专业为例说明专业技术总结的主要内容。

14.3.1　大地测量技术总结

大地测量主要包含平面控制测量、高程控制测量、重力测量和大地测量计算等内容。各部分专业技术总结主要包括以下内容:

1)平面控制测量

(1)概述

①任务来源、目的,生产单位,生产起止时间,生产安排概况。

②测区名称、范围,行政隶属,自然地理特征,交通情况和困难类别。

③基线(网)、三角锁(网)、导线段(节)或起始边和天文点的名称与等级,分布密度,通视情况,边长(最大、最小、平均)和角度(最大、最小)等。

④作业技术依据。

⑤计划与实际完成工作量的比较,作业率的统计。

(2)利用已有资料情况

①采用的基准和系统。

②起算数据及其等级。

③已知点的利用及联测。

④资料中存在的主要问题和处理方法。

(3)作业方法、质量和有关技术数据

①使用的仪器、仪表、设备和工具的名称、型号、检校情况及其主要技术数据等。

②觇标和标石的情况,施测方法,照准目标类型,测回数,重测数与重测率,记录方法,记

录程序来源和审查意见,归心元素的测定方法、次数、概算情况与结果。

③新技术、新方法的采用及其效果。

④执行技术标准的情况,出现的主要问题和处理方法,保证和提高质量的主要措施,各项限差与实际测量结果的比较,外业检测情况及精度分析等。

⑤重合点及联测情况,新、旧成果的分析比较。

⑥为测定国家级平面控制点高程而进行的水准联测与三角高程的施测情况,概算方法和结果。

（4）技术结论

①对本测区成果质量、设计方案和作业方法等的评价。

②重大遗留问题的处理意见。

③经验、教训和建议。

（5）附图、附表

①利用已有资料清单。

②测区点、线、锁、网的分布图。

③精度统计表。

④仪器、基线尺检验结果汇总表。

⑤上交测绘成果清单等。

2）高程控制测量

（1）概述

①任务来源、目的,生产单位,生产起止时间,生产安排情况。

②测区名称、范围、行政隶属,自然地理特征,沿线路面和土质植被情况,路坡度（最大、最小、平均）,交通情况和困难类别。

③路线和网的名称、等级、长度,点位分布密度,标石类型等。

④作业技术依据。

⑤计划与实际完成工作量的比较,作业率的统计。

（2）利用已有资料情况

①采用基准和系统。

②起算数据及其等级。

③已知点的利用和联测。

④资料中存在的主要问题和处理方法。

（3）作业方法、质量和有关技术数据

①使用的仪器、标尺、记录计算工具和尺承的型号、规格、数量、检校情况及主要数据。

②埋石情况,施测方法,视线长度（最大、最小、平均）,各分段中上、下午测站不对称数与总站数的比,重测测段及数量,记录和计算方法及程序来源,审查或验算结果。

③新技术、新方法的采用及其效果。

④跨河水准测量的位置,实施方案,实测结果与精度等。

⑤联测和支线的施测情况。

⑥执行技术标准的情况,保证和提高质量的主要措施,各项限差与实际测量结果的比

较,外业检测情况及精度分析等。

(4)技术结论

①对本测区成果质量、设计方案和作业方法等的评价。

②重大遗留问题的处理意见。

③经验、教训和建议。

(5)附图、附表

①利用已有资料清单。

②测区点、线、网的水准路线图。

③仪器、标尺检验结果汇总表。

④精度统计表。

⑤上交测绘成果清单等。

3)重力测量

(1)概述

①任务来源、目的,生产单位,生产起止时间,生产安排概况。

②测区名称、范围、行政隶属、自然地理特征、交通情况等。

③路线的名称、等级,布点方案,分布密度,点距(最大、最小、平均)等。

④作业技术依据。

⑤计划与实际完成工作量的比较,作业率的统计。

(2)利用已有资料情况

①采用基准和系统。

②起算数据及其等级。

③已知点的利用和联测。

④资料中存在的主要问题和处理方法。

(3)作业方法、质量和有关技术数据

①使用的仪器、仪表的名称、型号、检校情况及其主要技术数据。

②埋石情况,施测方法,施测路线与所用时间(最长、平均),测回数,重测数与重测率,概算公式与结果。

③联测点的联测情况,平面坐标与高程的施测和计算情况。

④新技术、新方法的采用及其效果。

⑤执行技术标准的情况,出现的主要问题和处理方法,保证和提高质量的主要措施,各项限差与实际测量结果的比较,实地检测情况及精度分析等。

(4)技术结论

①对本测区成果质量、设计方案和作业方法等的评价。

②重大遗留问题的处理意见。

③经验、教训和建议。

(5)附图、附表

①利用已有资料清单。

②重力点位和联测路线略图。

③平面坐标与高程施测图。

④仪器检验结果汇总表。

⑤精度统计表。

⑥上交测绘成果清单等。

4）大地测量计算

（1）概述

①任务来源、目的，生产单位，生产起止时间，生产安排情况。

②计算区域名称、等级、范围、行政隶属。

③作业技术依据。

④计划与实际完成工作量的比较，作业率的统计。

（2）利用已有资料情况

①采用的基准和系统。

②起算数据及其等级、来源和精度情况。

③重合点的质量分析。

④前工序存在的主要问题及其在计算中的处理方法和结果。

（3）计算方法、质量和有关技术数据

①作业过程简述，保证质量的主要措施。

②使用计算工具的名称、型号、性能及其说明，采用程序的名称、来源、编制和审核单位、编制者，程序的基本功能及其检验情况。

③计算的原理、方法、基本公式，改正项，小数取位等。

④新技术、新方法的采用及其效果。

⑤数据和信息的输入、输出情况，内容与符号说明。

⑥计算结果的验算，精度统计分析与说明。

⑦计算过程中出现的主要问题及处理结果等。

（4）计算结论

①对本计算区成果质量、计算方案、计算方法等的评价。

②重大遗留问题的处理意见。

③经验、教训和建议。

（5）附图、附表

①利用已有资料清单。

②计算区域的线、锁、网图。

③计算机源程序目录（含编制单位、编者、审核单位及其时间等）。

④精度检验分析统计表。

⑤上交测绘成果清单等。

14.3.2 工程测量技术总结

工程测量主要包括控制测量、地形测图、施工测量和变形测量等内容。工程测量专业中的控制测量可参照大地测量技术总结中有关平面和高程控制测量内容，结合工程测量的特

点进行撰写。其他部分技术总结的主要内容如下:

1)地形测图

地形测图包括摄影测量方法测图和野外全站仪测图等方法。摄影测量方法测图的技术总结参照摄影测量与遥感的有关内容,结合工程测量的特点进行撰写。这里主要介绍野外全站仪数字化测图技术总结的主要内容。

(1)概述

①任务来源、目的,测图比例尺,生产单位,生产起止日期,生产安排概况。

②测区名称、范围、行政隶属、自然地理特征、交通情况等。

③作业技术依据,采用的等高距,图幅分幅和编号的方法。

④计划与实际完成工作量的比较,作业率的统计。

(2)利用已有资料情况

①资料的来源和利用情况。

②资料中存在的主要问题和处理方法。

(3)作业方法、质量和有关技术数据

①图根控制测量:各类图根点的布设,标志的设置,观测使用的仪器和方法,各项限差与实际测量结果的比较。

②全站型速测仪测图:测图方法,仪器型号、规格、特性及检校情况,外业采集数据的内容、密度、记录的特征,数据处理和成图工具的情况等。

③测图精度分析与统计、检查验收的情况,存在的主要问题和处理结果等。

④新技术、新方法、新材料的采用及其效果。

(4)技术结论

①对本测区成果质量、设计方案和作业方法等的评价。

②重大遗留问题的处理意见。

③经验、教训和建议。

(5)附图、附表

①利用已有资料清单。

②图幅分布和质量评定图。

③控制点分布略图。

④精度统计表。

⑤上交测绘成果清单等。

2)施工测量

(1)概述

①任务来源、目的,生产单位,生产起止时间,生产安排概况。

②工程名称,测设项目,测区范围,自然地理特征,交通情况,有关工程地质与水文地质的情况,建设项目的复杂程度和发展情况等。

③作业技术依据。

④计划与实际完成工作量的比较,作业率的统计。

（2）利用已有资料情况

①资料的来源和利用情况。

②资料中存在的主要问题和处理方法。

（3）作业方法、质量和有关技术数据

①控制点系统的建立,埋石情况,使用的仪器和施测方法及其精度。

②施工放样方法和精度。

③各项误差的统计,实地检测的项目、数量和方法,检测结果与实测结果的比较等。

④新技术、新方法、新材料的采用及其效果。

⑤作业中出现的主要问题和处理方法。

（4）技术结论

①对本测区成果质量、设计方案和作业方法等的评价。

②重大遗留问题的处理意见。

③经验、教训和建议。

（5）附图、附表

①施工测量成果种类及其说明。

②采用已有资料清单。

③精度统计表。

④上交测绘成果清单等。

3）变形测量

（1）概述

①项目名称、来源、目的、内容,生产单位,生产起止时间,生产安排概况。

②测区地点、范围,建筑物(构筑物)分布情况及观测条件,标志的特征。

③作业技术依据。

④完成任务量。

（2）利用已有资料情况

①测量资料的分析与利用。

②起算数据的名称、等级及其来源。

③资料中存在的主要问题和处理方法。

（3）作业方法、质量和有关技术数据

①仪器的名称、型号和检校情况。

②标志的布设和密度,标石或观测墩的规格及其埋设质量,变形控制网(点)的建立、施测及其稳定性的分析,变形观测点的施测情况,观测周期,计算方式和方法等。

③重复观测结果的分析比较和数据处理方法。

④新技术、新方法、新材料的采用及其效果。

⑤执行技术标准的情况,出现的主要问题和处理方法,保证和提高质量的主要措施,各项限差与实际测量结果的比较。

（4）技术结论

①变形观测的结论和评价。

②对本测区成果质量、设计方案、作业方法等的评价。

③重大遗留问题的处理意见。

④经验、教训和建议。

(5)附图、附表

①变形控制网布设略图。

②利用已有资料清单。

③变形观测资料的归纳与分析报告。

④上交测绘成果清单等。

14.3.3　摄影测量与遥感技术总结

摄影测量与遥感专业主要包括航空摄影、摄影测量外业、摄影测量内业和遥感等。各专业技术总结主要内容如下：

1)航空摄影

(1)概述

①任务来源、目的,摄影比例尺、航摄单位,摄影起止时间。

②摄区名称、地理位置、面积、行政隶属、摄区地形和气候对摄影工作的影响。

③作业技术依据。

④完成的作业项目、数量。

(2)利用已有资料情况

编制航摄计划用图的比例尺、作业年代及接边资料等。

(3)航摄工作、质量和有关技术数据

①航摄仪和附属仪器的类型及其主要技术数据。

②航线敷设情况和飞行质量。

③数字影像的主要技术数据。

④航摄质量及数字影像的质量情况。

⑤新技术、新方法、新材料的采用及其效果。

⑥执行技术标准的情况,出现的主要问题和处理方法,保证和提高质量的主要措施。

(4)技术结论

①对本摄区成果质量、设计方案、作业方法等的评价。

②重大遗留问题的处理意见。

③经验、教训和建议。

(5)附图、附表

①摄影分区略图。

②航摄鉴定表。

③上交航摄成果清单等。

2)摄影测量外业

(1)概述

①任务来源、目的、摄影比例尺,成图比例尺,生产单位,生产起止日期,生产安排概况。

②测区地理位置、面积、行政隶属,自然地理特征,交通情况和困难类别等。

③作业技术依据,采用的投影、坐标系、高程系和等高距。

④计划与实际完成工作量的比较,作业率的统计。

(2)利用已有资料情况

①航摄资料的来源,仪器的类型及其主要技术数据,像片的质量和利用情况。

②其他资料的来源、等级、质量和利用情况。

③资料中存在的主要问题和处理方法。

(3)作业方法、质量和有关技术数据

①控制测量包括:像片控制点的布设方案,刺点影像;基础控制点和像片控制点测定的仪器、方法、扩展次数及各种误差;检查的方法和质量情况。

②像片调绘与综合法测图包括:调绘像片的比例尺和质量,调绘的方法,使用简化符号的说明;新增地物、地貌及云影、阴影地区的补测方法和质量;综合法测绘地貌的方法和质量;地理调查和地名的情况;检查的方法和质量情况。

③新技术、新方法的采用及其效果。

(4)技术结论

①对本测区成果质量、设计方案、作业方法等的评价。

②重大遗留问题的处理意见。

③经验、教训和建议。

(5)附图、附表

①测区地形类别及质量评定图。

②利用已有资料清单。

③控制点分布略图。

④精度统计表。

⑤上交测绘成果清单等。

3)航空摄影测量内业

(1)概述

①任务来源、目的,摄影比例尺,成图比例尺,生产单位,生产起止日期,生产安排概况。

②测区地理位置、面积、行政隶属,地形的主要特征和困难类别。

③作业技术依据,采用的投影、坐标系、高程系和等高距。

④计划与实际完成工作量的比较,作业率的统计。

(2)利用已有资料情况

①摄影资料的来源,仪器的类型及其主要技术数据。

②对外业控制点和调绘成果进行分析。

③其他资料的来源、质量和利用情况。

④资料中存在的主要问题和处理方法。

(3)作业方法、质量和有关技术数据

①解析空中三角测量:加密方法,刺点影像,使用仪器等情况;加密点的精度及其接边情况。

②影像平面图的编制:纠正和复制的方法,仪器类型,影像质量及精度情况;成图精度和

图幅接边精度。

③航测原图的测绘和编绘:采用的方法和使用的仪器;成图的质量和精度;与已成图的接边情况。

④新技术、新方法、新材料的采用及其效果。

(4)技术结论

①对本测区成果质量、设计方案、作业方法等的评价。

②重大遗留问题的处理意见。

③经验、教训和建议。

(5)附图、附表

①测区图幅接合表。

②航测内业成图方法及质量评定图。

③利用已有资料清单。

④精度统计表。

⑤野外检测统计表。

⑥上交测绘成果清单等。

4)遥感的专业技术总结

(1)概述

①任务来源、目的,图像比例尺,成图比例尺,生产单位,生产起止时间,生产安排概况。

②测区概况。

③作业技术依据和作业方案。

④完成的作业项目与工作量。

(2)利用已有资料情况

①遥感资料的来源、形式,主要技术参数,质量和利用情况。

②资料中存在的主要问题和处理方法。

(3)作业方法、质量和有关技术数据

①遥感图像处理:采用的仪器及其主要技术参数;地面控制点选取的方法、点数及分布情况;处理方法,基本工作程序框图,影像质量及有关误差。

②遥感图像的解译:采用的资料;标志的形态、影像、色调特征等;解译的方法。

③解译结果的检验:解译结果检验的方法;野外取样情况,验证成果的准确率。

④编制专业图件:利用遥感影像图、地形图、解译草图和其他资料编制专业图件的方法及有关误差。

⑤新技术、新方法、新材料的采用及其效果。

(4)技术结论

①对本测区成果质量、设计方案、作业方法等的评价。

②重大遗留问题的处理意见。

③经验、教训和建议。

(5)附图、附表

①测区图幅接合表。

②利用已有资料清单。

③精度统计表。

④野外检测统计表。

⑤上交测绘成果清单等。

14.3.4 地理信息系统技术总结

1)引言

说明编写目的、背景、定义及参考资料等。

2)实际开发结果

(1)产品。说明程序系统中各个程序的名字,它们之间的层次关系,程序系统版本、文件名称、数据库等。

(2)主要功能和性能。逐项列出本软件产品实际具有的主要功能和性能,并与开发目标对比。

(3)基本流程。

(4)进度。列出原定计划进度与实际进度的对比并分析原因。

(5)费用。列出原定计划费用与实际支出费用的对比并分析原因。

3)开发工作评价

(1)对生产效率的评价。列出程序、文件的实际平均生产效率并与原定计划对比。

(2)对产品质量的评价。说明在测试中检查出来的错误发生率并与质量保证计划对比。

(3)对技术方法的评价。说明对开发中所使用的技术、方法、工具、手段的评价。

(4)出错原因的分析。分析开发过程中出现错误的原因。

4)经验与教训

列出从开发工作中所得到的主要经验与教训,以及对今后项目开发的建议。

以上针对测绘项目中大地测量、工程测量、摄影测量和遥感、地理信息系统等专业中的主要技术工作技术总结的具体内容进行阐述,其他测绘项目如界线测量、地图制图等可根据项目实际情况进行撰写。总之,测绘技术总结是与测绘成果(或产品)有直接关系的技术性文件,是在测绘项目完成之后对项目实施过程中的技术问题、成果质量和技术创新等进行分析研究,作出客观描述和评价。测绘技术总结为用户对成果的合理使用提供资料,也有助于测绘单位对测绘产品和成果持续质量改进,测绘技术总结是需要长期保存的重要技术档案。

习 题

一、单项选择题

1.下列内容中,不属于 GNSS 测量内业技术总结内容的是( )。

　A.误差检验及相关参数和平差结果的精度统计

　B.外业观测数据质量分析和野外数据检核情况

　C.上交成果中尚存在的问题和需要说明的其他问题、建议和改进意见

D. 各种附表和附图

2. 根据现行《测绘技术总结编写规定》,下列技术人员中,对技术总结编写质量负责的是( )。

    A. 技术总结编写人员　　　　　　B. 技术设计审核人员

    C. 技术设计编写人员　　　　　　D. 技术总结审核人员

3. 在编写测绘技术总结过程中,测绘单位需要对测绘成果质量进行说明和评价,下列内容中,不属于质量说明和评价中应包含的内容的是( )。

    A. 简要说明、评价测绘成果的质量情况　　B. 上交成果资料目录清单

    C. 成果质量精度统计分析　　　　　　　　D. 成果达到的技术质量指标

4. 下列内容中,不属于现行《测绘技术总结编写规定》的"概述"中的主要内容的是( )。

    A. 工作目标和工作量　　　　　　B. 任务安排与完成情况

    C. 作业区概况和已有资料利用情况　　D. 执行的技术标准和规范

5. 根据现行《测绘技术总结编写规定》,"任务的安排与完成情况"应在技术总结的( )部分说明。

    A. 概述　　　　　　　　　　　　B. 技术设计执行情况

    C. 成果质量说明和评价　　　　　D. 上交成果及其清单

6. 下列关于测绘技术总结作用的说法中,错误的是( )。

    A. 为用户合理使用成果提供方便　　B. 为测绘单位持续质量改进提供依据

    C. 为测绘技术标准制定提供资料　　D. 为测绘市场监管提供依据

7. 根据现行《测绘技术总结编写规定》,下列文件中,在总结技术设计执行情况时,不作为说明专业测绘活动所依据的技术性文件的是( )。

    A. 测绘合同　　　　　　　　　　B. 专业技术设计书

    C. 项目设计书　　　　　　　　　D. 有关技术标准和规范

二、多项选择题

1. 根据现行《测绘技术总结编写规定》,下列内容中,属于测绘技术总结编写主要依据的是( )。

    A. 市场的需求或期望　　　　　　B. 测绘技术设计文件

    C. 测绘项目财务验收报告　　　　D. 测绘成果质量检查报告

    E. 顾客的书面要求

2. 根据现行《测绘技术总结编写规定》,下列内容中,属于上交和归档的测绘成果及其资料清单内容的是( )。

    A. 测绘成果名称、数量、类型　　B. 测绘项目技术设计书

    C. 测绘资质证书复印件　　　　　D. 质量检查报告

    E. 测绘人员测绘作业证复印证件

3. 根据现行《测绘技术总结编写规定》,测绘技术总结的主要组成内容是( )。

    A. 概述　　　　　　　　　　　　B. 技术设计执行情况

C. 检查验收意见　　　　　　　　D. 成果质量说明和评价

E. 上缴和归档的成果及资料清单

4. 编写专业技术总结时,下列文档资料中,应当在"上交测绘成果(或产品)和资料清单"中说明的是(　　)。

A. 测绘项目合同　　　　　　　　B. 项目设计书

C. 专业技术设计书　　　　　　　D. 专业技术总结

E. 质量检查报告

5. 根据现行《测绘技术总结编写规定》,下列关于测绘项目总结的说法中,错误的是(　　)。

A. 测绘项目总结由承担项目的法人单位负责编写

B. 测绘项目总结应统计有关作业定额和作业率

C. 测绘项目总结是在一个测绘项目最终成果(或产品)生产结束后编写的

D. 技术总结须单位法人代表审核签字

E. 测绘项目总结通常由单位的技术人员编写

6. 根据现行《测绘技术设计规定》,下列工作中,由承担项目的法人单位负责实施的是(　　)。

A. 技术策划　　　　　　　　　　B. 技术设计

C. 设计评审　　　　　　　　　　D. 设计验证

E. 设计审定

三、简答题

1. 简述测绘项目技术总结的基本内容。

2. 简述专业技术总结中基础地理信息库建设技术总结的主要内容。

附　　录

中华人民共和国测绘法

（2017 年 4 月 27 日第十二届全国人民代表大会常务委员会第二十七次会议第二次修订）

第一章　总　　则

第一条　为了加强测绘管理，促进测绘事业发展，保障测绘事业为经济建设、国防建设、社会发展和生态保护服务，维护国家地理信息安全，制定本法。

第二条　在中华人民共和国领域和中华人民共和国管辖的其他海域从事测绘活动，应当遵守本法。

本法所称测绘，是指对自然地理要素或者地表人工设施的形状、大小、空间位置及其属性等进行测定、采集、表述，以及对获取的数据、信息、成果进行处理和提供的活动。

第三条　测绘事业是经济建设、国防建设、社会发展的基础性事业。各级人民政府应当加强对测绘工作的领导。

第四条　国务院测绘地理信息主管部门负责全国测绘工作的统一监督管理。国务院其他有关部门按照国务院规定的职责分工，负责本部门有关的测绘工作。

县级以上地方人民政府测绘地理信息主管部门负责本行政区域测绘工作的统一监督管理。县级以上地方人民政府其他有关部门按照本级人民政府规定的职责分工，负责本部门有关的测绘工作。

军队测绘部门负责管理军事部门的测绘工作，并按照国务院、中央军事委员会规定的职责分工负责管理海洋基础测绘工作。

第五条　从事测绘活动，应当使用国家规定的测绘基准和测绘系统，执行国家规定的测绘技术规范和标准。

第六条　国家鼓励测绘科学技术的创新和进步，采用先进的技术和设备，提高测绘水平，推动军民融合，促进测绘成果的应用。国家加强测绘科学技术的国际交流与合作。

对在测绘科学技术的创新和进步中做出重要贡献的单位和个人，按照国家有关规定给予奖励。

第七条　各级人民政府和有关部门应当加强对国家版图意识的宣传教育，增强公民的国家版图意识。新闻媒体应当开展国家版图意识的宣传。教育行政部门、学校应当将国家版图意识教育纳入中小学教学内容，加强爱国主义教育。

第八条　外国的组织或者个人在中华人民共和国领域和中华人民共和国管辖的其他海

域从事测绘活动,应当经国务院测绘地理信息主管部门会同军队测绘部门批准,并遵守中华人民共和国有关法律、行政法规的规定。

外国的组织或者个人在中华人民共和国领域从事测绘活动,应当与中华人民共和国有关部门或者单位合作进行,并不得涉及国家秘密和危害国家安全。

第二章　测绘基准和测绘系统

第九条　国家设立和采用全国统一的大地基准、高程基准、深度基准和重力基准,其数据由国务院测绘地理信息主管部门审核,并与国务院其他有关部门、军队测绘部门会商后,报国务院批准。

第十条　国家建立全国统一的大地坐标系统、平面坐标系统、高程系统、地心坐标系统和重力测量系统,确定国家大地测量等级和精度以及国家基本比例尺地图的系列和基本精度。具体规范和要求由国务院测绘地理信息主管部门会同国务院其他有关部门、军队测绘部门制定。

第十一条　因建设、城市规划和科学研究的需要,国家重大工程项目和国务院确定的大城市确需建立相对独立的平面坐标系统的,由国务院测绘地理信息主管部门批准;其他确需建立相对独立的平面坐标系统的,由省、自治区、直辖市人民政府测绘地理信息主管部门批准。

建立相对独立的平面坐标系统,应当与国家坐标系统相联系。

第十二条　国务院测绘地理信息主管部门和省、自治区、直辖市人民政府测绘地理信息主管部门应当会同本级人民政府其他有关部门,按照统筹建设、资源共享的原则,建立统一的卫星导航定位基准服务系统,提供导航定位基准信息公共服务。

第十三条　建设卫星导航定位基准站的,建设单位应当按照国家有关规定报国务院测绘地理信息主管部门或者省、自治区、直辖市人民政府测绘地理信息主管部门备案。国务院测绘地理信息主管部门应当汇总全国卫星导航定位基准站建设备案情况,并定期向军队测绘部门通报。

本法所称卫星导航定位基准站,是指对卫星导航信号进行长期连续观测,并通过通信设施将观测数据实时或者定时传送至数据中心的地面固定观测站。

第十四条　卫星导航定位基准站的建设和运行维护应当符合国家标准和要求,不得危害国家安全。

卫星导航定位基准站的建设和运行维护单位应当建立数据安全保障制度,并遵守保密法律、行政法规的规定。

县级以上人民政府测绘地理信息主管部门应当会同本级人民政府其他有关部门,加强对卫星导航定位基准站建设和运行维护的规范和指导。

第三章　基　础　测　绘

第十五条　基础测绘是公益性事业。国家对基础测绘实行分级管理。

本法所称基础测绘,是指建立全国统一的测绘基准和测绘系统,进行基础航空摄影,获取基础地理信息的遥感资料,测制和更新国家基本比例尺地图、影像图和数字化产品,建立、更新基础地理信息系统。

第十六条　国务院测绘地理信息主管部门会同国务院其他有关部门、军队测绘部门组织编制全国基础测绘规划,报国务院批准后组织实施。

县级以上地方人民政府测绘地理信息主管部门会同本级人民政府其他有关部门,根据国家和上一级人民政府的基础测绘规划及本行政区域的实际情况,组织编制本行政区域的基础测绘规划,报本级人民政府批准后组织实施。

第十七条　军队测绘部门负责编制军事测绘规划,按照国务院、中央军事委员会规定的职责分工负责编制海洋基础测绘规划,并组织实施。

第十八条　县级以上人民政府应当将基础测绘纳入本级国民经济和社会发展年度计划,将基础测绘工作所需经费列入本级政府预算。

国务院发展改革部门会同国务院测绘地理信息主管部门,根据全国基础测绘规划编制全国基础测绘年度计划。

县级以上地方人民政府发展改革部门会同本级人民政府测绘地理信息主管部门,根据本行政区域的基础测绘规划编制本行政区域的基础测绘年度计划,并分别报上一级部门备案。

第十九条　基础测绘成果应当定期更新,经济建设、国防建设、社会发展和生态保护急需的基础测绘成果应当及时更新。

基础测绘成果的更新周期根据不同地区国民经济和社会发展的需要确定。

第四章　界线测绘和其他测绘

第二十条　中华人民共和国国界线的测绘,按照中华人民共和国与相邻国家缔结的边界条约或者协定执行,由外交部组织实施。中华人民共和国地图的国界线标准样图,由外交部和国务院测绘地理信息主管部门拟定,报国务院批准后公布。

第二十一条　行政区域界线的测绘,按照国务院有关规定执行。省、自治区、直辖市和自治州、县、自治县、市行政区域界线的标准画法图,由国务院民政部门和国务院测绘地理信息主管部门拟定,报国务院批准后公布。

第二十二条　县级以上人民政府测绘地理信息主管部门应当会同本级人民政府不动产登记主管部门,加强对不动产测绘的管理。

测量土地、建筑物、构筑物和地面其他附着物的权属界址线,应当按照县级以上人民政府确定的权属界线的界址点、界址线或者提供的有关登记资料和附图进行。权属界址线发生变化的,有关当事人应当及时进行变更测绘。

第二十三条　城乡建设领域的工程测量活动,与房屋产权、产籍相关的房屋面积的测量,应当执行由国务院住房城乡建设主管部门、国务院测绘地理信息主管部门组织编制的测量技术规范。

水利、能源、交通、通信、资源开发和其他领域的工程测量活动,应当执行国家有关的工程测量技术规范。

第二十四条　建立地理信息系统,应当采用符合国家标准的基础地理信息数据。

第二十五条　县级以上人民政府测绘地理信息主管部门应当根据突发事件应对工作需要，及时提供地图、基础地理信息数据等测绘成果，做好遥感监测、导航定位等应急测绘保障工作。

第二十六条　县级以上人民政府测绘地理信息主管部门应当会同本级人民政府其他有关部门依法开展地理国情监测，并按照国家有关规定严格管理、规范使用地理国情监测成果。

各级人民政府应当采取有效措施，发挥地理国情监测成果在政府决策、经济社会发展和社会公众服务中的作用。

第五章　测绘资质资格

第二十七条　国家对从事测绘活动的单位实行测绘资质管理制度。

从事测绘活动的单位应当具备下列条件，并依法取得相应等级的测绘资质证书，方可从事测绘活动：

（一）有法人资格；

（二）有与从事的测绘活动相适应的专业技术人员；

（三）有与从事的测绘活动相适应的技术装备和设施；

（四）有健全的技术和质量保证体系、安全保障措施、信息安全保密管理制度以及测绘成果和资料档案管理制度。

第二十八条　国务院测绘地理信息主管部门和省、自治区、直辖市人民政府测绘地理信息主管部门按照各自的职责负责测绘资质审查、发放测绘资质证书。具体办法由国务院测绘地理信息主管部门商国务院其他有关部门规定。

军队测绘部门负责军事测绘单位的测绘资质审查。

第二十九条　测绘单位不得超越资质等级许可的范围从事测绘活动，不得以其他测绘单位的名义从事测绘活动，不得允许其他单位以本单位的名义从事测绘活动。

测绘项目实行招投标的，测绘项目的招标单位应当依法在招标公告或者投标邀请书中对测绘单位资质等级作出要求，不得让不具有相应测绘资质等级的单位中标，不得让测绘单位低于测绘成本中标。

中标的测绘单位不得向他人转让测绘项目。

第三十条　从事测绘活动的专业技术人员应当具备相应的执业资格条件。具体办法由国务院测绘地理信息主管部门会同国务院人力资源社会保障主管部门规定。

第三十一条　测绘人员进行测绘活动时，应当持有测绘作业证件。

任何单位和个人不得阻碍测绘人员依法进行测绘活动。

第三十二条　测绘单位的测绘资质证书、测绘专业技术人员的执业证书和测绘人员的测绘作业证件的式样，由国务院测绘地理信息主管部门统一规定。

第六章　测绘成果

第三十三条　国家实行测绘成果汇交制度。国家依法保护测绘成果的知识产权。

测绘项目完成后,测绘项目出资人或者承担国家投资的测绘项目的单位,应当向国务院测绘地理信息主管部门或者省、自治区、直辖市人民政府测绘地理信息主管部门汇交测绘成果资料。属于基础测绘项目的,应当汇交测绘成果副本;属于非基础测绘项目的,应当汇交测绘成果目录。负责接收测绘成果副本和目录的测绘地理信息主管部门应当出具测绘成果汇交凭证,并及时将测绘成果副本和目录移交给保管单位。测绘成果汇交的具体办法由国务院规定。

国务院测绘地理信息主管部门和省、自治区、直辖市人民政府测绘地理信息主管部门应当及时编制测绘成果目录,并向社会公布。

第三十四条 县级以上人民政府测绘地理信息主管部门应当积极推进公众版测绘成果的加工和编制工作,通过提供公众版测绘成果、保密技术处理等方式,促进测绘成果的社会化应用。

测绘成果保管单位应当采取措施保障测绘成果的完整和安全,并按照国家有关规定向社会公开和提供利用。

测绘成果属于国家秘密的,适用保密法律、行政法规的规定;需要对外提供的,按照国务院和中央军事委员会规定的审批程序执行。

测绘成果的秘密范围和秘密等级,应当依照保密法律、行政法规的规定,按照保障国家秘密安全、促进地理信息共享和应用的原则确定并及时调整、公布。

第三十五条 使用财政资金的测绘项目和涉及测绘的其他使用财政资金的项目,有关部门在批准立项前应当征求本级人民政府测绘地理信息主管部门的意见;有适宜测绘成果的,应当充分利用已有的测绘成果,避免重复测绘。

第三十六条 基础测绘成果和国家投资完成的其他测绘成果,用于政府决策、国防建设和公共服务的,应当无偿提供。

除前款规定情形外,测绘成果依法实行有偿使用制度。但是,各级人民政府及有关部门和军队因防灾减灾、应对突发事件、维护国家安全等公共利益的需要,可以无偿使用。

测绘成果使用的具体办法由国务院规定。

第三十七条 中华人民共和国领域和中华人民共和国管辖的其他海域的位置、高程、深度、面积、长度等重要地理信息数据,由国务院测绘地理信息主管部门审核,并与国务院其他有关部门、军队测绘部门会商后,报国务院批准,由国务院或者国务院授权的部门公布。

第三十八条 地图的编制、出版、展示、登载及更新应当遵守国家有关地图编制标准、地图内容表示、地图审核的规定。

互联网地图服务提供者应当使用经依法审核批准的地图,建立地图数据安全管理制度,采取安全保障措施,加强对互联网地图新增内容的核校,提高服务质量。

县级以上人民政府和测绘地理信息主管部门、网信部门等有关部门应当加强对地图编制、出版、展示、登载和互联网地图服务的监督管理,保证地图质量,维护国家主权、安全和利益。

地图管理的具体办法由国务院规定。

第三十九条 测绘单位应当对完成的测绘成果质量负责。县级以上人民政府测绘地理信息主管部门应当加强对测绘成果质量的监督管理。

第四十条　国家鼓励发展地理信息产业,推动地理信息产业结构调整和优化升级,支持开发各类地理信息产品,提高产品质量,推广使用安全可信的地理信息技术和设备。

县级以上人民政府应当建立健全政府部门间地理信息资源共建共享机制,引导和支持企业提供地理信息社会化服务,促进地理信息广泛应用。

县级以上人民政府测绘地理信息主管部门应当及时获取、处理、更新基础地理信息数据,通过地理信息公共服务平台向社会提供地理信息公共服务,实现地理信息数据开放共享。

第七章　测量标志保护

第四十一条　任何单位和个人不得损毁或者擅自移动永久性测量标志和正在使用中的临时性测量标志,不得侵占永久性测量标志用地,不得在永久性测量标志安全控制范围内从事危害测量标志安全和使用效能的活动。

本法所称永久性测量标志,是指各等级的三角点、基线点、导线点、军用控制点、重力点、天文点、水准点和卫星定位点的觇标和标石标志,以及用于地形测图、工程测量和形变测量的固定标志和海底大地点设施。

第四十二条　永久性测量标志的建设单位应当对永久性测量标志设立明显标记,并委托当地有关单位指派专人负责保管。

第四十三条　进行工程建设,应当避开永久性测量标志;确实无法避开,需要拆迁永久性测量标志或者使永久性测量标志失去使用效能的,应当经省、自治区、直辖市人民政府测绘地理信息主管部门批准;涉及军用控制点的,应当征得军队测绘部门的同意。所需迁建费用由工程建设单位承担。

第四十四条　测绘人员使用永久性测量标志,应当持有测绘作业证件,并保证测量标志的完好。

保管测量标志的人员应当查验测量标志使用后的完好状况。

第四十五条　县级以上人民政府应当采取有效措施加强测量标志的保护工作。

县级以上人民政府测绘地理信息主管部门应当按照规定检查、维护永久性测量标志。

乡级人民政府应当做好本行政区域内的测量标志保护工作。

第八章　监督管理

第四十六条　县级以上人民政府测绘地理信息主管部门应当会同本级人民政府其他有关部门建立地理信息安全管理制度和技术防控体系,并加强对地理信息安全的监督管理。

第四十七条　地理信息生产、保管、利用单位应当对属于国家秘密的地理信息的获取、持有、提供、利用情况进行登记并长期保存,实行可追溯管理。

从事测绘活动涉及获取、持有、提供、利用属于国家秘密的地理信息,应当遵守保密法律、行政法规和国家有关规定。

地理信息生产、利用单位和互联网地图服务提供者收集、使用用户个人信息的,应当遵守法律、行政法规关于个人信息保护的规定。

第四十八条　县级以上人民政府测绘地理信息主管部门应当对测绘单位实行信用管理,并依法将其信用信息予以公示。

第四十九条　县级以上人民政府测绘地理信息主管部门应当建立健全随机抽查机制,依法履行监督检查职责,发现涉嫌违反本法规定行为的,可以依法采取下列措施:

(一)查阅、复制有关合同、票据、账簿、登记台账以及其他有关文件、资料;

(二)查封、扣押与涉嫌违法测绘行为直接相关的设备、工具、原材料、测绘成果资料等。

被检查的单位和个人应当配合,如实提供有关文件、资料,不得隐瞒、拒绝和阻碍。

任何单位和个人对违反本法规定的行为,有权向县级以上人民政府测绘地理信息主管部门举报。接到举报的测绘地理信息主管部门应当及时依法处理。

第九章　法律责任

第五十条　违反本法规定,县级以上人民政府测绘地理信息主管部门或者其他有关部门工作人员利用职务上的便利收受他人财物、其他好处或者玩忽职守,对不符合法定条件的单位核发测绘资质证书,不依法履行监督管理职责,或者发现违法行为不予查处的,对负有责任的领导人员和直接责任人员,依法给予处分;构成犯罪的,依法追究刑事责任。

第五十一条　违反本法规定,外国的组织或者个人未经批准,或者未与中华人民共和国有关部门、单位合作,擅自从事测绘活动的,责令停止违法行为,没收违法所得、测绘成果和测绘工具,并处十万元以上五十万元以下的罚款;情节严重的,并处五十万元以上一百万元以下的罚款,限期出境或者驱逐出境;构成犯罪的,依法追究刑事责任。

第五十二条　违反本法规定,未经批准擅自建立相对独立的平面坐标系统,或者采用不符合国家标准的基础地理信息数据建立地理信息系统的,给予警告,责令改正,可以并处五十万元以下的罚款;对直接负责的主管人员和其他直接责任人员,依法给予处分。

第五十三条　违反本法规定,卫星导航定位基准站建设单位未报备案的,给予警告,责令限期改正;逾期不改正的,处十万元以上三十万元以下的罚款;对直接负责的主管人员和其他直接责任人员,依法给予处分。

第五十四条　违反本法规定,卫星导航定位基准站的建设和运行维护不符合国家标准、要求的,给予警告,责令限期改正,没收违法所得和测绘成果,并处三十万元以上五十万元以下的罚款;逾期不改正的,没收相关设备;对直接负责的主管人员和其他直接责任人员,依法给予处分;构成犯罪的,依法追究刑事责任。

第五十五条　违反本法规定,未取得测绘资质证书,擅自从事测绘活动的,责令停止违法行为,没收违法所得和测绘成果,并处测绘约定报酬一倍以上二倍以下的罚款;情节严重的,没收测绘工具。

以欺骗手段取得测绘资质证书从事测绘活动的,吊销测绘资质证书,没收违法所得和测绘成果,并处测绘约定报酬一倍以上二倍以下的罚款;情节严重的,没收测绘工具。

第五十六条　违反本法规定,测绘单位有下列行为之一的,责令停止违法行为,没收违法所得和测绘成果,处测绘约定报酬一倍以上二倍以下的罚款,并可以责令停业整顿或者降低测绘资质等级;情节严重的,吊销测绘资质证书:

(一)超越资质等级许可的范围从事测绘活动;

(二)以其他测绘单位的名义从事测绘活动;

(三)允许其他单位以本单位的名义从事测绘活动。

第五十七条　违反本法规定,测绘项目的招标单位让不具有相应资质等级的测绘单位中标,或者让测绘单位低于测绘成本中标的,责令改正,可以处测绘约定报酬二倍以下的罚款。招标单位的工作人员利用职务上的便利,索取他人财物,或者非法收受他人财物为他人谋取利益的,依法给予处分;构成犯罪的,依法追究刑事责任。

第五十八条　违反本法规定,中标的测绘单位向他人转让测绘项目的,责令改正,没收违法所得,处测绘约定报酬一倍以上二倍以下的罚款,并可以责令停业整顿或者降低测绘资质等级;情节严重的,吊销测绘资质证书。

第五十九条　违反本法规定,未取得测绘执业资格,擅自从事测绘活动的,责令停止违法行为,没收违法所得和测绘成果,对其所在单位可以处违法所得二倍以下的罚款;情节严重的,没收测绘工具;造成损失的,依法承担赔偿责任。

第六十条　违反本法规定,不汇交测绘成果资料的,责令限期汇交;测绘项目出资人逾期不汇交的,处重测所需费用一倍以上二倍以下的罚款;承担国家投资的测绘项目的单位逾期不汇交的,处五万元以上二十万元以下的罚款,并处暂扣测绘资质证书,自暂扣测绘资质证书之日起六个月内仍不汇交的,吊销测绘资质证书;对直接负责的主管人员和其他直接责任人员,依法给予处分。

第六十一条　违反本法规定,擅自发布中华人民共和国领域和中华人民共和国管辖的其他海域的重要地理信息数据的,给予警告,责令改正,可以并处五十万元以下的罚款;对直接负责的主管人员和其他直接责任人员,依法给予处分;构成犯罪的,依法追究刑事责任。

第六十二条　违反本法规定,编制、出版、展示、登载、更新的地图或者互联网地图服务不符合国家有关地图管理规定的,依法给予行政处罚、处分;构成犯罪的,依法追究刑事责任。

第六十三条　违反本法规定,测绘成果质量不合格的,责令测绘单位补测或者重测;情节严重的,责令停业整顿,并处降低测绘资质等级或者吊销测绘资质证书;造成损失的,依法承担赔偿责任。

第六十四条　违反本法规定,有下列行为之一的,给予警告,责令改正,可以并处二十万元以下的罚款;对直接负责的主管人员和其他直接责任人员,依法给予处分;造成损失的,依法承担赔偿责任;构成犯罪的,依法追究刑事责任:

(一)损毁、擅自移动永久性测量标志或者正在使用中的临时性测量标志;

(二)侵占永久性测量标志用地;

(三)在永久性测量标志安全控制范围内从事危害测量标志安全和使用效能的活动;

(四)擅自拆迁永久性测量标志或者使永久性测量标志失去使用效能,或者拒绝支付迁建费用;

(五)违反操作规程使用永久性测量标志,造成永久性测量标志毁损。

第六十五条　违反本法规定,地理信息生产、保管、利用单位未对属于国家秘密的地理信息的获取、持有、提供、利用情况进行登记、长期保存的,给予警告,责令改正,可以并处二十万元以下的罚款;泄露国家秘密的,责令停业整顿,并处降低测绘资质等级或者吊销测绘资质证书;构成犯罪的,依法追究刑事责任。

违反本法规定,获取、持有、提供、利用属于国家秘密的地理信息的,给予警告,责令停止违法行为,没收违法所得,可以并处违法所得二倍以下的罚款;对直接负责的主管人员和其他直接责任人员,依法给予处分;造成损失的,依法承担赔偿责任;构成犯罪的,依法追究刑事责任。

第六十六条 本法规定的降低测绘资质等级、暂扣测绘资质证书、吊销测绘资质证书的行政处罚,由颁发测绘资质证书的部门决定;其他行政处罚,由县级以上人民政府测绘地理信息主管部门决定。

本法第五十一条规定的限期出境和驱逐出境由公安机关依法决定并执行。

第十章 附 则

第六十七条 军事测绘管理办法由中央军事委员会根据本法规定。

第六十八条 本法自 2017 年 7 月 1 日起施行。

参 考 文 献

［1］ 中华人民共和国全国人民代表大会常务委员会. 中华人民共和国测绘法［EB/OL］.
（2017-04-27）. http://f. mnr. gov. cn/201704/t20170428_1506260. html.

［2］ 自然资源部办公厅. 自然资源部办公厅关于印发测绘资质管理办法和测绘资质分类分
级标准的通知［EB/OL］.（2021-06-07）. http://gi. mnr. gov. cn/202106/t20210608_
2648784. html.

［3］ 国家测绘地理信息局职业技能鉴定指导中心. 测绘管理与法律法规［M］. 北京:测绘出
版社,2018.

［4］ 胡伍生. 测绘管理与法律法规考点分析及真题、模拟题详解［M］. 北京:人民交通出版社
股份有限公司,2018.

［5］ 国家测绘地理信息局法规与行业管理司. 测绘地理信息法律法规文件汇编［M］. 北京:
测绘出版社,2012.

参 考 文 献